U0155034

出版资助

四川省科技计划资助（2023NSFSC1038）、四川师范大学学术著作出版基金资助、四川应急管理知识普及基地项目资助

天然气安全演化机理
及预警方法研究

李洪兵　著

四川大学出版社
SICHUAN UNIVERSITY PRESS

图书在版编目（CIP）数据

天然气安全演化机理及预警方法研究 / 李洪兵著
. — 成都 : 四川大学出版社, 2023.5
ISBN 978-7-5690-6056-0

Ⅰ. ①天… Ⅱ. ①李… Ⅲ. ①天然气工业—安全管理—研究 Ⅳ. ①TE687.2

中国国家版本馆 CIP 数据核字 (2023) 第 056762 号

书　　名：天然气安全演化机理及预警方法研究
　　　　　Tianranqi Anquan Yanhua Jili ji Yujing Fangfa Yanjiu
著　　者：李洪兵

选题策划：孙明丽
责任编辑：唐　飞
责任校对：王　锋
装帧设计：墨创文化
责任印制：王　炜

出版发行：四川大学出版社有限责任公司
　　　　　地址：成都市一环路南一段 24 号（610065）
　　　　　电话：（028）85408311（发行部）、85400276（总编室）
　　　　　电子邮箱：scupress@vip.163.com
　　　　　网址：https://press.scu.edu.cn
印前制作：四川胜翔数码印务设计有限公司
印刷装订：成都金阳印务有限责任公司

成品尺寸：170mm×240mm
印　　张：14
字　　数：256 千字

版　　次：2023 年 9 月 第 1 版
印　　次：2023 年 9 月 第 1 次印刷
定　　价：88.00 元

扫码获取数字资源

四川大学出版社
微信公众号

前　言

能源是人类社会可持续发展的物质基础，是社会经济持续发展的核心要素和安全基石。1973年爆发的石油危机，使诸多工业化国家的经济发展遭受重创，为减轻或防止再次出现类似的事件，1974年国际能源署应运而生，并提出了以石油安全为核心的“能源安全”概念。能源安全是影响社会稳定和经济持续发展的重要因素，直接对国家安全构成了威胁。能源安全已成为国家安全的核心组成部分。

全球低碳高效的发展趋势，使天然气受到了青睐。20世纪70年代发生的两次石油危机，迫使各国开始寻求热效率高、对生态环境影响小的替代能源，这促使天然气开发利用迈向高速发展阶段。大力发展天然气工业，对改善优化能源消费结构、保障经济发展和国家能源安全具有极为重要的意义。当今，天然气消费占世界能源消费总量的24.2%，世界能源消费结构的演变趋势表明，全球清洁能源大发展已逐渐步入天然气时代，天然气必将成为能源清洁化新时代的新宠。

天然气具有清洁低碳、安全高效的特征，是优化调整中国能源结构、加速构建现代能源体系、助力中国与全球实现碳中和的重要能源。在应对全球气候变化、经济高质量发展的新时期，在“双碳”目标导向下的能源转型进程中，天然气已占据着不可取代的支撑地位。随着“双碳”目标的逐步实施，中国天然气市场表现出“淡季不淡，旺季更旺”的新常态，需求量快速增长，供需缺口持续拉大。近年来，“气荒”事件呈频发态势，天然气安全面临严峻挑战，探索天然气安全演变规律，准确预报天然气安全状态的发展趋势已成为国家政府亟须研究的重大课题。

本书从天然气安全的科学界定、影响因素分析，天然气安全系统的构建，天然气安全系统演化过程熵值变化规律分析、演化路径分析、演化突变模型的构建与分析等方面揭露了天然气安全演化的驱动因素及其作用机制，探索了天然气安全演化的基本过程，揭示了天然气安全演化的机理。根据天然气安全预警指标预测分析技术与方法，依次对天然气产量预测分析技术与方法、天然气需求预测分析技术与方法、天然气安全预警指标组合预测分析技术与方法、天然气安全预警评价分析技术与方法，以及预防与控制对策进行了研究。在此基础上，以“综合指数—基本指标—要素指标”为基本框架，构建了中国天然气安全预警指标体系，对中国天然气安全进行了综合预警评价分析，提出了保障中国天然气安全的对策与建议。上述研究内容可为高等院校石油工程、安全工程类专业本科生，以及资源与环境、石油工程管理等专业研究生的学习和科研提供参考。

怀着诚挚的敬意，感谢西南石油大学经济管理学院原副院长、博士生导师、四川省学术和技术带头人后备人选张吉军教授在天然气安全演化机理研究方面给予的宝贵指导与帮助；感谢中国石油西南油气田分公司天然气经济研究所副所长王富平高级经济师在天然气供需预测研究方面给予的支持和帮助；感谢四川师范大学工学院院长毛苏英教授对本书出版的支持和鼓励；感谢四川大学出版社编辑对本书出版工作提供的热情帮助。在此一并致谢！

李洪兵

二〇二三年三月

目　录

第1章　天然气安全演化机理及预警方法研究进展

1.1　天然气安全演化机理研究进展

演化这一概念是由生物学逐渐发展到管理学、社会学等领域，并发展成为演化动力学、演化博弈论等交叉学科；机理是各内在要素之间的工作原理。演化机理涵盖了深层次、多维度的规律性探究，因此成为诸多学者研究的重点之一。在管理学领域，对演化机理的研究涉及突发事件、交通安全、资源安全、生态安全、安全事故、安全风险演化等主题，这些主题的研究成果对本书的研究具有较大的借鉴作用。研究天然气安全演化机理的目的在于认清天然气安全状态演变、发展的规律，为天然气安全预警指标体系构建、预测与评价、预警防控方案等的研究提供理论支撑。目前，国内外关于演化机理的研究焦点包括演化周期阶段划分、演化模式和演化分析方法三大主要方向[1]。

1.1.1　演化周期阶段划分研究进展

目前，国内外学者根据生命周期理论的发生、发展以及变化特点，将演化周期主要划分为7个阶段、5个阶段、4个阶段、3个阶段等。关于演化周期阶段划分的主要研究成果有：Turner（1976）建立生命周期模型，将演化全过程划分为起始点、孵育期、急促期、暴发期、救助期等7个阶段[2]；赵贤利（2017）将跑道安全风险的演化周期划分为潜伏期、征兆期、发生期、控制期和遗留期5个阶段，并利用模糊贴近度和最小接近度对跑道安全风险演化周期阶段进行判断[3]；Belardo（1995）利用生命模型将演化过程划分为征兆期、发作期、延续期和疫愈期4个阶段，为危机管理决策系统提供支持[4]；朱维娜

（2015）将突发性石油短缺演化过程划分为发生、发展、演变和终结 4 个阶段，并对每个阶段进行了深入分析，以揭示突发性石油短缺的演化机理[5]；马建华和陈安（2009）认为演化过程一般划分为 4 个阶段，即发生阶段、发展阶段、演变阶段和终结阶段，但也有一些事件的演化不存在演变过程，而只有发生、发展和终结 3 个阶段[6]；Burkholder 和 Toole（1995）提出了紧急生命周期模型，认为复杂化已被解释为演化单元之间的多样化过程，并将演化过程划分为紧急事件、晚期紧急事件和后紧急事件 3 个阶段[7]；曹振祥等（2020）将突发公共卫生事件划分为事件发生前、爆发及发展、社会恢复 3 个阶段[8]。不同的演化周期阶段划分方式，从不同的视角分析了演化过程。演化周期阶段划分是天然气安全演化机理分析的前提。

1.1.2　演化模式研究进展

学者们对演化模式的研究重点集中在演化形式、演化影响因素以及演化方式等方面，以国内学者为主要代表。其主要的研究成果有：吴国斌等（2005）从扩散路径视角，提出了 4 种扩散形式，即迁移式、循环式、辐射式和链式，并从不同阶段分析了扩散特点和主要影响因素，进一步阐述了演化的网络结构[9]；马建华等（2009）将演化形式分为 4 种，即耦合、衍生、转化和蔓延，并分析了演化过程中的逻辑因果关系模式[6]；荣莉莉等（2012）从系统的视角提出了 4 种模式，即网状演化、链式演化、超网络演化和点式演化，为防止灾害扩大造成二次伤害，分析了不同演化模式，为灾害预警提供了重要的理论依据[10]；王光辉等（2014）从城市安全的视角，分析了城市风险传递的连锁效应、蔓延的扩散效应与耦合的叠加效应等演化方式，并对演化规律进行了实证分析[11]。

1.1.3　演化分析方法研究进展

在演化分析方法方面，国内外学者主要从以下方面展开了深入研究。

1.1.3.1　系统动力学模型

系统动力学模型是以系统结构决定系统行为为前提条件，对系统中变量相互作用关系进行研究的一种演化模型。David（2003）建立系统动力学模型，对 1992 年加拿大新斯科舍省矿难事故进行了研究，通过非线性动态模型分析了导致灾难发生的复杂原因[12]；Lu 等（2016）又采用系统动力学模型刻画安全演化过程，以揭示事故因果因素复杂动态相互作用的组织机制[13]；刘同超（2019）从人、环境、机、管理 4 个层面，指出了北极航线安全的影响因素，并构建了系统动力学模型，剖析了北极航线安全影响因素之间的因果关系，对北极航线安全水平进行了仿真模拟，探究了北极航线安全演化机制[14]。

1.1.3.2　事故模型

事故模型是指由初始原因到最终结果，能清晰地刻画事故演变、发展过程以及事故要素的动态模型。Leveson（2004）建立了事故模型和过程模型（STAMP 模型），分析并解释安全事故发生的原因以及如何预防将要发生的安全事故，并认为致因因素非线性的相互影响是导致安全事故发生的根本原因[15]；Jing 等（2020）构建了一种基于系统的事故模型，对 94 起特大煤矿灾难进行研究，该模型反映了驱动因素之间的相互作用关系，解释了事故发生原因[16]。

1.1.3.3　突变论

突变论是通过对系统结构稳定性的分析研究，揭示系统质变规律的非连续性突然变化的理论。何学秋（2005）认为安全状态的演化规律对事物发展过程至关重要，按照“安全流变—突变”规律，并建立了数学模型分析安全演化全过程[17]；陈伟珂等（2020）在系统思维的指导下，运用突变理论分析系统在“安全—风险—突变”状态之间的演化过程，深入挖掘风险动态的耦合因素[18]。

1.1.3.4　熵与耗散结构

熵与耗散结构是利用系统熵刻画开放系统非平衡态结构变化特征的理论。武保林等（1995）在分析了安全系统构成和性质的基础上，从信息熵的视角刻画了安全系统的不确定性以及安全系统内外机制[19]；刘圣欢等（2016）又根据耗散结构理论，构建了信息熵模型，从耕地数量熵变、耕地质量熵变、耕地生态熵变 3 个方面分析耕地资源安全状况，并以湖北省为例，研究了湖北省耕地资源安全演化规律[20]；马金山（2011）在分析矿山安全系统特点的基础上，运用熵理论对矿山安全状态演化过程进行了分析[21]；徐丽娟等（2018）在分析水资源复杂系统耗散结构特征的基础上，建立了系统的效率熵、效益熵、管理熵、发展熵、环境熵等正负熵指标体系，通过系统正负熵值分析水资源复杂系统的演化机制，客观地揭示了水资源系统演化趋势的特征[22]。

1.1.3.5 演化博弈模型

演化博弈是一种将动态演化过程分析和博弈论相结合进行系统状态变化分析的理论。李娜（2017）构建出演化博弈模型，分析导致鞍点运动轨迹变化的影响因素，以揭示中俄天然气贸易合作意愿的变化状况[23]；杜元伟等（2021）又构建演化博弈模型，结合复制动态方程和雅可比矩阵分析生态安全监管演化过程的均衡点以及演化稳定性，揭示了影响生态安全演化博弈的核心因素[24]。

1.1.3.6 其他演化分析方法

除上述主要的演化分析方法以外，姚予龙（2010）利用 PSR 框架模型，建立了中国资源安全评估指标体系，采用层次分析等方法，分析中国资源安全系统的压力、状态、响应各要素的演变轨迹，探寻中国资源安全状态的演化规律[25]；Guo 等（2014）基于 PSR 模型，建立了三级综合安全指标，利用灰色关联分析和熵值法赋权，计算得到中国天然气综合安全指数，通过安全指数分析中国天然气资源安全演化轨迹[26]；郭庆（2017）在分析突发性石油短缺经典案例的基础上，挖掘出突发性石油短缺的驱动因素，建立了 Petri 网模型分析突发性石油短缺演化的一般性规律[27]；Wang 等（2019）从能源供应安全、运输安全、利用安全、社会稳定等角度，构建了能源安全评估模型，分析了世界能源安全演化及其驱动机制[28]。

通过现有演化机理研究成果不难发现，学者们主要对突发事件、资源安全、安全风险、交通安全、生态安全、安全事故等领域进行了演化研究。目前，在能源安全领域还未形成较成熟的演化机理研究体系，还没有对天然气安全进行全面系统的演化机理研究报道，缺乏对天然气安全演化影响因素以及演化分析方法的系统研究。

1.2 天然气安全预警方法研究进展

1.2.1 天然气产量预测方法研究进展

天然气产量是天然气安全的前提保障，而天然气产量预测则是刻画天然气安全的依据之一。近年来，国内外许多油气勘探开发领域或相关机构的专家、学者对天然气产量预测方法进行了广泛的研究，提出了一些实用的天然气产量预测方法。这些方法大致可以归结为以下几种。

1.2.1.1　无峰预测模型

无峰预测模型主要用于无峰开发模式的油气田产量预测，一般适用于不存在峰值的油气田开发后期和页岩气井的产量预测。具有代表性的研究成果有：Arps（1945）通过分析大量统计数据，构建了可用于产量预测的 Arps 递减模型[29]，在此基础上，胡建国等（1997）构建了适用于离散时间序列天然气产量预测的指数递减模型，相较于 Arps 递减模型，指数递减模型方法简便实用，预测结果可靠性更高[30]；雷丹凤等（2014）为提高页岩气产量动态预测的准确性，建立了扩展指数递减模型（SEPD 模型），并对美国多口页岩气的产量进行预测，验证了 SEPD 模型的可靠性[31]；胡建国（2009）在双曲线递减模型的基础上，建立了调和递减模型，预测油气井递减阶段的产量[32]；崔传智等（2019）在分析指数递减、双曲线递减与调和递减模型的基础上，结合物质守恒定律等理论，构建了水驱油藏理论产量递减模型，克服了传统递减模型后期预测不精确的缺陷[33]；Liang 等（2020）通常分析 Arps 递减模型、双曲线递减模型、Duong 模型、指数递减模型等产量递减预测模型，认为递减预测模型受统计数据的影响较大，随着页岩气井的剧烈波动，产量并非总是呈单调递减，因此需要根据更多的页岩气藏数据资料进一步研究改进生产数据处理方法[34]，以提高天然气产量预测精度；王怒涛等（2020）提出了一种新的天然气产量递减模型，当相关参数取值不同时，新模型可包含适用于早期递减的 SEPD 递减模型和 Duong 递减模型，以及晚期递减的 Arps 递减模型，新模型的适用范围相对更广[35]；魏新辉等（2021）针对单个产量递减模型无法准确揭示非常规储层出现的“L”形递减特点的不足，建立了可充分刻画产量递减呈“L”形特点的全周期产量递减模型，用于气井产量递减趋势预测[36]。

1.2.1.2　单峰预测模型

单峰预测模型适用于任何具有一个生命周期的气田的开发过程，其具有明显的上升期、峰期、下降期的特征。具有代表性的研究成果有：

石油地质学家 King Hubbert 于 20 世纪 40 年代末发现化石燃料能源“钟形曲线”规律后提出的峰值预测模型，他认为任何地区的一次性不可再生能源产量都是从零开始，然后不断增长达到峰值之后，该能源产量将会呈下降趋势，直到该能源产量为零[37]。哈伯特利用 Hubbert 模型精准预测美国石油产量将在1970年左右达到峰值，“石油峰值”理论因此得到了快速的推广。Akuru（2011）利用Hubbert模型对尼日利亚的石油储量和峰值产量进行了研究[38]，Hubbert模型在国外油气产量预测领域得到了快速发展和广泛应用。但在中国并未对Hubbert模型的推导进行过报道，随着能源预测方法的不断深入研究，特别是1973年爆发的“石油危机”使人们更深刻、更清晰地意识到能源安全问题的重要性，从而进一步推动和促进了能源预测模型的研究和发展。直到1998年陈元千等对Hubbert模型进行二次函数的推导[39]，并将其应用到俄罗斯巴夫雷油田，此后Hubbert模型在中国油气领域逐渐得到了更加广泛的应用。Adam R. Brandt（2007）采用139个油气田数据对Hubbert模型理论的三个假设进行了检验，拟合得到最佳油气产量预测曲线函数模型[40]，并依据不同的油气田生产情况对Hubbert模型进行修正，使其更符合油气田生产的演变规律[41]，提高油气田产量预测精度。Hubbert模型不仅应用于油气产量预测方面，还被广泛用于有色金属等其他资源领域产量峰值预测[42]。

中国地球物理学家翁文波院士指出，任何有限万物皆有“兴起—成长—成熟—衰亡”的自然过程，并于1984年提出了Poisson产量预测模型[43]，即翁氏模型。翁氏模型的建立使中国在油气产量预测领域取得了突破性进展；陈元千和胡建国（1996）运用概率统计学中的Gamma分布，重新对翁氏预测模型进行了理论推导，将原翁氏模型中常数b的取值范围推广为非负实数，该结果被称为广义翁氏模型[44]；吕明晏等（2012）在煤层气产量预测中进一步验证了广义翁氏模型的适用性，使广义翁氏模型得到了进一步推广[45]；张旭等（2014）提出了一种广义翁氏模型参数求解的新方法，并进行了产量预测应用的验证[46]；Li等（2016）使用广义翁氏模型预测中国天然气产量将呈快速增长态势发展[47]。

胡建国等（1995）在基于大量油气田统计信息数据分析的基础上，提出了一种对油气田开发全过程进行产量预测的生命旋回模型[48]，即HCZ模型。黄全华等（2016）提出利用麦夸特法和全局最优算法求解HCZ模型的参数，在一定程度上提高了产量预测精度[49]，进一步推广了HCZ模型的应用。

Weibull模型是威布尔于1939年提出的一种基于概率统计学的预测模型，该模型既可适用于纯递减情形的油气田产量预测，又适用于单峰情形的油气田产量预测。陈钢花等（2006）在分析Weibull模型性质的基础上，将其应用于俄罗斯巴夫雷油田产量预测，并认为Weibull模型适合于刻画各类油气田产量的变化情况[50]；Wang等（2012）利用EM算法，建立了广义Weibull模型[51]；陈艳茹等（2021）又利用指数与倍数修正系数修正Weibull模型的参数，以降低预测误差，并构建 Weibull 模型准确地刻画了四川盆地天然气产量的变化趋势[52]。

瑞利模型（Rayleigh 模型）是根据数理统计中瑞利分布密度函数构建的一种预测模型。陈元千（2004）对瑞利模型进行了完善推导并求解模型中的常数，将其应用于任丘迷雾山油气田的产量预测[53]，取得了较好的效果；刘刚等（2017）针对瑞利模型在冰水煤层气产量预测中存在的不足，采用幂指数对原瑞利模型进行改进，改进后的瑞利模型拟合结果更符合冰水煤层气产量特征[54]。

1.2.1.3 多峰预测模型

单峰的 Hubbert 模型、翁氏模型、HCZ 模型等生命周期模型，针对具有两个及以上峰值的油气田产量预测具有一定局限性，不适用于多峰开发模式的气田产量预测。基于此，Nashawi 等（2010）建立了多循环 Hubbert 模型弥补了这一缺陷[55]；Mohsen Ebrahimi 等（2015）利用多循环 Hubbert 模型对 OPEC 天然气产量峰值进行了预测[56]；Wang 等（2016）根据不同的 URR 情景，运用多循环 Hubbert 模型预测中国天然气峰值产量、峰值年份和未来的产量趋势变化[57]。然而，多循环广义翁氏模型的循环个数多采用定性判断，受主观因素影响大，容易导致天然气产量预测结果不准确。基于此，Wang 等（2020）为消除主观因素的影响，在原有的多循环广义模型中引入了 F 检验来确定循环数，采用此改进模型预测不同假设情景下天然气产量变化趋势[58]；陈元千和郝明强（2013）又构建了多峰 HCZ 模型，并在油田开发区应用中取得了较好的预测结果[59]；王伟锋等（2014）构建了多峰高斯模型，预测具有多峰特征的油气田天然气储量以及产量变化趋势[60]；余果等（2020）为了进一步提高多峰高斯模型的预测精度，对多峰高斯模型加以改进，将最终可采储量引入模型，构建改进多峰高斯模型预测四川盆地天然气产量，预测结果与实际情况较为吻合[61]。

1.2.1.4 物质平衡法

物质平衡法是指在一定时空条件下，油气藏内天然气、石油与水的体积变动代数和保持为零，即满足物质守恒定律。Mattar 等（1998）以物质平衡法为基础，提出一种利用井底压力测算气井控制储量的方法，即流动物质平衡法[62]；张立侠等（2019）又提出一种不需要估计物质平衡拟时间与多次作图过程，可适用于正常压力与异常高压系统的简便方法，即 MB-QAC 法，并实例验证了该方法在气藏储量预测中的有效性[63]。

1.2.1.5 产量构成法

产量构成法是通过测试研究，反映一个油气田采用各类措施所增加的油气产量与时间变化之间关系的一种方法。陈艳（2019）利用产量构成法评估大牛地气田油气不同的产量构成单元，再分别进行天然气产量预测，最后将产量叠加在一起即为整体产量[64]。

1.2.1.6 组合预测模型

组合预测模型是将两个及以上的单一预测模型采用一定方式融合在一起进行天然气产量预测的一种方法。组合预测模型可充分融合各单一预测方法的优点，避免单一预测方法的不足，提升天然气产量预测的准确性。李宏勋等（2014）初步尝试以积分形式将广义翁氏模型的对数方程与传统GM(1,1)模型进行融合，利用此混合模型预测中国天然气产量[65]；周芸等（2018）利用最优化算法，将广义翁氏模型与Hubbert模型进行组合，构建了一种适用于油气田产量预测的新型预测组合模型[66]。

1.2.1.7 其他天然气产量预测模型

随着对天然气产量预测方法研究的不断深入，用于天然气产量预测的方法呈多元化发展趋势。袁爱武等（2007）利用趋势预测法对天然气产量进行了预测分析[67]；Zeng等（2020）构建的新结构灰色Verhulst模型，克服了传统灰色Verhulst模型参数计算不合理、初始值选择不优化、模型结构适用性差等缺点，提高了天然气产量预测精度[68]；Xue等（2021）将地质和水力压裂特性作为输入特征，提出了一种多目标随机森林方法对天然气产量数据进行动态预测[69]。

从现有研究进展来看，在天然气产量预测方法上，现有研究主要采用了Arps递减模型、SEPD模型、Duong模型、Hubbert模型、翁氏模型、HCZ模型、Weibull模型、物质平衡法、高斯模型、产量构成法、趋势预测法、灰色预测模型、组合预测模型等预测天然气产量变化趋势。在影响因素方面，目前大部分研究者主要考虑了天然气可采储量对天然气未来产量的影响，而对天然气产量具有较大影响作用的资金投入、人力资源投入等因素未加考虑；从研究对象上看，主要针对一个油气田或区块天然气产量预测的较多，鲜有针对一个国家或地区天然气产量进行预测。总之，目前没有一个既综合考虑各影响因素又可用于一个国家或地区天然气产量预测的成熟模型。

1.2.2　天然气需求预测方法研究进展

近年来，关于天然气需求预测的研究主要研究了天然气需求量预测模型和方法，国内外众多相关研究者对天然气需求预测方法进行了深入研究，提出了一些实用的天然气需求预测建模方法。这些方法大致可以归结为以下几种。

1.2.2.1　能源弹性系数法

弹性系数是经济发展与能源消费量之间关系的定量描述。能源弹性系数法是根据历史数据分析两者关系的一般发展规律，以此预测未来能源需求量。李洪兵等（2021）通过分析近 20 年经济发展与能源消费的变化趋势，设定两种不同情景的经济发展状态，运用能源弹性系数预测 2030 年中国能源消费总量，并建立增量贡献值模型预测天然气需求量及能源消费结构演变趋势，认为天然气是中国经济高质量发展进程中最具消费潜力的高效、安全、低碳能源，到 2030 年天然气消费量约占能源消费总量的 15.2%[70]。

1.2.2.2　回归分析预测法

回归分析预测法主要是利用最小二乘法估算待定系数，是需求预测中最常用的一种方法。Alberto 等（2018）提出了基于可加性假设和分段线性回归的模型，该模型在短期天然气需求预测方面得到了较好的应用[71]。

1.2.2.3　部门分析法

从天然气消费结构来看，其主要集中在工业部门、交通部门和生活部门。基于此，郭晓茜等（2020）从工业部门、交通部门以及生活部门分别分析对天然气的需求态势，构建了部门消费混合模型来预测未来天然气需求变化趋势[72]。

1.2.2.4　因素分析法

因素分析法是分析能源需求量与各因素之间关系的一种方法，是一种重要而简单实用的预测方法。Reza 等（2019）从 13 个可用的输入特征中，选择了替代能源、CO_2 排放量、石油消费量、人均国内生产总值、天然气产量和城市人口量 6 个因素作为输入特征，建模预测未来天然气需求变化趋势[73]；

Xiao 等（2020）利用 STRIPAT 分析影响天然气需求的因素，建立模型预测中国天然气需求量[74]；Wang 等（2020）运用灰色关联度筛选出中国东部、中部和西部地区影响天然气需求的核心因素，分别建立模型预测中国东、中、西部天然气需求量[75]。

1.2.2.5　系统动力学分析法

系统动力学分析法是 20 世纪 50 年代末福瑞斯特教授提出的一种可用于未来趋势预测的系统仿真方法。Mu 等（2018）设置了 7 个情景，采用系统动力学模型预测中国天然气需求量和消费结构[76]。

1.2.2.6　灰色预测模型

灰色预测模型是以能够较好利用灰信息、贫信息的灰色系统理论为基础，构建灰色模型预测未来发展趋势的一种方法。Ma 等（2010）认为灰色预测模型可用于天然气未来需求趋势预测[77]，灰色分数阶 *FGM*(1,1)预测模型可以弥补灰色 *GM*(1,1)预测模型预测精度不高的缺陷，故采用灰色分数阶 *FGM*(1,1)模型预测天然气短期消费量具有一定优势[78]。分数阶灰色预测模型在一定程度上提高了预测效果，但未考虑到时间延迟对预测结果的影响。基于此，Hu 等（2020）分别提出了分数时滞灰色预测新模型预测天然气需求变化情况[79]。Liu 等（2021）根据离散化技术，采用量子遗传算法确定分数阶与时间—功率系数，克服了现有分数阶灰色模型的不足，构建了带有时间幂项的分数阶灰色模型预测中国天然气消费量将保持平稳上升趋势[80]。

1.2.2.7　神经网络预测模型

神经网络预测模型的主要技术任务是学习结构并根据样本数据进行归纳，以模拟生物神经网络的方式，将数据处理单元的网络连接起来，在有限的数据集上“学习”。Szoplik（2015）将日历因素和天气因素作为输入变量，使用人工神经网络获得了波兰什切青的天然气需求量[81]；Athanasios 等（2020）利用神经网络方法对希腊 15 个城市天然气需求量进行了预测分析[82]。

1.2.2.8　计量经济学模型

计量经济学模型是以截面数据为样本数据，能简洁有效地刻画数据特征，深入地揭露数据变化的本质规律，用于天然气需求预测，可以准确地描述天然气需求量与影响因素之间的经济学含义。王雅菲等（2018）以人均可支配收入、国内生产总值、供气管道长度、城镇人口数量等影响因素为解释变量，建立了计量经济学模型预测天然气需求量[83]。

1.2.2.9　组合预测模型

组合预测模型是将两个及以上的单一预测模型采用一定方式组合在一起进行天然气需求预测的一种方法，以克服单一模型的不足[84]，其目的是进一步降低预测误差平方和，使预测结果的稳定性更好。李洪兵等（2020）根据预测结果组合法原理，建立了灰色回归组合预测模型，采用该模型对城市天然气需求量进行了预测[85]；秦步文等（2022）运用合作博弈论 Shapley 值确定单一预测模型的权重，构建天然气需求组合预测模型，预测中国城市天然气年需求量[86]。

1.2.2.10　其他天然气需求预测模型

随着对天然气需求预测方法研究的不断深入，用于天然气需求量预测的方法呈多元化发展态势。除上述主要的天然气需求预测方法以外，Gutiérrez 等（2005）运用 Gompertz 模型在天然气需求预测中进行了尝试性探索[87]；Rok 等（2019）根据斯皮尔曼等级相关系数，挖掘有效变量，建立非线性模型预测天然气需求[88]；Zheng 等（2021）采用构建的 CFNHGBM（1，1，k）新模型，预测北美地区天然气需求情况[89]。

天然气需求预测模型呈现多元化发展趋势，因素分析法因考虑了影响天然气需求的诸多因素，预测结果的说服力较强，受到了天然气需求预测学者的青睐，逐渐成为主流预测方法。但现有研究对天然气需求影响因素的选用，要么全部纳入预测模型进行天然气需求量的预测，要么筛选关联程度最大的部分因素纳入模型进行天然气需求量预测。虽然这在一定程度上增强了预测结果的说服力，但是在进行天然气需求预测时，选用的众因素均满足统计显著性检验是小概率事件，而且众多因素均入选一个模型存在多重共线性问题是大概率事件，使预测结果存在失真的风险。以上分析表明，在因素分析法中，缺乏全面系统地对天然气需求影响因素进行深入精细化分析，未深入挖掘既能通过统计显著性检验，又使关联程度较大的影响因素选入预测模型进行天然气需求量预测分析。

1.2.3　能源安全预警指标体系构建与评价方法研究进展

关于能源安全预警的研究主要包括石油安全预警、煤炭安全预警、电力安全预警、天然气供应安全预警等预警指标体系构建与评价方法。

预警一词起初来自军事领域，受到军事预警的启发，预警管理在自然灾害、经济以及企业管理等领域得到了较好的应用，并逐步推广应用到能源安全、城市生态安全等领域。而经济预警的来历可以追溯到1888年巴黎统计学大会报告的有关学术论文，直到20世纪30年代，经济预警管理逐步兴起，经过持续改进发展，到1962年美国为防止经济过度萧条开始研究预警系统，经济预警方法才逐渐走向成熟。中国经济预警理论起始于20世纪80年代，经历约四十年的快速发展，中国宏观经济预警领域较成熟的丰硕成果对中国能源安全预警研究起到了较大的借鉴作用。

20世纪70年代经历了两次石油危机之后，世界各国逐渐开始关心能源安全预警问题，能源系统相关的监测、预警逐渐成为能源学者们关注的焦点。成立于1974年的国际能源署郑重宣布了以稳定石油供应与石油价格为核心的能源安全观，在该时期能源安全体现的是一个经济学观点，主要表现在能源供应必须数量充足、持续、价格合理3个方面，是以石油安全为核心的能源安全观。美国“9·11”恐怖主义袭击以及2002年以后国际油价涨幅持续创新高等事件使人们对能源安全有了进一步的认识。随着世界经济格局和生态环境的变化，能源安全不只是指能源供应安全，还应包括能源使用安全、政治、社会经济、环境等对能源安全的影响。虽然能源安全的概念得到了广泛应用，但对其确切的具体解释却没有统一共识。基于此，迟春洁（2011）对能源安全给出了一个定义[90]，即“所谓能源安全，是一个国家或地区可持续、稳定、及时、足量、经济和安全地获取所需能源的状态或能力”。随着时空的变迁，以石油安全为核心的能源安全的内涵得到持续发展和丰富，Yao等（2014）利用亚太能源研究中心构建的能源安全4－As框架，构建了20个指标的能源安全评价体系，定量分析能源安全状态[91]；Malik等（2020）从可用性、适用性、可接受性、可购性4个方面构建了煤炭、石油、天然气、非化石能源的安全评价指标体系，分析能源安全的现状和未来演变趋势。能源安全很难用一个简单的指标来衡量，通常需要构建一个指标体系，利用多个能源安全指标来衡量一个国家或地区的能源安全变化或风险，一般选择10～25个指标是比较合适的，但从方法上看，能源安全指标的研究开发仍然处于探索阶段[92]，能源安全预警的研究成果对天然气安全预警研究具有较大的启示作用。

1.2.3.1　石油安全预警

在较长一段时间内，学者们都普遍认同石油供应安全就是能源安全。因此，对石油安全预警的研究主要体现在对石油供应安全评价指标体系的构建和评价方法方面的研究。代表成果主要有：李凌峰（2006）对石油供应安全进行了 PSR 机理分析，从石油资源、供应通道、石油市场、石油消费 4 个安全模块挖掘了 18 个指标，构建了石油供应安全预警评价指标体系，并采用 AHP 法建立了综合评价模型进行石油供应安全评估[93]；Mohsin 等（2018）针对南亚国家石油供应风险构建了一套综合指标体系，采用数据包络分析和多准则决策分析法对石油供应安全进行了综合评估[94]。

1.2.3.2　煤炭安全预警

随着时间的推移，能源安全的研究内容逐步扩大，而中国是一个产煤和用煤大国，这引起了中国能源界对煤炭安全的重视，主要从构建煤炭安全预警评价指标体系与评价方法方面对煤炭安全预警展开了深入研究。代表成果主要有：田时中（2013）从资源、市场、经济、社会 4 个方面挖掘出煤炭供给安全和煤炭需求安全共 16 个安全评价指标，建立了较完备的评价指标体系，并采用 TOPSIS 综合评价法对中国煤炭供需安全进行了预警评价研究[95]；孟超等（2016）将使用安全和供给安全作为目标层，以资源、市场、灾害、供需、运输、环境 6 个影响因素为准则层，筛选出 9 个安全评价指标，组成中国煤炭安全评价指标体系，并采用 BP 神经网络对中国煤炭安全状态进行了评价分析[96]。

1.2.3.3　电力安全预警

能源领域的快速发展，使非化石能源得到了社会的青睐，学者们开始关注电力安全问题，主要从电力需求影响因素和电力供应安全指标体系构建方面对电力安全预警展开了研究。代表成果主要有：谭伟聪等（2015）基于大数据时代背景对中长期电力需求预警要素的内因和外因进行分析，以数据采集、数据处理、警情确定、寻找警源、警兆分析、预报警度为基本步骤，建立了能源互联网下的中长期电力需求预警模型[97]；Larsen 等（2017）建立了以充足性、弹性、可靠性、电网老化、监管效率、可持续性、地缘政治等 12 个维度的电力供应安全评价指标框架，筛选出一个或多个指标来评估每个维度，构成了一套电力供应安全预警指标体系[98]。

1.2.3.4　天然气供应安全预警

天然气在化石能源中碳排放量最少，对生态环境相对友好，其在能源系统从化石能源向可再生能源转变的过程中起到了关键的桥梁作用，天然气供应安全问题因此受到了广泛关注，关于天然气供应安全预警的研究逐渐兴起。长期以来，受能源安全就是能源供应安全思想的影响，天然气安全预警研究主要集中在天然气供应安全方面。近年来，针对天然气供应安全预警问题的研究，主要从天然气供应安全指标体系构建和评价方法方面展开，初步形成了物质安全、获得安全、共同安全 3 个层次的天然气供应安全观[99]。代表成果主要有：Helen（2010）将天然气安全直接认同为天然气供应安全，利用供需比、进口集中度、地缘政治风险、天然气利用率 4 个不同的天然气供应安全指标评估亚洲天然气供应安全状态[100]；周云亨等（2020）引入能源安全评价中常用的"4A"分析框架，并选取 8 个评价指标，建立了净进口国和净出口国天然气安全状态的评价指标体系，利用层次分析法和德尔菲法评价天然气安全状态[101]。

在预警评价指标体系的构建方面，从当今研究实际情况来看，要得到客观准确的评价结果，需要优选精确合理的天然气安全预警指标，构建科学严谨的评价指标体系。而目前的研究成果中，构建的天然气安全评价指标体系，仅考虑了资源因素、政治因素、运输因素、经济因素，而较少考虑生态环境因素、制度因素以及人口发展因素等，或是天然气安全预警测度指标创立不明晰、不完备，或缺乏对天然气安全概念的深入剖析，选择的评价指标不能体现天然气安全概念的内容，致使天然气安全预警评价指标构建显得过于片面，不够系统周密。

在预警评价模型方面，目前对天然气安全评价的方法以专家打分法、层次分析法等主观评价方法为主，这种主观评价方法导致天然气安全预警评价结果的主观性较强，评价指标量化存在不确定性。同时，目前的预警评价模型一般为静态评价模型，不仅忽略了天然气安全动态发展的特征，而且忽略了对天然气安全预警评价指标进行量变和质变过程的横向对比的客观判断，致使得到的评价结果既不能更精确地反映天然气安全状态演变趋势，又不能更好地为天然气相关部门科学制定天然气开发利用政策提供有效信息。

第 2 章　天然气安全演化及预警的相关理论基础

天然气作为主体能源之一，天然气安全已成为能源安全的核心组成部分。当今世界，天然气安全正面临着巨大的变化，然而，导致天然气安全状态变化的原因复杂多变且存在不确定性。仅采用传统的评价方法难以精准及时地分析出天然气安全状态变化的趋势，这就需要从复杂系统角度分析天然气安全状态变化规律，而现有天然气安全状态变化趋势分析方法鲜有涉及。为此，本章将介绍熵理论、耗散结构理论、突变理论、供需平衡理论、可持续发展理论等方面的理论方法，为后续章节进行天然气安全演化分析和天然气安全预警方法研究奠定基础。

2.1　熵与耗散结构理论

2.1.1　熵理论及其意义

2.1.1.1　熵的概念

熵是一个系统无序程度的一种度量。熵概念是由德国物理学家 Rudolf Julius Emanuel Clausius 教授于 1864 年在《热的唯动说》中第一次提出的[102]，它是刻画热力学中不可逆过程单向性所引入的状态函数[103]，即为热力学第二定律。热力学第二定律的克劳修斯表述是一个系统可自发地从温度更高的系统获得能量，但不会从温度更低的系统获得能量而不发生其他任何变化，也就是低温系统的热量不可能自发地转移到高温系统。

根据可逆热力学的定义，熵的微分数学表达式为：$\mathrm{d}S=\left(\frac{\mathrm{d}Q}{T}\right)_r$，其中，

dS 表示系统受热过程中时间发生微小变化所增加的熵，dQ 表示系统从热源处吸取的热量，T 表示系统的热力学温度。这表明一个系统的熵等于该系统在一定过程中增加或减少的能量除以该系统绝对温度，其中 r 表示系统的可逆过程。随后，该结论被引申到不可逆过程中，便形成了热力学系统的熵增加原理，其表达式为 $dS \geqslant 0$，即绝热情况下，在接近平衡状态的进程中可以使该系统的熵增加。换言之，在绝热不可逆的过程中，系统从初始状态达到最终状态后，该系统的熵将会增加。通过对比系统前后状态的熵值变化情况，即可判断出系统的演化方向。

2.1.1.2 熵的函数表示

克劳修斯用状态函数 $S = f(w)$ 表示熵，为了更好地揭示熵的本质含义，玻尔兹曼进一步发展了熵理论，并证明了满足上述函数关系 f 的函数，将其推广到熵与系统微观层面上的某种确定关系。热力学熵 S 可表示为：

$$S = K_B \ln W \tag{2.1}$$

式中，S 表示系统的熵；K_B 表示玻尔兹曼常数；W 表示系统某一宏观状态的微观状态数。该数学公式的意义在于，将宏观层面的熵与微观层面的概率联系在一起，熵所对应的是系统微观状态数，也可称其为混乱度。在某确定的情景下，系统熵值越高，该系统微观态出现的概率越大，系统的无序程度就越高；反之，系统的无序程度则越低。

综上分析可知，熵不仅是一个物理概念，而且是一个数学函数。对于一个系统来说，熵是系统状态无序程度的度量。

2.1.1.3 熵的意义

普里高津认为，热力学是对系统作整体探讨的开始，熵概念的提出成为19世纪科学思想最主要的功绩。熵概念和热力学第二定律的确立，既标志着人们对系统作整体探讨的开始，又引进“时间箭头”以揭示一个动态系统演变的过程。因此，熵的意义体现在它为动态系统演变的方向和过程提供了一个科学的判断根据，即熵是动态系统演变的关键判据，如同温度、体积等概念一样，是动态系统的一个状态函数。它对动态系统演变过程的产生条件、发展方向以及运行限度等提供了一个科学的判别标准，主要体现在以下方面：

（1）$dS \geqslant 0$ 是判断动态系统演变过程是否可逆的根据。当 $dS = 0$ 时，表明动态系统演变过程是可逆的；当 $dS > 0$ 时，表明动态系统演变过程是不可逆的。

（2）$dS>0$ 是判断动态系统演变不可逆过程方向的标准。在动态系统演变不可逆的过程中，$dS>0$ 意味着动态系统演变过程始终是向熵增加的方向变化，也就是“熵增加原理”，在热力学第二定律中被称为熵增定律。

（3）$dS\geqslant 0$ 也给出了判别动态系统自发不可逆过程限度的标准。在一个孤立系统中自发过程的最终状态是使该系统的熵值达到最大，此时，该系统处于一个宏观静止的平衡态。这表明动态系统的自发过程是一个熵值不断增加的过程，其限度就是把动态系统演变过程“吸引”到熵值最大的平衡态。

熵是定量描述系统内部粒子无序程度的一种函数。熵可认为是系统无序状态的一种测度，或者说是判断系统非组织化、无序化的标准。系统熵越大，系统越混乱；系统熵越小，系统越有序。

2.1.2　耗散结构理论

2.1.2.1　耗散结构理论的基本概念

当一个远离平衡态的开放系统内某个变量达到固定阈值时，量变可能导致质变，而该系统通过不断地与外界环境进行物质、能量和信息的互换，就可能从无序状态转向时间、空间或者功能有序的一种新状态，这种远离平衡态的稳定有序结构就被称为耗散结构。普里高津于 20 世纪 60 年代末在“理论物理学与生物学”国际会议上正式发表了有关耗散结构理论的论述，该理论主要研究一个开放系统从无序状态转向有序状态的机理、条件和规律[104]。耗散结构理论反映了系统演变周期等在内的自发呈现有序状态的实质，且根据自组织概念刻画自发呈现或产生有序状态的经过，在存在与演化两者之间形成了科学的纽带。一个复杂的开放系统在到达远离平衡态的非线性区时，系统与外界不断进行物质、能量、信息等交换。当该系统某一变量转变为某个定值时，通过涨落，就可能产生骤变，即非平衡变相，也就是由原来无序的混乱状态蜕化到一个功能有序的新稳定状态。

按照系统与外界环境之间的彼此作用关系，可把系统分为孤立、封闭和开放 3 类系统。其中，孤立系统是指系统与外界环境不存在任何物质、信息和能量的交换，不受外界环境任何影响的系统；封闭系统是指系统与外界环境虽然有能量的互换，但不存在物质互换的系统；开放系统是指系统与外界环境不仅存在能量的互换，而且还存在物质互换的系统。

根据系统所处状态的不同，可将系统分为：①平衡态。任何一个孤立系统，其原始状态的变量通常具有不同值，随着时间向前推移，系统最终会形成一个不变的定态，这样的定态被称为平衡态。孤立系统只要形成了一种平衡态，就不会自发地远离这个平衡态。不仅在孤立系统中可以形成平衡态，开放系统也可以形成一种平衡态，当开放系统与外界环境的物质、信息和能量互换达到相同速率，且不再发生改变时，这样的稳定状态也可称为平衡态。②非平衡态。不管是孤立系统还是开放系统的平衡态均有两个共同特征。第一，系统的状态变量不再随时间推移而发生改变，也就是形成了定态；第二，系统在定态情况下，其内部没有任何物理量的宏观流动。通常不具有上述任一特征的状态，皆属于非平衡态。对于孤立系统而言，定态则是平衡态，而对于开放系统而言，开放系统可能不会随时间的推移而向定态转变。换言之，该系统形成了定态也未必是一个平衡态的开放系统。开放系统的演化对外界环境条件具有极强的依赖性，因此开放系统的变化具有不确定性。

2.1.2.2 耗散结构的形成条件

系统只有满足如下 4 个条件才能形成耗散结构：第一，必需条件为系统是开放的，也就是系统和外界环境之间持续进行着物质、信息、能量等互换；第二，系统应该是处在远离平衡状态下的一种非平衡状态；第三，系统中某个变量的行为与平均值产生一定的偏差，导致系统偏离最初的状态或轨迹，即涨落；第四，系统内部要素与要素之间须具备非线性的彼此影响，即非线性作用机制。也就是说，系统要与外界持续进行物质、能量和信息交换才能够维持秩序的结构[105]，它可表征复杂系统内部各层次、各要素的相互关系和作用方式。各形成条件具体如下：

(1) 开放系统。热力学第二定律明确指出，任何一个孤立系统的熵值将随着时间推移而逐渐增大，其演变结果是系统的熵值将会达到一个极大值，此时，孤立系统则处于一种最无序的平衡态。孤立系统发展成为平衡态的过程是一个不可逆过程，系统熵不断增加，即系统总熵 $\mathrm{d}S \geqslant 0$，这是热力学第二定律对孤立系统的数学描述。因此，孤立系统永不可能出现耗散结构，要使一个系统向有序状态的方向不断发展的必需条件是系统必须是一个开放的系统。开放系统与外界环境进行信息、能量、物质等互换，从外界环境吸纳负熵流来平衡系统本身产生的熵增加，使该系统总熵不断降低，才能从无序状态转变成为有序状态。可用数学表达式 $\mathrm{d}S = \mathrm{d}_i S + \mathrm{d}_e S$ 准确地描述开放系统的热力学第二定律。因此，根据耗散结构理论可知，任何一个开放系统的总熵均由两部分构

成，只有 $d_eS<0$，且 $|d_eS|>d_iS$，系统的总熵才会出现 $dS<0$，系统的总熵减少，系统将从无序状态转向有序状态。

(2) 远离平衡态。根据普里高津提出的最小熵原理可知，只有当系统在远离平衡态并位于非线性区的时候，系统才能够转变成为一个有序结构，形成足够大的负熵流。开放系统受到外界环境的影响而远离平衡态，系统的开放水平持续提高，外界环境对系统的作用加强，系统内部存在物质交换、信息传递、能量互换，开放系统离平衡态越来越远。只有在这种情景下，开放系统才具备形成有序结构的条件。换言之，远离平衡态是开放系统可以形成耗散结构的一个必要条件，且开放系统的耗散结构是一个"活"的结构，它只有在非平衡条件下才会产生，即非平衡是有序之源。

(3) 非线性作用。非线性作用是开放系统形成耗散结构的充分条件，系统只有通过各要素之间的非线性互相作用才可能自发地形成与维持耗散结构。没有非线性互相作用，系统各要素间则不会形成协调作用，也不会形成相干效应，系统将不会由无序状态向有序状态发展，即使系统处于非平衡态和开放情景下，系统也不会形成耗散结构。

(4) 涨落导致有序。涨落是指一个开放系统中某一个变量的行为相对于平均值而形成的偏差，使这一个开放系统远离初始状态或轨迹。涨落是一个开放系统形成耗散结构的内部条件，当开放系统处于不同状态时，涨落所产生的作用也截然不同，即涨落具有双重性。当系统处于临界状态的情况下，涨落会使系统由一个不稳定状态跃迁到一个有序状态，即系统的耗散结构形成。当系统处于稳定状态的情况下，涨落便成为一种干预，系统自身具备对抗这种干预的能力且保持系统原有的稳定状态不变。

2.1.2.3　耗散结构的特征

耗散结构是应运平衡结构而产生的一个概念。通常情况下，平衡结构也是一种有序结构，只是这种有序结构与耗散结构中的有序结构有着本质的差异。耗散结构的特征就表现在这两种有序结构的本质差异之中，其具体表现为：①两种有序的空间界限不同，在平衡结构中存在的有序是微观层面的有序，而耗散结构中存在的有序是宏观层面的有序。②平衡结构中的有序结构一旦产生，就不会随时空的变迁而改变，即为一种"死"结构。而耗散结构中的结构是一种"活"结构，耗散结构中形成的有序，是一种动态发展的有序，它随时空的变迁呈现周期性的规律变化，因此是一种"活"的有序结构。③保持两种结构续存和维持的条件不同，平衡结构中形成的有序，可不与外界环境进行物质、信息、能量等交换，就可在一个孤立的环境中维持。耗散结构本身需要在开放系统中才可形成，因此也需要在开放系统中维持，需要与外界环境持续地进行物质、信息、能量等互换，才可维持耗散结构的有序状态。

2.1.2.4 耗散结构分支

耗散结构理论是在熵理论的基础上进行研究的，而在热力学领域，若外部控制变量发生变化时，系统将会从一个平衡状态逐渐发展到一个稳定的非平衡状态，原始的平衡状态和这一个稳定的非平衡状态即为热力学分支，如图 2.1 所示。

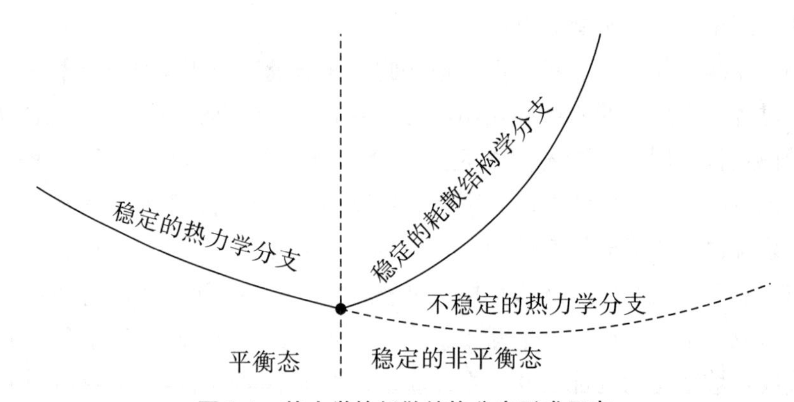

图 2.1 热力学的耗散结构分支形成示意

对于开放系统的演化情况，可用微分方程组刻画其变化和发展状况，则有：

$$
\begin{cases}
\dfrac{\mathrm{d}x_1}{\mathrm{d}t} = f(Y, x_1, x_2, \cdots, x_n) \\
\dfrac{\mathrm{d}x_2}{\mathrm{d}t} = f(Y, x_1, x_2, \cdots, x_n) \\
\qquad\vdots \\
\dfrac{\mathrm{d}x_n}{\mathrm{d}t} = f(Y, x_1, x_2, \cdots, x_n)
\end{cases}
\tag{2.2}
$$

式（2.2）中，x_1，x_2，…，x_n 是刻画开放系统有序程度的状态变量；Y 表示外部环境对开放系统的控制，即为控制变量。

在系统演化过程中控制变量一般不发生转变，但控制变量一旦产生变化就会改变系统演化进度，且从本质上使状态变量最终结果发生变化。若式（2.2）中有不为零的稳定解，则说明该系统位于耗散结构分支上。当状态变量方程是非线性的，则有：

$$\frac{dx}{dt}=f(x,Y)=(Y-Y_0)x-x^3 \tag{2.3}$$

式（2.3）的定态方程解是 $x=0$ 与 $x=\pm\sqrt{Y-Y_0}$。

①当 $Y<Y_0$ 时，函数 $f(x,Y)$ 的解 $x=\pm\sqrt{Y-Y_0}$ 为虚数，在物理学中虚数无意义，故只有 $x=0$ 是热力学分支解，则系统是稳定的。

②当 $Y>Y_0$ 时，函数 $f(x,Y)$ 的解 $x=\pm\sqrt{Y-Y_0}$ 是实数。即使解 $x=0$ 也存在，但系统不再稳定，不过这样的不稳定不会无限发展下去，状态变量会被非线性项 $-x^3$ 约束在一个非零并有限的范围内。因为当 $Y>Y_0$ 时，$x=\pm\sqrt{Y-Y_0}$ 是实数，具备物理学意义，且时间趋近无穷时，系统是稳定的，则是耗散结构分支。这里非线性项起到了最为关键的作用，当热力学分支不再稳定时，既保持状态变量不会无限发散，又促使状态变量逐渐收敛到一个非零的耗散结构分支上。系统多级分支如图 2.2 所示，图中纵坐标是状态变量 x，横坐标是控制变量 Y，Y_0 是系统的分支点，实线是系统的稳定分支，虚线是系统的不稳定分支。

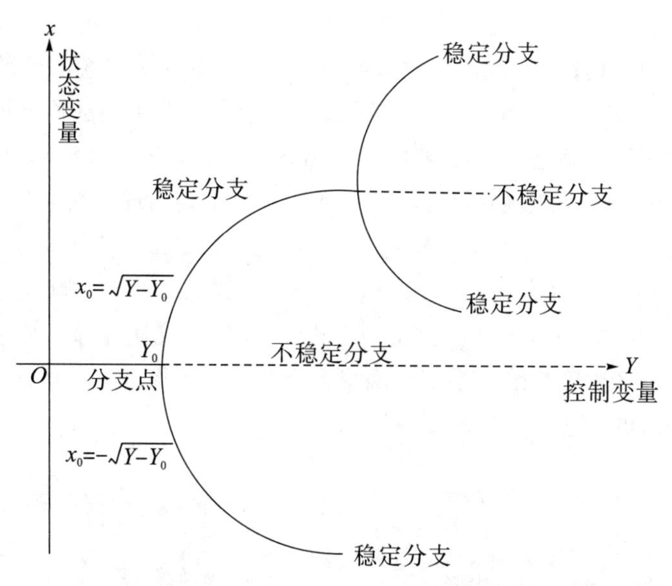

图 2.2　系统多级分支状态示意

显然，耗散结构是动态平稳的有序结构，并非静止的稳定形态，其随时与外界有着物质、信息、能量的互换，具有动态性、非线性、平稳性、有序性等特点。耗散结构理论与熵理论、复杂性系统等相关理论，提出了远离平衡态、非线性影响机制、巨涨落等观点，形成了刻画一般系统能量交换过程的一整套理论，可揭示系统连续演化的实质性特点。

2.1.3 熵与耗散结构

熵理论是研究耗散结构理论的基础，而耗散结构理论把熵理论推向了更高的发展阶段，故熵与耗散结构理论的关系十分密切。随着熵理论扩展丰富，熵也常被用来表示一个开放系统的混乱程度。在一个开放系统中，随着系统的发展演化，熵值持续变大，系统的混乱程度就持续增加，当开放系统的总熵达到最大时，系统出现的“涨落”为系统自组织提供良好契机。随着系统与外部环境持续地进行物质、信息、能量等互换，系统的自组织性能将会发挥作用，开放系统的熵值不会无限变大，而是通过非线性作用达到新的平衡状态[106]。由开放系统的热力学第二定律可知，任何一个开放系统熵的改变均由内部熵与外部熵两部分构成。令复杂性开放系统的总熵为 $\mathrm{d}S$，且有：

$$\mathrm{d}S = \mathrm{d}_i S + \mathrm{d}_e S \tag{2.4}$$

式（2.4）中，$\mathrm{d}S$ 表示开放系统熵的变化量；$\mathrm{d}_i S$ 表示开放系统内部变化自行产生的内部熵；$\mathrm{d}_e S$ 表示开放系统与外界交换后引入系统的外部熵。

当 $\mathrm{d}S>0$ 时，若 $\mathrm{d}_e S>0$，开放系统总熵增大，系统混乱程度增加，最终导致系统失去原平衡态出现“涨落”；若 $\mathrm{d}_e S<0$ 且 $|\mathrm{d}_e S|<\mathrm{d}_i S$，开放系统总熵仍然增大，但由于系统从外界吸收了负熵，系统不会出现“涨落”但会逐步走向衰退。

当 $\mathrm{d}S=0$ 时，则 $\mathrm{d}_e S<0$ 且 $|\mathrm{d}_e S|=\mathrm{d}_i S$，开放系统处于平衡状态。

当 $\mathrm{d}S<0$ 时，则 $\mathrm{d}_e S<0$ 且 $|\mathrm{d}_e S|>\mathrm{d}_i S$，开放系统从外部环境吸纳的负熵大于系统本身产生的增熵，系统总熵将会降低，系统将进入进化状态。

开放系统的状态演变如图 2.3 所示。

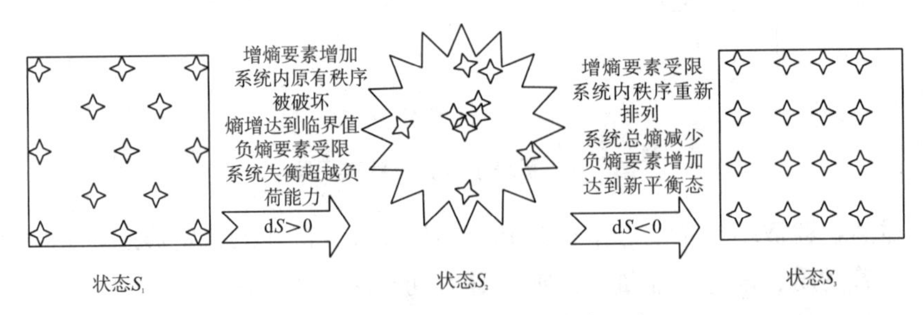

图 2.3　开放系统的状态演变示意

2.2　突变理论

2.2.1　突变理论简述

突变理论是以拓扑学为工具，以奇点理论、分歧点集理论、结构稳定性理论为基础，研究系统由一种平衡状态跃迁到另一种平衡状态的现象与规律。它的数学思想可以追溯到法国数学家 Jules Henri Poincaré 教授 19 世纪提出的结构稳定性、动态稳定性和临界集。1955 年，美国数学家 Hassler Whitney 教授发表的《曲面到平面的映射》一文为光滑映射的奇点理论奠定了基础。1969 年，法国数学家 René Thom 教授发表的《生物学中的拓扑模型》一文为创立突变理论奠定了理论基础，其在 1972 年出版的专著《结构稳定性与形态发生学》一书系统全面地阐明了突变理论，这标志着突变理论的正式创立[107]。

突变理论通过对系统结构稳定性的研究，分析连续作用导致的不连续效果，用以揭示质变规律。它指出，系统任何一种作用状态均位于稳定态或非稳定态二者之中，稳定态在外部环境的影响下仍保持原状态，而非稳定态在外部环境影响下立刻远离原状态进入另一种状态。Thom 教授创立的突变理论认为，任何系统从一种稳定态演化到另一种性质截然不同的稳定态，都可通过渐变和跃迁两种方式实现，具体实现方式依赖于两种质变方式的条件和范围。突变理论不仅涉及数学界，而且在物理学、工程学、化学这些领域均有涉及，特别是在生物学与社会科学等领域的研究正如火如荼地进行着，它是刻画系统连续渐变过程中涌现出不连续变化的定量化数学模型。

2.2.2　突变理论的数学模型

突变理论认为，任何一个系统都是由状态变量和控制变量所构成，当系统中的控制变量不变时，系统的状态变量居于稳定状态；当系统中控制变量发生改变时，状态变量就会随之呈现渐变状态；若系统中控制变量改变到达某个临界点，状态变量最初的稳定态便会消逝而产生突变。系统的状态变量可用势函数表示，设系统的势函数为：

$$V(X,Y)=V(x_1,x_2,\cdots,x_n;y_1,y_2,\cdots,y_m) \tag{2.5}$$

式（2.5）中，X 表示开放系统状态变量 x_i 的集合，$X=\{x_1, x_2, \cdots, x_n\}$；$Y$ 表示系统控制变量 y_j 的集合，$Y=\{y_1, y_2, \cdots, y_m\}$。

不同性质的突变由控制变量数目所决定，依据 Thom 分类定理可知，当状态变量数目 $n\leqslant2$ 时，若控制变量数目 $m\leqslant5$。自然界和社会生活中发生的所有突变过程均可用 11 种突变函数模型进行刻画，见表 2.1。若控制变量数目 $m\leqslant4$，可用 7 类最基本的初等突变函数模型去刻画自然界和社会生活中发生的突变过程。

表 2.1　Thom 有关初等突变的完备分类

突变类型	状态变量	控制变量	势函数形式
折叠	$1(x_1)$	$1(y_1)$	$V(x_1)=x_1^3+y_1x_1$
尖点	$1(x_1)$	$2(y_1,y_2)$	$V(x_1)=\pm x_1^4+y_1x_1^2+y_2x_1$
燕尾	$1(x_1)$	$3(y_1,y_2,y_3)$	$V(x_1)=x_1^5+y_1x_1^3+y_2x_1^2+y_3x_1$
蝴蝶	$1(x_1)$	$4(y_1,y_2,y_3,y_4)$	$V(x_1)=\pm x_1^6+y_1x_1^4+y_2x_1^3+y_3x_1^2+y_4x_1$
印第安人茅舍	$1(x_1)$	$5(y_1,y_2,y_3,y_4,y_5)$	$V(x_1)=x_1^7+y_1x_1^5+y_2x_1^4+y_3x_1^3+y_4x_1^2+y_5x_1$
椭圆脐	$2(x_1,x_2)$	$3(y_1,y_2,y_3)$	$V(x_1,x_2)=-x_2^3+x_1^2x_2+y_1x_2^2+y_2x_1+y_3x_2$
双曲脐	$2(x_1,x_2)$	$3(y_1,y_2,y_3)$	$V(x_1,x_2)=x_2^3+x_1^3+y_1x_1x_2-y_2x_1-y_3x_2$
抛物脐	$2(x_1,x_2)$	$4(y_1,y_2,y_3,y_4)$	$V(x_1,x_2)=x_2^4+x_1^2x_2+y_1x_1^2+y_2x_2^2-y_3x_1-y_4x_2$
第二椭圆形脐点	$2(x_1,x_2)$	$5(y_1,y_2,y_3,y_4,y_5)$	$V(x_1,x_2)=-x_2^5+x_1^2x_2+y_1x_2^3+y_2x_2^2+y_3x_1^2+y_4x_1+y_5x_2$
第二双曲形脐点	$2(x_1,x_2)$	$5(y_1,y_2,y_3,y_4,y_5)$	$V(x_1,x_2)=x_2^5+x_1^2x_2+y_1x_2^3+y_2x_2^2+y_3x_1^2+y_4x_1+y_5x_2$
符号脐点	$2(x_1,x_2)$	$5(y_1,y_2,y_3,y_4,y_5)$	$V(x_1,x_2)=\pm x_2^4+x_1^3+y_1x_1x_2^2+y_2x_2^2+y_3x_1x_2+y_4x_1+y_5x_2$

根据突变理论可知系统势函数处于临界点时，系统发生“不连续”变化的情况是系统产生突变的本质，要深刻认识突变现象就必须剖析分叉集的性质。孤立临界点则为势函数的一阶导数等于零，而它的 Hessen 矩阵不为零的点，此时系统状态表现出连续平滑的发展；非孤立临界点就是势函数一阶导数等于零，而它的 Hessen 矩阵同时等于零的点，此时系统状态就能够产生突变。因此，找出分叉集是揭示突变形成和演化机理的关键。突变理论的根本思想就是用突变函数模型去逼近真实的系统，其基本过程如下：

(1) 分析系统的特征，明确描述该系统状态的状态变量（x_1，x_2，…，x_n）和控制该系统状态的控制变量（y_1，y_2，…，y_m）。选取对该系统不连续性具有重大影响的变量，剔除次要的影响因素。

(2) 明确刻画该系统状态的势函数 $V(X, Y)$。要求该系统处于平衡态（x_1，x_2，…，x_n）时，使势函数 $V(X, Y)$ 的取值达到最小。

(3) 找出该系统所有可能出现平衡态构成的空间，即方程组 $\mathrm{grad}_x V = \left(\frac{\partial V}{\partial x_1}, \frac{\partial V}{\partial x_2}, \cdots, \frac{\partial V}{\partial x_n}\right)$ 的解空间 M_V，则有：

$$M_V = \{(X, Y) \mid \mathrm{grad}_x V = 0\} \tag{2.6}$$

(4) 明确系统突变可能发生的范围，即找到分歧集。首先求 M_V 到 R^m 的投影 X_V：$M_V \to R^m$，记 X_V 的奇点集为 $N = \{(x_1, x_2, \cdots, x_n; y_1, y_2, \cdots, y_n) \mid \det[\boldsymbol{H}(V)] = 0\}$，其中 $\boldsymbol{H}(V)$ 表示 V 的 Hesse 方阵，再求 R^m 中的 $X_V(N)$，则 $X_V(N)$ 就是要找的分歧集，也就是系统突变可能发生的范围。

2.2.3　突变指征

在系统势函数不明的状况下，依据系统显示的外部状况来确定该系统是否可用突变模型进行刻画，则需验证系统是否满足突变指征，符合突变指征的系统可建立势函数，对系统变化现象进行研究。系统突变指征如下。

(1) 突跳性：系统从一个消失的极小横跨到另一个局部或者全局极小，系统发生突跳时位势数值有一个间断的转变过程，突跳表现出位势值在非常短的时间内产生了重大的改变。

(2) 滞后性：系统由第一个局部极小向第二个局部极小处跨越和由第二个局部极小向第一个局部极小处跨越时，控制变量取值有所不同。

(3) 多模态：系统可能涌现出 2 个及以上不同的状态，换言之，系统的位势关于控制变量的某一值域可能有至少 2 个极小值。

(4) 不可达性：这意味着系统在平衡点附近有不稳定的孤立临界点。若这个势函数具有不少于 2 个局部极小点，则它必然存在一个不稳定的平衡态。

(5) 发散性：可利用控制变量变化的不同轨迹或路线实现系统在平衡曲面中的某个状态。

一般情况下，当系统满足不少于 2 个上述突变指征时，可构建突变模型分析该系统。构建突变模型有两种途径：一是定性分析及其描述模型；二是利用系统特征，转化为突变模型进行分析。

当一个天然气安全系统突然发生天然气供应中断事件时，将导致天然气安全系统原平衡态通过跃迁达到另一个平衡态。在这一过程中，可利用储气库、LNG 等应急供气保障民生和重要领域的用气需求。此过程需要一定的时间才可使无序状态达到有序状态，这充分体现了天然气安全系统自组织性能的滞后性。

2.3 供需平衡理论

2.3.1 能源供需平衡理论

供需平衡是指消除能源供需之间的不适应、不均衡现象，使经济市场中能源供给量与需求量达到一致，即能源供给量等于能源需求量。能源供给与能源需求分别表示能源市场上的卖方和买方，是能源市场经济活动的两个根本要素，两者形成对立统一的关系。从能源供需矛盾的表现形式来看，主要有能源供需的数量矛盾、结构矛盾、时空矛盾，其中能源供需数量矛盾主要是指能源供应能力和供应数量不能满足能源需求；能源供需结构矛盾主要是指能源的供给结构和能源的需求结构不相适应，能源供给的种类、质量与能源需求的种类和品质不一致；能源供需时空矛盾主要包括时间序列与空间分布的矛盾，能源需求在时间上的指向性和季节性与能源供给的常年性和稳定性不相适应，不同地区能源供给和对能源需求的差异性造成能源供需空间流动的差异性。这些矛盾充分体现出，能源供需平衡是相对的、有条件的、动态的，而能源供需不平衡是绝对的、无条件的、静止的。能源供给与能源需求在能源市场竞争机制作用下确定能源均衡价格，即能源的供给量等于需求量时的价格。在能源经济学中，能源供需平衡状态下，市场上的能源既不会过剩，也不会短缺，即供给等于需求，这种供需平衡状态是绝对意义上的均等，此时能源均衡价格是由能源供给量等于能源需求量所决定的。该过程可用图 2.4 进行说明。

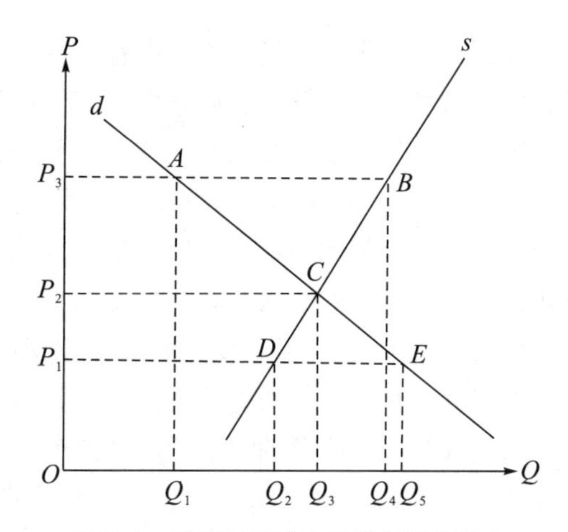

图 2.4　能源经济学市场供需平衡状态

曲线 s 是能源市场的供给曲线，曲线 d 是能源市场的需求曲线。当能源价格为 P_3 时，能源需求量为 Q_1，能源供给量却为 Q_4，市场呈现供大于求的状态，能源不得不降低价格，以达到售完能源的目的；在降价销售过程中，需求量持续增加，而供给量不断减少，供需差额逐渐减小。当能源销售价格达到 P_1 时，能源市场的需求量为 Q_5，能源市场的供给量为 Q_2，市场表现出供不应求的状态，部分消费者不能如愿购买到所需能源，不得不提价购买；而在价格增长的过程中，市场的需求量便会降低，而供给量就会增多，市场供应短缺越来越小。当能源销售价格为 P_2 时，能源市场的需求量和供给量皆为 Q_3，能源市场的供给与需求处于平衡状态。在点 C 处，能源市场的供给曲线 s 与需求曲线 d 相交，此交点即为能源市场的供需平衡点，处于平衡点的价格则是能源市场的均衡价格，对应的数量就是能源均衡数量。

上述能源经济学供需平衡理论研究的市场供给和需求是针对单个能源经济对象的供需平衡问题，本书研究的天然气安全系统的供需平衡问题属于上述能源经济学研究的供需平衡问题。

2.3.2　天然气供需平衡理论

天然气资源的配置是通过天然气市场实现的，天然气市场可简单地理解为通过天然气的供给和需求运动，完成天然气资源配置的机制或形式。依照能源经济学供需平衡理论可知，天然气供需平衡是指消除天然气供需之间的不适应、不均衡现象，使天然气供给与需求互相适应，相对一致，即天然气供给和需求在数量上相适应的状态。

天然气市场均衡分析是通过揭示天然气市场中有关经济变量之间相互作用的关系，阐明实现天然气市场均衡的条件和调整措施等。在天然气供给与需求曲线中，如图 2.5 所示，天然气需求曲线从左上方向右下方倾斜，而天然气供给曲线从左下方向右上方倾斜。当影响天然气供需的因素发生改变时，天然气供给曲线和需求曲线将产生变动。例如，天然气产量快速增长，天然气勘探开发技术得到了飞跃式提高，市场上的天然气总产量增加，天然气供给量则会增加，天然气供给曲线将会向右移动。而随着人们环保意识的不断强化，碳达峰、碳中和目标实现的持续深化，非化石能源得到开发利用，各类新能源得以普及使用时，市场对天然气等化石能源的需求量便会减少，天然气需求曲线相应地向左移动。因天然气供需影响因素众多，天然气供需曲线的变化极其复杂，天然气供给与需求达到能源经济学供需平衡状态是一种理想的供需平衡状态。

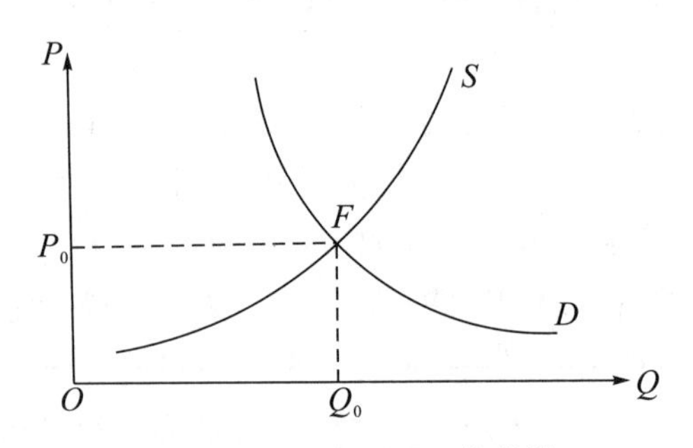

图 2.5　天然气供需平衡曲线

依据能源供需平衡理论，天然气供给与需求在点 F 处达到平衡状态。在天然气市场中，当天然气供需处于平衡状态时，对于天然气需求者来说，他们可以根据自身能力，以合理的价格购买足量的天然气；而对于天然气生产和销售企业来说，他们可以以合适的价格出售所有的天然气，供需双方均获得最大利益。天然气供需受价格的影响较为显著，若不能妥善处理天然气供给与需求之间的关系，天然气供需差量不断增长的矛盾难以协调，对外依存度将连续上升，天然气供需状态将失去控制。

天然气市场供需是否达到平衡是天然气安全系统状态发生变化的根本原因。随着时间的推移，天然气安全系统状态是动态发展的，脱离供需动态平衡，只局限于静态平衡来分析天然气安全系统状态具有一定的片面性。党的十九大报告再三明确要“实现供需动态平衡”，从短期来看，在市场经济机制下，通过天然气供给主体推动天然气产业中存量资源的优化调整，改善供需结构平衡状态，促使天然气资源的科学合理配置，并以能源消费弹性系数最小化作为衡量和评价准则。

从供需动态平衡过程看天然气安全系统状态变化，其最终目标还是提升天然气安全系统运行质量和效率，促进天然气行业持续稳健发展。关于这一动态发展中天然气供需结构平衡的过程，可由图 2.6 予以阐述。

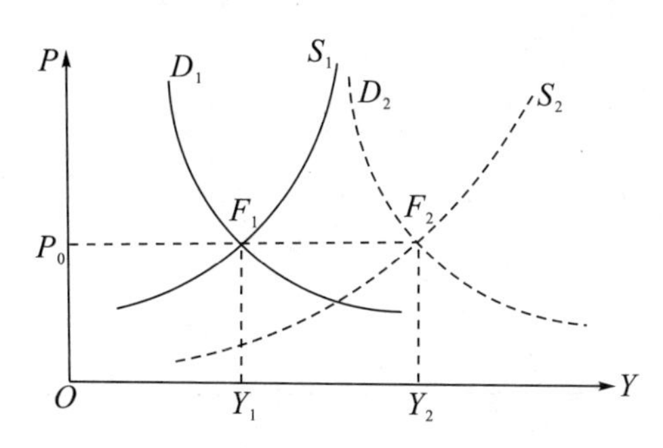

图 2.6　T_1—T_2 两时期市场供给引领需求达到动态平衡状态

假设 T_1 时期，在价格水平为 P_0 处天然气上游企业的供给曲线 S_1 与天然气下游用户需求曲线 D_1 相交，在静态平衡状态下天然气系统达成的有效产出为 $Y_1(D)=Y_1(S)$。从 T_1 时期到 T_2 时期，由于天然气上游企业采取增储上产、技术革新等措施提升全要素生产率，天然气供给曲线 S_1 向右移至 S_2 的位置，在提升有效供给能力的同时，激发了有效需求的增长，即天然气需求曲线 D_1 向右移至 D_2 的位置。由此，保持价格不变，在动态平衡下天然气供需系统达成有效产出为 $Y_2(D)=Y_2(S)$。由此可见，基于动态角度分析，天然气供需结构平衡能够在更高产出水平上达到天然气供需的动态平衡，推动天然气安全系统稳健发展，提升天然气安全水平。

从长期来看，要求天然气勘探开发企业通过供给主体的技术创新，不断扩大天然气产量的增量，引领新的天然气有效需求，持续释放天然气消费潜力。在天然气需求侧和供给侧的组织更换升级过程中，达到天然气安全系统的供需动态平衡，以实现天然气安全水平持续提升的目标，是一种绝对平衡概念下的供需动态平衡。

物理学中动态平衡的概念相较于经济学动态平衡具备一定的相对性，在物理学中的平衡状态是指物体相对于某一个参照物始终保持静止或者匀速直线运动的状态，即合外力为零。通过操纵一些物理变量，使物体的原始状态产生改变，在此过程中维持物体处于一连串的平衡状态，即称作动态平衡。天然气安全系统在市场经济体制内，供给与需求的一切活动，在其功能范围内是自由的，能够实现它本该实现的作用，这是具备相对平衡内涵的供需动态平衡，可由图 2.7 进行阐释。

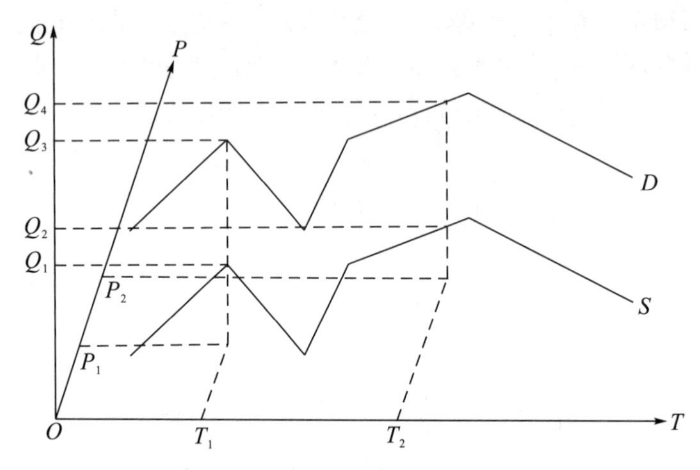

图 2.7　天然气供需动态平衡变动

假定 T_1 时期，天然气市场的供给曲线 S 与需求曲线 D 在价格水平 P_1 处于某种平衡态，此时，天然气市场需求量为 Q_3，供给量为 Q_1。从 T_1 时期到 T_2 时期，由于天然气企业加大勘探开发力度、技术创新等措施提高了天然气市场供给量，天然气供给量达到 Q_2，在提升有效供给能力的同时，进一步拉动了天然气市场有效需求的增长，天然气需求量达到了 Q_4，天然气价格由 P_1 变化到 P_2 水平，天然气供需达到另一个平衡状态。在 T_2 时期，天然气安全水平与 T_1 时期的安全水平一样，即 $\Delta Q_S = Q_2 - Q_1 = Q_4 - Q_3 = \Delta Q_D$，可见，基于动态平衡分析视角，在 T_1 时期，天然气供需结构静态相对平衡阶段，天然气供需结构处于某一平衡状态，由于生产要素配置优化调整使天然气产量发生了变化，天然气市场供给变化将推动天然气市场需求变化，天然气需求量随之发生变动；在 T_2 时期，天然气供需结构动态相对平衡阶段，供给刺激需求，需求驱动供给，在供给与需求相互作用下，天然气供需结构仍处于相对平衡状态。从 T_1 时期到 T_2 时期的过程中，天然气供需结构始终维持一系列的平衡状态，这种供需动态平衡具有相对平衡的性质，使天然气安全水平保持不变。

在天然气安全系统状态变化发展过程中，天然气供需平衡与不平衡都是相对的，是可以相互转化的。任何系统的平衡均是相对的、动态的，绝对静止意义上的平衡是片面的。构成天然气安全系统的各个部分都代表一定的“势态”，且具备一定的力量，各种势态与力量既统一又独立。天然气供需动态平衡是天然气安全系统状态变化过程的核心内容，受到各种因素与力量之间的相互影响和制约，表现出天然气安全系统动态发展的普遍性和可预测性。

2.4　可持续发展理论

早在 20 世纪 60 年代就已形成了可持续发展的基本思想，1987 年《我们共同的未来》一文明确指出“可持续发展就是既满足当代人的需要，又不对后代人满足其需要的能力构成危害的发展”。可持续发展是局部与整体、短期与长远利益之间形成的统一有机整体，其遵循公平性、内在性、协调性、持续性和共同性五个发展基本原则。

可持续发展就是人口系统、经济系统、生态环境系统与资源系统协调发展过程中，要求不仅要满足当代人对资源的需求，而且又不能对后代人满足其需求的能力产生威胁的发展，其基本含义包括：①可持续发展象征着社会文明步入了一个新的发展道路或模式，其前提是发展；②可持续发展强调人类、经济、生态环境、资源多要素之间的和谐发展；③可持续发展强调资源开发利用的“时空公平”，要求处理好代内与代际利益、局部与整体利益之间的关系。

1995 年，中国把可持续发展纳入国家基本战略之中，呼吁中国人民积极主动加入这一项伟大的社会变革和创新实践中，其重点是指以社会资源可持续利用和生态环境平衡为基础，以国民经济可持续发展为前提，追求人类社会全面文明进步，人口、资源、经济、环境协调发展的一种发展方式[108]。可持续发展概念强调两个基本观点：一是人类社会要持续发展；二是发展必须有度，特别是不能以牺牲生态环境为代价，不肆意掠取资源，不损害后代人的生存和发展空间。在可持续发展概念范畴内，人类的可持续发展是发展的最终目的；生态可持续发展是发展的前提条件；资源可持续发展是发展的物质基础；经济可持续发展是发展的根本动力。可持续发展必须以公平性、内在性、协调性、持续性和共同性为根本原则，最终目标是以人类社会发展为起点，包括经济、环境、资源等各个子系统达到共同、公平、高效、协调、多维的全面发展。可持续发展是当今人类社会发展所追求的一种理想模式，也是一种最优发展模式，其不仅要发展而且具备可持续性，还要强调人口、资源、经济和环境之间的协调发展。可持续发展各种要素之间相互作用的基本原理如图 2.8 所示。

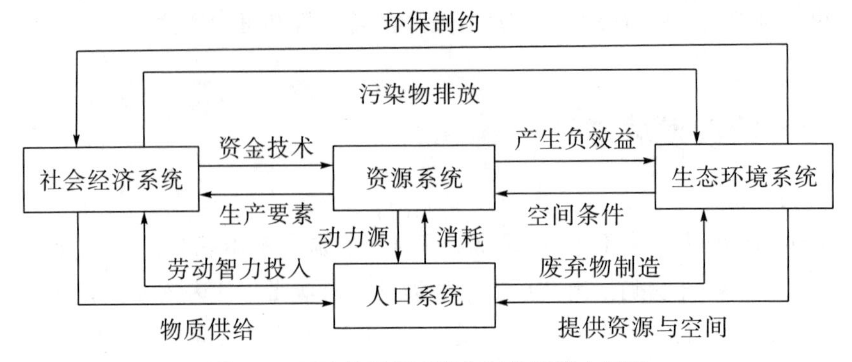

图 2.8　可持续发展要素相互作用基本原理

可持续发展的基本内容包括三方面：一是需要，即发展的最终目的是满足人类发展的需要；二是制约，强调人类的一切实践活动均要受到生态环境和资源的约束；三是公平，强调本代人之间的公平、人类与自然界其他物种之间的公平、本代人与下代人之间的公平、不同国家或地区之间对资源分配与利用的公平。可持续发展以发展为核心，以经济增长为基础，以革新和提升人类生活品质为宗旨，认可并体现生态环境的价值，实现与人类社会文明进步相适应。因为发展是"可持续"的条件，没有发展，就不存在"可持续"。"可持续"是"发展"的限制条件，当代的发展必须建立在不损害后代利益的基础之上。要实现可持续意义上的经济发展，就必须重新审视资源开发利用的形式，打赢提质增效攻坚战，进而减轻单位经济活动产生的生态环境压力，保持共享、协调、创新、开放、绿色的新发展思想。可持续发展以资源为动力，与生态环境负荷承受能力相协调，实现人类与自然之间的和谐发展。实现资源、经济、人口、生态环境四者之间互相协作、有机结合、和谐发展，是开放性系统可持续发展的前提。

天然气作为重要的低碳清洁能源，是资源系统中重要的组成部分，其市场非均衡凸显的一个重要问题是天然气安全系统的可持续发展。所谓的可持续发展，主要是指天然气供应是否可以持续地满足人类生存与经济发展的需要。天然气安全系统的可持续发展包含两方面：一是天然气资源的供应是否可以满足人类和经济发展对天然气长期的需求；二是人类和经济发展在过去开发利用天然气的活动中，已经对生态环境造成了较为严重的破坏，如何确保在未来对天然气开发利用的过程中不会对人类赖以生存的地球持续造成危害和影响，即人口—经济—环境—天然气协调持续发展问题。

第3章　天然气安全演化及其影响因素分析

天然气安全演化本质上是天然气安全程度的演变，而天然气安全程度的演变是通过天然气安全系统状态变化表现出来的。基于此，本章先将对天然气安全及其影响因素进行分析，并在此基础上构建天然气安全系统，然后对天然气安全演化周期及影响因素展开研究，为后文探索天然气安全系统状态变化规律、挖掘天然气安全演化驱动因素、探究天然气安全演化的基本过程奠定基础。

3.1　天然气安全及其影响因素

3.1.1　天然气安全的界定

3.1.1.1　安全的概念

随着安全科学理论与应用研究的持续纵深发展，国内外学者从社会层面与生活和生产层面对安全下了较多定义，但至今对安全还未形成一个统一的、公认的定义。综合分析不同学者及相关标准规范对安全给出的定义，不难发现目前人们对安全概念持有绝对安全和相对安全两种安全观。

绝对安全观认为安全就是不存在任何事故、不存在任何危险，其代表性定义有：

（1）《现代汉语词典》（第6版）将安全解释为：没有危险；平安。

（2）美国军用标准MIL－STD－882C《系统安全大纲要求》将安全定义为“没有引起死亡、伤害、职业病或财产、设备的损坏、损失或环境危害的条件”。从该定义中不难看出，安全是系统的一个条件[109]，而且是从关心死亡、伤害，到关注职业病或财产、设备损害，再到重视环境危害条件的渐进过程，这体现了人们对安全问题认识的持续深化和扩展过程。

（3）林大泽和韦爱勇（2005）在《职业安全卫生与健康》一书中写道[110]：“安全是指不因人、机、环境的相互作用而导致系统损失、人员伤害、任务受影响或造成时间的损失。”

（4）吴超教授等（2018）认为[111]：“安全是指一定时空内理性人的身心免受外界危害的状态。”

上述绝对安全的定义表明：安全是没有事故发生，随着时空的推移，人们对安全问题的认知逐步深入，安全的外延在持续扩展，对安全问题的关心已扩大到了生产、生活、社会的各个领域。

相对安全观认为风险是绝对的，安全是相对的，其代表性定义有：

（1）国家质量监督检验检疫总局颁布的《职业健康安全管理体系规范》（GB/T 28001—2001）将安全定义为：免除了不可接受的损害风险的状态。

（2）魏俊杰博士等（2019）将安全定义为[112]：“一定环境下系统免受不可接受的风险的状态。”

（3）张吉军教授（2020）将安全定义为[113]：“安全是在一定的时空条件下，客观事物的危险程度能够为人们普遍接受的状态。”

上述相对安全的定义表明安全与危险并非互不相容，二者之间存在一种辩证统一的关系。当系统的危险程度下降到人们可接受的某一水平时，表明该系统就是安全的；反之，当系统的危险程度高于人们可接受的某种程度时，说明该系统是不安全的。即要使存在一定危险性的系统处于人们认知的安全状态有两种途径：一是将人们接受危险的程度提高；二是把危险性降低到人们可接受的程度。

安全是一个具备时间性、空间性的动态的概念，不同时期、不同国家或地区的人们对同一危险的认知水平是不一样的，判断安全状态的标准截然不同，人们能够接受的危险程度也有很大的差异，不限定时空而讨论安全将会发生错乱，即安全是随时空的变迁而改变的。Aven（2008）认为，从某种程度上来看安全意味着可接受的风险[114]，既包含了事件发生的概率和严重程度，又包括了事件发生的因素和条件，它涉及事件直接受害者的可持续发展。基于上述的认知，鉴于目前研究者普遍认同相对安全观的概念，本书将安全定义为：安全是指在一定时空内，事物的危险程度能够为人类社会的可持续发展所接受的状态。

3.1.1.2　天然气安全的定义

能源是社会进步和经济增长的原始动力，是人类赖以生存与发展的物质基础。能源在两次世界大战中对战争结果和确定国家前途起到了关键性的作用，这引发了人们对能源安全的普遍关注。20 世纪 70 年代初爆发的两次石油危机才真正地引起工业化国家对能源安全的重视，形成了以石油安全为核心的能源安全观。进入 21 世纪以来，全球化进程加快、经济快速发展、城镇化建设快速推进以及生态环境日益恶化，国际环境与地缘政治发生较大的变化，促进了能源安全内涵的进一步扩展，形成了以能源供应安全和能源使用安全为主题的能源安全观。随着国家安全内涵的日趋丰富，可持续发展观念渐渐刻入人心，曹建华等（2011）将能源安全定义为[115]：“在国家经济发展的一定时期内，保障能源以合理的价格、持续足量稳定的供应满足国民经济和社会发展以及国防的需要，并且保证人口、资源与环境的可持续发展。”巴基斯坦的《2025 愿景》给出的能源安全定义为[116]“人人都能获得负担得起的、可靠的、可持续的现代能源”。上述定义形成了对能源安全概念的动态理解，能源安全不但涉及经济问题，而且涉及政治问题，并同时关系到一个国家或地区国民经济的健康发展与社会的稳定，逐渐由“数量”向“质量”转变。

天然气作为一种高效、清洁的一次性化石能源，根据能源安全的定义和内涵，有学者认为天然气安全概念和传统能源安全概念一致，即天然气安全本质上是指天然气供应安全，也就是经济安全性，而不是指技术范畴的天然气使用安全[117]。基于此，Guo 等（2018）将天然气安全定义为[118]：“天然气安全是一个国家或地区获得足够的、可靠的、负担得起的，在指定时间和地点持续供应的状态。”也就是充足的天然气资源，以满足一个国家或区域经济发展和社会稳定的需要，保障国家安全不受威胁。因此，李宏勋教授（2020）又将天然气安全定义为[119]：“天然气安全是指在一定技术经济条件下，天然气供应稳定、市场需求能够得到满足并且国外进口不中断的一种状态。”由此可见，天然气安全是一个动态的概念，由“单一”供应向“多元化”供应发展。同时全球变暖、生态环境恶化等问题具有跨区域性、长期性、外部性，不是一个国家或地区能独立解决的，天然气生态环境安全也是全球面临的共同问题。

基于上述分析，结合安全的定义，本书将天然气安全定义为：天然气安全是指一个国家或地区能够及时地获得稳定、足量、经济、清洁的天然气供给以满足合理的天然气需求，从而保障一个国家或地区社会稳定和经济可持续发展的状态。

3.1.2 天然气安全的内涵

天然气资源的稀缺性、耗竭性以及供应的有限性与天然气需求的迅速增长、低效利用的矛盾日益突显，导致天然气供应短缺、价格暴涨等危机事件的发生，从而致使天然气安全问题不断出现。天然气安全的内涵包括以下几个方面：

（1）天然气安全的实质是达到天然气供需平衡。无论是出现天然气供大于求的情况，还是出现天然气供小于求的情况都将引起天然气供需失衡，导致天然气安全问题的出现。其中，天然气供应是在确保不对生态环境造成影响情况下的有效供应；天然气需求是指在高效利用天然气情况下的合理需求。

（2）天然气安全的目的是保障社会稳定和经济可持续发展。衡量天然气安全的准则是天然气安全对一个国家或地区社会稳定和经济运行的可持续发展是否造成影响。

（3）辨别天然气安全的风险可以从天然气供应的稳定性、足量性、经济性、清洁性以及天然气需求的合理性等特征进行分析。

天然气供应的稳定性特征：是指可以及时地获得一个国家或地区人民生活和经济运行所需天然气资源的持续供应。天然气稳定供应是天然气安全的关键，若没有持续、可靠的天然气供应，就不会有天然气安全。持续、可靠的天然气供应是天然气安全的根本保障。

天然气供应的足量性特征：是指天然气在数量上要充裕，能够满足当代人和后代人以及经济可持续发展的需要，无论是否具有主权，只要可以获得天然气，均可用于发展自己。足量的天然气供应是天然气安全对目标“量”的追求，天然气供应的足量性是天然气安全的核心。

天然气供应的经济性特征：是指一个国家或地区可以以较小的经济代价从贸易市场获得社会经济可持续发展所需的天然气。在非战争状态下，天然气安全追求的是以稳定、合理的成本获取社会经济持续发展所需天然气。负担得起的天然气价格是天然气安全的根本要求，在可承受的天然气价格范围内是否可以获取满足一个国家或地区持续发展所需的天然气供应量，是评估天然气安全的主要指标。

天然气供应的清洁性特征：是指天然气勘探开采利用过程不对生态环境造成影响。天然气勘探开采过程不污染环境、不破坏生态，天然气消费利用过程不对生态环境造成危害，这是天然气安全的环境要求，是天然气安全对更高目标“质”的追求。

天然气需求的合理性特征：是指天然气需求稳定，能被高效利用。天然气需求的“爆发式”增长可能导致需求不能得到有效满足，粗放、低效率地利用天然气不但酿成天然气资源被浪费的后果，而且还会导致天然气消费量的快速增加。因此，不合理的天然气需求也是导致天然气安全问题发生的原因之一，天然气需求的稳定性以及天然气能被高效利用均是保障天然气安全的基础。

3.1.3　天然气安全的影响因素分析

天然气安全的影响因素众多，各影响因素间存在相互关联、相互影响。全面分析天然气安全的影响因素，有助于对天然气安全影响因素进行归类，有利于更客观地刻画同质因素内部或异质因素间的耦合关系，是诠释各影响因素对天然气安全的作用过程、结果以及应选择的纠偏措施的前提，进而全面、客观地揭示天然气安全系统内外环境之间错综复杂的关系，便于进一步提取天然气安全影响因素变量集。

综合各方面的研究来看，影响天然气安全的因素归纳起来主要有资源因素、运输因素、经济因素、环境因素、地缘政治因素、人口因素、技术因素、军事因素等[120]。

3.1.3.1　资源因素

资源因素是影响天然气安全最根本和最关键的因素之一。通常情况下，天然气资源丰富且分布均衡的国家或地区，天然气安全水平高，反之则低。事实上，全球天然气资源储量、产量以及消费分布严重失衡，但天然气在世界范围内是可以调配的化石能源，因此，任何一个国家或地区全部靠自给自足的天然气供给既不现实又达不到天然气资源最优配置。但是一个国家或地区的天然气资源越充足，则该国的经济发展和社会稳定就越有保障，在不考虑其他影响因素的情况下，就会相对安全。对于天然气资源贫乏国家的天然气安全问题也不一定就是最严重的，通过建立庞大的天然气战略储备和进口等一系列风险防范机制，可有效控制天然气供应风险。从天然气供应来源和渠道来说，天然气进口来源以及方式的多元化可有效降低海外天然气进口风险，有利于安全、稳定、及时地获取一个国家或地区可持续发展所需的天然气资源。

3.1.3.2　人口因素

人口因素对天然气安全的影响主要表现为人口数量的增加，特别是城镇化建设的快速推进，必然导致天然气需求量持续增长，出现天然气供不应求的局面，从而引起供需严重失衡，无形之中增加了社会不稳定因素。城市人口高密度地区，对天然气季节性需求极度明显，每到供暖季就可能发生局部或大面积的“气荒”现象，人口过度集中会导致生活环境质量降低、社会问题增加。人口素质参差不齐，若一个地区居民素质偏低、构成复杂、秩序不佳，大家都不愿意在此生活，因而导致该区域的天然气需求降低或粗放地使用天然气资源，对生态环境造成破坏，使天然气资源达不到帕累托最优，这些都会对天然气安全造成较大影响。

3.1.3.3 经济因素

经济因素对天然气安全的影响，一方面，体现在经济的快速增长，对天然气的需求相应地增加，致使天然气市场供不应求，出现天然气供应短缺、价格上涨等现象，这必然对天然气安全产生“负效应”；另一方面，一个国家或地区经济实力强，就有足够的资金投入天然气勘探开采建设中，也有足够外汇支持进口，从而增强天然气供应能力，天然气安全水平将相应地提高。

3.1.3.4 地缘政治因素

地缘政治因素对天然气安全的影响集中体现在以下方面：第一是天然气进口国和出口国的外交关系发生变化将会对天然气国际贸易造成较大影响，天然气出口国可能减少或中断对天然气进口国的供应，对进口国的天然气安全造成危险；第二是由于天然气出口国国内的政治因素对天然气稳定供应的影响；第三是地缘政治影响天然气出口国与出口国、天然气进口国与进口国、天然气进口国与出口国之间的关系。当今利用政治外交牟取世界天然气资源配置的经济利益，为本国天然气安全可持续发展提供强大的保障，已成为世界各国的共识。

3.1.3.5 技术因素

技术进步可有效降低天然气资源的边际开采利用成本，增强天然气资源勘探开发力度以及后备天然气储量，降低能耗，提高天然气利用效率。特别是在页岩气、天然气水合物等非常规天然气开采上的重大技术进步将增强天然气的供应能力，进而降低天然气供应紧张的局面。

3.1.3.6 制度因素

制度因素对天然气安全的影响主要体现在一个国家或地区制定的有关政策

制度、法律法规等对天然气勘探、开采、储运、进出口贸易，以及天然气消费利用等方面的激励与限制上。

3.1.3.7　运输因素

在天然气生产和消费市场错位、进口天然气比例较大以及天然气来源和渠道多样化的情况下，必然会带来天然气运输问题。运输状况就成为一个国家或地区天然气安全的瓶颈环节，其与运距、运输方式、路线的安全状态以及天然气进口国对天然气运输线的安保实力关系极大。

3.1.3.8　军事因素

军事因素对天然气安全的影响是多方面的，主要表现为对重要天然气产地的军事干涉实力越强、对关键海域的控制本领越大，则实现天然气稳定供应的能力就会越强，天然气安全就越有保障。

3.1.3.9　环境因素

环境因素对天然气安全的影响主要体现在国家生态环境保护的政策制度、法律法规等对天然气勘探开采、天然气集输与净化处理、天然气消费利用等方面的制约或强制要求。天然气开采和利用必然对生态环境产生一定负面影响，主要包括天然气勘探开发过程对地下水和土壤的污染以及植被的破坏、净化处理过程对大气的污染等方面，在国家政策制度和法律法规的强制要求下，这将对天然气安全造成较大影响。

以上主要从九个大的方面阐述天然气安全的影响因素，针对各个因素是如何关联或影响天然气安全以及因素之间关联或作用的程度，还需要对各因素进一步细化和量化分解，以便构建天然气安全预警指标体系。

3.2　天然气安全系统的含义、特性、构建及功能

3.2.1　天然气安全系统的含义

系统是指由互相联系、互相区别、互相作用的若干元素构成的具有某一特定功能的有机整体[104]。系统具有整体性、多元性、相关性和目的性 4 个特性。

基于天然气安全和系统的概念，本书将天然气安全系统定义为：天然气安全系统是由天然气开发、生产、集输、消费、政策、调峰、经济、环境等若干互相联系、互相区别、互相作用的要素组成的，以实现天然气安全保障功能为目的的有机整体。

天然气安全系统是为了满足人类社会稳定和经济可持续发展对天然气供需而建立的人工系统，与其他系统一样，天然气安全系统也是在一定时空条件下由多要素构成的复杂系统。主要涉及天然气资源、天然气生产供应、天然气应急调控、天然气贸易、天然气开采利用对生态环境的影响，以及经济发展对天然气供需的影响等方面。天然气安全系统的概念包含以下 3 层含义：

第一，要素是构成天然气安全系统的基本单元。要素是天然气安全系统中能够相互区别的实体，单个要素不能称为天然气安全系统，要素之间存在相互作用。

第二，天然气安全系统具有一定的结构。天然气安全系统的结构是各要素之间互相作用、互相联系的方式。

第三，天然气安全系统具有一定的功能。系统在与外界环境之间互相制约、互相联系以及互相作用下，天然气安全系统中各要素相互影响表现出来的性质和能力。

3.2.2 天然气安全系统的特性

天然气安全系统的特性包括以下 3 个方面：

(1) 集合性。天然气安全系统由两个或两个以上的有区别的要素组成，单个要素不能被称为天然气安全系统。例如，单个气田生产的天然气不能被称为一个天然气安全系统。当这个气田产生的天然气与其他不同要素集合时，如天然气资源、天然气国际贸易、天然气应急调控等集合在一起时才能构成一个天然气安全系统。

(2) 相关性。天然气安全系统内部各要素之间互相制约、互相联系、互相作用，形成具有某一特定功能的有机整体。同时，各要素的功能与性质并非单纯地叠加，而是要形成 1+1>2 的联合效应，而且某一要素发生变化会影响天然气安全系统的整体功能。

(3) 目的性。天然气安全系统具有十分清晰、明确的目的，其目的就是保障天然气安全以实现一个国家或地区社会稳定和经济可持续发展。

3.2.3　天然气安全系统的构建

通过对天然气安全概念和框架的研究，目前得到广泛认同的是亚太能源研究中心提出的能源安全 4A 框架模型[101]，即可利用性（Availability）、可获得性（Accessibility）、可承受性（Affordability）、可接受性（Acceptability）。在 4A 框架模型下的天然气安全主要包含了天然气资源禀赋、天然气生产供应、天然气贸易、政治、经济以及天然气利用对生态环境的影响。然而，4A 框架模型未考虑紧急情况下天然气应急调峰对天然气安全的作用和影响，面对复杂多变的天然气供求关系，应急调峰改变和影响着人们的生活质量和国家的经济稳定发展等，这种影响的重要性逐渐凸显。

从天然气安全系统的定义可知，天然气安全系统是为了满足人类社会稳定和经济可持续发展对天然气供需而建立的人工系统。因此，本书将天然气资源可利用、贸易可获得、经济可承受、生态环境可接受以及政治、制度、运输等因素，同时加入了应急调控这一维度，提出“4AE”框架模型，构建了天然气安全系统。其中，“4A”是 Availability、Accessibility、Affordability 和 Acceptability 的简称，分别代表可利用性、可获得性、可承受性和可接受性 4 个子系统，“E”是指 Emergency 的简称，代表应急调控子系统。天然气安全系统融时空、数量与质量于一体，强调及时、稳定、足量、经济、清洁的天然气供应与合理的天然气需求相协调。因此，天然气安全系统是由可利用性子系统、可获得性子系统、可承受性子系统、可接受性子系统和应急调控子系统 5 个互相联系、互相影响的子系统所构成，用以反映天然气安全水平及其动态趋势的复杂系统。天然气安全系统的构成示意如图 3.1 所示。

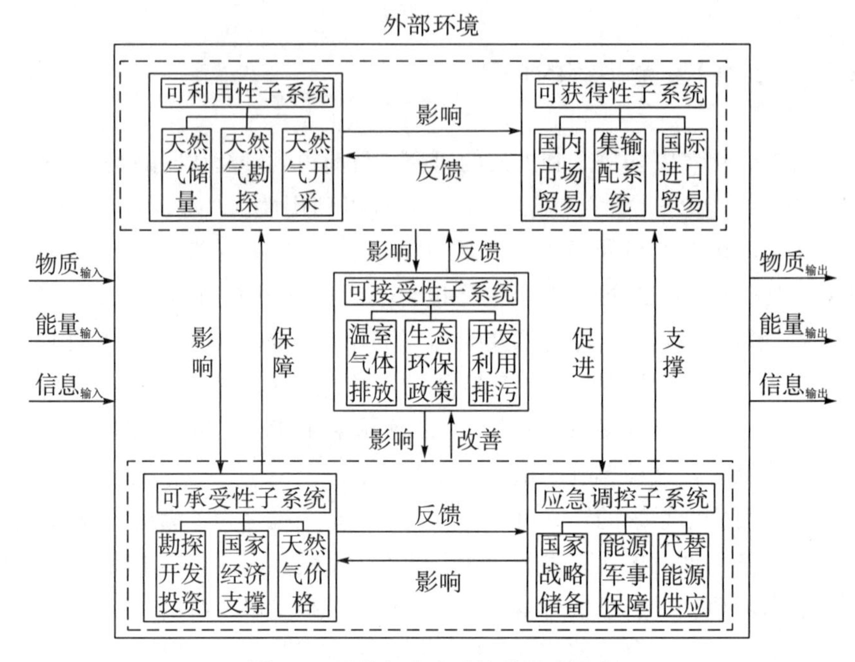

图 3.1　天然气安全系统的组成示意

天然气安全系统是一个复杂的动态系统，为了实现天然气安全的特定功能，其 5 个子系统互相联系、互相作用，并稳定有序地运行，子系统涵盖了天然气资源保障、天然气国内外市场供给、天然气集输、天然气消费利用、天然气政策制度、天然气应急调峰、天然气经济、生态环境等众多要素。其中，可利用性、可获得性、可承受性、可接受性、应急调控子系统分别表征的是国内天然气资源的可利用性、国内外市场中天然气的可获得性、经济的可承受能力、生态环境的可接受能力、紧急情况下天然气的应急调控能力。天然气安全系统各子系统所包含的具体要素与功能如下。

3.2.3.1　可利用性子系统

可利用性子系统是表征国内可以进行开发利用的天然气资源状况、找矿潜力，是国内天然气市场供应的基本保障，主要反映的是国内天然气资源禀赋情况。其在天然气安全系统中处于中心地位，主要包括天然气资源的富集程度、天然气资源的利用前景以及天然气勘探开采等方面，天然气安全系统要实现天然气供需平衡需要充足的国内天然气资源。可利用性子系统是从量上影响天然气安全，天然气资源可利用性越高的国家或地区，其天然气安全程度越高，反之越低。可利用性子系统是一个国家或地区天然气安全的重要支撑，是天然气安全系统的核心要素。

3.2.3.2　可获得性子系统

可获得性子系统是表征以满足国内天然气需求为导向，组织人力、物力、财力形成的国内外天然气市场获取能力。一般情况下，国内天然气市场获取能力越强，其天然气安全程度越高，反之越低；国际天然气市场获取集中程度越低，其天然气安全程度越高，反之越低。集输配系统为天然气安全系统获取天然气资源提供载体，它反映一个国家或地区获取所需天然气的输配能力，体现了天然气安全的空间维。可获得性子系统对天然气安全具有较大影响，是天然气安全系统的关键要素。

3.2.3.3　可承受性子系统

可承受性子系统是表征一个国家或地区天然气开发利用能够承受的经济成本，主要涉及国家和个体两个方面，一般通过天然气市场价格表现出来。国家可承受性表现为国家经济对天然气勘探开发投资成本的保障能力，个体可承受性表现为对天然气价格的可负担性。在一定时空内，天然气价格的波动幅度直接地表征了经济可承受能力，价格波动幅度越大，经济可承受能力相对越弱，天然气安全水平相对越低；天然气供需缺口越大，天然气价格暴涨的概率越高，经济承受能力相对越弱，天然气安全水平相对越低；一个国家或地区天然气占能源消费份额越高，表明该国对天然气的依赖程度越高，受天然气价格变化的影响就越大，天然气安全水平相对越低。一个国家或地区经济的可承受能力是天然气安全系统的基本保障。

3.2.3.4　可接受性子系统

可接受性子系统是表征天然气开发利用对生态环境的效益，对碳排放量大、空气污染严重的国家或地区，天然气替代煤炭和石油等高碳能源的紧迫感越强，天然气安全水平就会越低，反之亦然；天然气消费利用排放的污染物越多，生态环境的可接受能力就会越低，天然气安全程度就会降低；天然气消费利用的效率越低，生态环境的效益也会越低，天然气安全水平相应地降低。生态环境的可接受性是天然气安全系统安全水平的正反馈。

3.2.3.5　应急调控子系统

应急调控子系统是表征一个国家或地区在紧急情况下通过经济、政治、军事、外交等努力消除国内天然气供需不平衡状况的支撑，天然气应急调峰措施包括国内天然气战略储备、新能源对天然气的替代，以及天然气输送管网的建设和控制等。一个国家或地区天然气战略储备率越高、替代能源的份额越大、天然气管网输配控制能力越强，则该国的天然气应急调控能力就越强，天然气安全水平相应越高。天然气应急调控对整个天然气安全系统起着支撑作用。

天然气安全系统的外部环境：外部环境是指天然气安全系统所处社会环境和自然环境的总称，其中，社会环境主要是指人类社会组织与行为形成的直接或间接影响到天然气安全系统的社会环境要素，包含政策法规、宏观经济、环境政策、天然气开发利用政策、国际关系、军事等；自然环境主要是指一切非人为制造的直接或间接影响到天然气安全系统的自然界中互相独立且性质不同的基本物质组分，包含气候、空气、土壤、水、岩石等。这些外部环境要素对天然气勘探开发、消费利用、运输配置等产生较大影响，其为天然气安全系统提供信息、能量、物质的补给，进而影响到整个国家或地区天然气安全系统。

天然气安全系统是一个复杂的动态系统，它是由 5 个互相作用、互相联系的子系统组成的，具有保障天然气安全的有机整体，在天然气安全系统的发展过程中，与外界不断地进行信息、能量、物质的互换，并根据天然气供需状况进行动态调整。

3.2.4 天然气安全系统的功能

天然气安全系统是能够被设计、构建出来的人工系统，具备复杂系统的基本功能，具体而言，可归纳为内在功能和外在功能两个方面。

3.2.4.1 内在功能

天然气安全系统的内在功能是指天然气安全系统从外部环境输入信息流、能量流与物质流进行内化处理，直接对其内部各组成要素产生作用的功能，主要包括天然气安全系统中天然气资源可利用、贸易可获得、经济可承受、应急调控等功能。

（1）资源可利用功能：天然气安全系统的资源可利用功能体现在国内天然气资源禀赋，主要包括天然气富集程度、天然气资源前景、天然气资源生产水平三个方面，它反映了一个国家或地区自有天然气的现有数量以及前景数量。它对天然气安全具有关键性的作用和影响，主要从“量”的潜力上影响天然气安全，关注的是天然气数量潜力。它是保障一个国家或地区天然气安全系统维持安全状态的基本功能。

（2）贸易可获得功能：天然气安全系统的贸易可获得功能体现在一个国家或地区在国内外天然气市场获得天然气资源的数量可满足国内所需天然气的能力，关注的焦点是对贸易市场因素及天然气获取渠道的控制能力，它是反映一个国家或地区天然气安全系统天然气供需状况最直接的功能。

（3）经济可承受功能：天然气安全系统的经济可承受功能体现在一个国家或地区无论在何种情况下能负担得起天然气开发利用的经济成本的能力，包括国家经济发展和个体两个层面的经济可承受性，国家经济能承担得起天然气勘探开发的投资及进口天然气的外汇，以及个体能承受得起生活所需天然气的价格。经济可承受功能是天然气安全系统的保障功能。

（4）应急调控功能：天然气安全系统的应急调控功能体现在一个国家或地区处于紧急状况时通过政治、经济、外交、军事等方式，可调整或改善天然气供需状况，最大限度地消除天然气安全系统不安全状态的能力。应急调控是天然气安全系统的最后防线。

3.2.4.2 外在功能

天然气安全系统的外在功能主要是指天然气安全系统对外部环境的“反作用”功能，主要体现在天然气安全系统的内部功能可以连续不断地提供人类生活和经济发展所需的天然气，这样的天然气供给可以有效地推动国民经济平稳运行和可持续发展，保持社会稳定。随着天然气安全系统内在功能的不断有效化，天然气安全系统为人类生活和经济发展提供的天然气在数量与质量两方面将会越来越强。

3.3 天然气安全演化机理的影响因素分析

3.3.1 天然气安全演化机理的含义

目前，学术界关于机理的含义持有三种不同的观点：第一种观点认为“机理和机制等同”，《现代汉语词典》（第6版）将“机理”解释为名词“机制”，在该词典中“一指机器的构造和工作原理；二指机体的构造、功能和相互关系；三指某些现象的物理、化学规律”。第二种观点认为“机理是关于机制的理论”。第三种观点认为“机理是事物内部的工作原理”。纵观上述三种不同的观点，学者们对机理的理解虽然不尽相同，但都有一些共识，即机理具有原理性、内部性和规律性。基于此，张吉军教授（2020）将机理定义为“机理是系统组成要素间相互联系、相互作用的原理”，该定义充分表明：所有事物只要构成一个系统，就肯定具有其机理；机理是系统内部而非外部的东西；机理是系统组成要素的活动原理[113]。

Evolution 一词起源于拉丁文，其本意是指将一个卷在一起的东西展开，泛指一切事物的变化或发展。在生物学领域中将 Evolution 一词译为“进化”，具有从低级向高级演化、从简单向复杂变化过程的意思，而在非生物学领域中既可以是简单到复杂的进化过程，又可以是复杂到简单的退化过程。基于此，非生物学领域将 Evolution 一词译为“演化”，它与进化不同，是一种没有方向的变化。演化一词在《现代汉语词典》（第 6 版）中作为动词被解释为“演变（多指自然界的变化）”。在进化论中，达尔文用演化的遗传、变异、选择三个基本原则解释一般的变化与进化，在生物学领域中的进化仅能刻画变化不大且缓慢的积累过程，而系统演化过程的分支则可刻画系统发展中快速跃迁式的变化。

从系统论的视角来看，可将系统演化划分为广义和狭义两种演化。在一定时空内系统中一切可能的变化，包括系统的孕育、产生、发展、成熟、完善、转化、衰退、消失等，即为广义的演化。而狭义的演化，从系统外部来看，是指系统整个状态的行为模式的基本转变，由一种状态转化为另一种性质迥异的状态；从系统内部来看，是指系统结构形式的根本转变，由一种结构模式转化为另一种性质迥异的结构模式。所有的系统既是真实存在的，又是持续演化的。一切存在皆是系统演化的结局，演化是存在的条件；同时，存在亦是一切系统演化的条件，任何演化皆是既存事物的演化。演化，作为事物普遍存在的一种变化或发展，是运动的一种模式，因而演化与时空亦是不可分割的。换言之，不存在脱离演化而独立存在的时空，亦不存在脱离时空而独立存在的演化。一切系统的演化，皆是现实客观存在在一定时空内的变化或发展。

基于上述认识，本书探究的演化是一个狭义的演化概念，是指在一定时空条件下，系统结构形式的根本演变，可归结为由一个稳定结构转变为另一个功能、性质不同的稳定结构的过程。本书将天然气安全演化定义为：天然气安全演化是指在一定时空内，天然气安全系统在保障社会稳定和经济持续发展过程中，为寻求自身的发展，从一个稳定状态变化到另一个截然不同的稳定状态的过程。演化就是利用动态思维探究天然气安全系统状态变化的一种思想，与静态相比，更接近现实，对天然气安全系统未来的发展趋势具有一定的前瞻性。根据复杂系统的特征可知，天然气安全系统在发展的当下是一个开放的动态系统，其动态发展由诸多因素决定。开放系统的演化具有随机性的特征，这种随机性既来源于天然气安全系统内部的复杂性，又来源于天然气安全系统外部环境中的随机性。天然气安全演化是天然气安全系统开放性特点的外显和发展形式，天然气安全演化随着时空的推移表现出一系列的变化，其核心是天然气供需状况的变化。比如，自组织行为就是天然气安全系统状态变化的负反馈控制行为的一种表现，它是对天然气安全系统安全状态出现偏差的抑制过程或纠偏。

基于此，结合张吉军教授对机理的定义，本书将演化机理定义为：演化机理是指在一定时空内系统变化和发展过程中，系统各组成要素间相互联系或作用的基本规律。经过上述分析，本书将天然气安全演化机理定义为：天然气安全演化机理是指天然气安全系统状态变化过程中，各组成要素间相互联系或作用所蕴藏的基本原理。将天然气安全演化机理界定为：在自然演变与人为干预联合作用两个方面，自然演变即天然气安全系统发展变化的时空规律特征，人为干预即协调天然气安全系统中天然气供需动态平衡发展以便更好地发挥其作用的运作形式。基于这两个方面，从多维度、多视角、深层次地分析天然气安全系统状态一系列的动态演变规律。在探索与辨识这一系列内在规律时，首先将天然气安全演化视为一系列连续动态变化过程，扎根于其真正演变、发展的具体外部环境与实际情景，深入挖掘其共有的演变轨迹以及各组成要素之间的作用或联系，意在发掘某些普遍起作用的解释性原理，这些基本原理在不同的情境下，以不同的联结方式产生有差异的效果，在此基础上刻画天然气安全系统由一个状态变化到另一个状态的内在规律。

3.3.2　天然气安全演化阶段的划分

阶段型研究是指对不同时期的事件演变状态进行分析研究。阶段型研究是突发事件演化研究中较为成熟的一种研究类型，其根据事件序列与特定生命周期可划分为 3 个、4 个、5 个、7 个等不同周期阶段。天然气危机事件对社会稳定和经济发展可造成严重的影响。例如“气荒”事件，从事件对社会影响的严重程度上来看，属于突发社会安全事件管理中其他社会影响严重的事件，突发社会安全事件演化周期可分为 4 个阶段。基于此，根据事件演化周期中区分各阶段的关键涌现形式，本书将天然气安全演化周期分为风险孕育潜伏期、事件形成扩张期、事件发展延续期、事件消退平息期4个阶段。其中，风险孕育潜伏期中的风险是一种潜在风险，也就是天然气危机事件发生的可能性和后果；事件形成扩张期、事件发展延续期和事件消退平息期里的事件均指天然气危机事件本身，在天然气危机事件发展延续期内，存在转化、衍生、耦合事件的可能性，但演化的驱动力仍源自关键的外部环境因素。

风险孕育潜伏期是指天然气危机事件发生之前，引发该事件的各类风险正在逐渐积聚，发生天然气危机事件的概率越来越大，表面上是风微浪稳，但实际上早已暗流涌动的这段时间。风险孕育潜伏期具有隐蔽性强、不存在鲜明的标志性事件、不易被发现的特点。风险孕育潜伏期的时间跨度比较长，不存在确定的起点，把天然气危机事件的形成扩张看成终点。但是，在这一时期仍会出现一些征兆，只要加强对天然气安全风险的监测和预警，采取有效防控措施，就可以避免或降低风险的危害。如果未能及时采取有效干预或干预强度不足，天然气安全系统状态可能快速发生转变，若形成了实际的损害，风险爆发便引发天然气危机事件的发生。

事件形成扩张期是指天然气危机事件形成扩张的这段时间，潜在风险的积聚迫使天然气危机事件由可能发生变成了现实，且以极具破坏性的危机事件暴露在社会大众眼前，从被人们忽视到引起关注。该时间段的标志是天然气危机事件的形成扩张，因而被称为事件形成扩张期。这一阶段的时间跨度较短，起点是天然气危机事件的形成扩张，不存在明确的终点。事件形成扩张期具有突然而强烈、影响范围广、危害程度大、影响人数多等特点。此阶段社会及个人开始蒙受天然气危机事件所带来的危害，常会造成社会不安、经济损失，对社会的影响十分恶劣，人们通常会采取抗衡措施。若采取的措施有效，天然气危机事件将会被控制平息；若采取的措施无效，天然气危机事件将会继续扩张。

事件发展延续期是指天然气危机事件形成后，造成的不良影响继续扩大、蔓延，危害程度持续加剧、事态连续升级的一段时间。这段时间内，若没有及时采取有效措施控制天然气危机事件，则极有可能演化成危及社会稳定和经济可持续发展的新的天然气危机事件，故称为事件发展延续期。这一阶段的时间跨度或长或短，关键取决于应急管理的成效。事件发展延续期具有事件造成的影响极易扩散，危害范围持续扩大，危害程度不断加深，可能导致转化、衍生、耦合事件发生的特点。如果应急措施及时有效，事件发展延续期就会很快终结；反之，就可能继续蔓延且引发新的危机事件造成更严重的危害。

事件消退平息期是指天然气危机事件得到有效控制，危害程度逐渐降低，造成的不良影响慢慢消失，直到天然气危机事件完全被控制，人们的生活与经济发展又步入正轨，社会秩序恢复正常的时期。该阶段的时间跨度或长或短，关键取决于天然气危机事件的危害程度与相关部门对危机事件的治理力度。事件消退平息期具有不良影响减少、社会秩序恢复稳定、危害程度降低的特点。事件消退平息期的时间起点是相关部门实施有效处置措施后，表现为天然气危机事件的不良影响渐渐消失，对社会造成的危害程度逐渐下降，最后天然气危机事件平息。

从整体上来讲，天然气安全演化周期包括上述4个阶段，在一个生命周期结束之后又会出现螺旋式上升、波浪式前进地进入另一个新的生命周期之中。

3.3.3　天然气安全演化的影响因素分析

天然气安全演化的根本动因在于天然气安全系统组成要素间的互相作用，各组成要素之间无穷无尽的互相作用，形成天然气安全演化的内因，导致天然气安全系统内部结构的转化，从而引起天然气安全系统与外部环境之间关系的转变。外部环境的变化，即为天然气安全系统与外部环境协调模式的改变，是天然气安全演化的外因。

3.3.3.1　影响天然气安全演化的外部因素

天然气安全系统是一个开放系统，每时每刻都与外部环境进行着信息、能量、物质的互换。从整体、联系的角度来看，影响天然气安全系统状态变化的外部动力是多方面的、互相作用的，主要包含政策激励、宏观经济发展、技术进步、环保要求、气候变化等。这些外部环境要素与天然气安全系统内在演化要求共同影响，使得天然气安全系统持续优化内在结构，进而更好地实现天然气安全系统的外在功能。这些外部环境要素的影响，为天然气安全系统演化注入了大量的养分，使天然气安全系统持续积蓄能量与动力，并促使天然气安全系统向远离平衡态的非线性区域发展。一旦条件成熟，这些能量与动力就会爆发，促使天然气安全系统向更复杂、更稳定、更有序的方向演化。

3.3.3.2　影响天然气安全演化的内部因素

内部因素是指天然气安全系统自身所具备的与其演化相关的属性，主要包含国内天然气资源、国内天然气生产供应、天然气国际贸易、天然气应急调控等各组成要素之间，以及各组成要素与外部环境要素之间的非线性互相作用。外部环境要素是影响天然气安全系统演化的主要因素，但是没有内部因素的协调，这种演化根本不能实现。内部因素对天然气安全系统演化的影响是一个极其复杂的过程，天然气安全系统内部各组成要素之间，以及各组成要素与外部环境要素之间并非完全独立，而是存在互相交叉、互相配合的过程。

综上所述，本书所讨论的天然气安全演化可理解为内部因素与外部因素协同作用的过程。此处，内部因素是指天然气安全系统内部各组成要素的互相作用，构成天然气安全演化的内因；外部因素是指天然气安全系统所处外部环境中的社会环境要素和自然环境要素的总和，构成天然气安全演化的外因。天然气安全演化必然是由天然气安全系统内部功能自发形成的，外部环境为其提供相应的条件，而不是直接进行干预。

第4章　天然气安全演化机理分析

为了揭示天然气安全演化机理，本章将根据熵和耗散结构理论，通过分析天然气安全系统熵值变化趋势，探寻天然气安全系统状态变化规律；依据PSR模型，建立天然气安全系统PSR框架模型，分析天然气安全系统状态演变路径，判断天然气安全系统状态变化过程中安全度的变化趋势；根据突变理论原理，构建天然气安全突变模型，分析天然气安全系统状态突变的演化规律；根据天然气安全系统状态变化规律，挖掘天然气安全演化驱动因素，探究天然气安全演化的基本过程。

4.1　天然气安全系统演化熵值分析

4.1.1　天然气安全系统演化与耗散结构的同构性分析

耗散结构理论被广泛应用于经济、人力资源、生物学、文化等领域且已取得了一些成果。那么能否将耗散结构理论思想和方法应用在本书关于天然气安全演化的研究中，主要取决于天然气安全系统是否以耗散结构形式存在。复杂系统形成耗散结构必须满足开放性、非线性、远离原平衡态和涨落4个必需的条件。显然，复杂的天然气安全系统在实际生活中是可以满足这些条件的。

4.1.1.1　天然气安全系统是开放系统

天然气安全系统是一个持续开放的过程，开放是天然气安全系统存在的前提条件。对一个国家或地区而言，因其所处的政治环境、政策环境、经济环境、气候环境等外界环境条件的不停变化，为其天然气安全系统的演化提供了新的基础与条件。同时，经济的全球化也要求地区从全球的视野考虑天然气资源的供求问题，显然一个地区的天然气安全系统是不可能孤立存在的，其必然不断地与外界环境进行着信息、能量、物质的互换，才可以维持整个天然气安全系统的平稳运行。例如，引进先进技术、购置先进设备、政策调整、加大天然气勘探开发投资等，使天然气安全系统持续地从外界环境吸纳维持其平稳运行与演化所需的信息、能量、物质。

4.1.1.2 天然气安全系统是非线性系统

天然气安全系统的非线性主要表现在以下两方面：

第一，假设天然气安全系统就是一个单纯的线性系统，那么天然气安全系统就不存在突变，没有发生突变就不会出现天然气供应紧张或天然气价格暴涨等天然气危机事件，这从反面证明了天然气安全系统具备非线性的特点。

第二，构成天然气安全系统的各组成要素发生变化时，并非与天然气安全系统运行结果成线性的对应关系。例如，天然气探明地质储量的增加，并非可直观、立即反映出天然气产量的相应增加，天然气安全系统的安全状态也并非一定发生相应的变化。

综上，天然气安全系统具备非线性特征，是非线性系统。

4.1.1.3 天然气安全系统是远离原平衡态的系统

天然气安全系统的原平衡态是指天然气安全系统中各组成要素与外部环境要素的无序度处于某一个水平的平衡状态，主要表现为天然气资源分布不均衡、天然气生产供应不足、区域经济发展不平衡、天然气应急调峰能力不足等。处于原平衡态下，天然气安全系统存在的危险性较大，发生天然气危机事件的可能性较大，处于天然气危机事件高发的状态。

长期处于原平衡态，也就是天然气危机事件高发的状态，由于外部环境要素发展进步的需求，外部环境要素对天然气安全系统起能动的主导作用，外部环境要素就会不断地向天然气安全系统输入先进技术、政策创新、加大天然气勘探开发投资等。采用各种措施和手段使天然气危机事件的发生减少，天然气安全系统逐渐摆脱那种天然气危机事件高发的状态，是天然气安全系统远离原平衡态的具体表现。

4.1.1.4 天然气安全系统的涨落

天然气安全系统不是平滑演化的，而是存在突然跃迁的变化。天然气安全系统远离平衡态时，当天然气安全系统各组成要素、外部环境要素发生微小的扰动时，天然气安全系统的混乱程度、无序程度增加，在各要素之间非线性互相作用下，微小的扰动会被迅速放大，导致天然气安全系统整体上的质变，使天然气安全系统由原来的状态发生变化，形成新的稳定有序状态。天然气安全系统在远离原平衡态的变化中，通过非线性作用，达到一个新的平衡态的过程，是天然气安全系统涨落作用的体现。

4.1.2　天然气安全系统熵模型的构建

4.1.2.1　天然气安全系统安全熵数学模型的建立

Clausius 教授提出的熵定律刻画了系统能量转变的方向，也就是一个封闭系统的能量只会向能量衰减的方向转变。管理科学将熵这一概念引入自己的领域，并将其改造为自己的范畴，得到了管理熵的概念[121]。本书将熵引入天然气安全演化的研究中，来刻画天然气安全系统状态变化的一般规律。

安全度是指系统安全程度高低的一个综合的指标。可靠性可用于表示在特定情况下，一个零部件完成特定功能的能力。类似地，可以用安全性表示天然气安全系统的某一个要素在一个确定耗散结构的情况下，实现该要素的特定安全功能的能力。其对应的安全度就是安全性的量化，是指实现其特定安全功能的概率[122]。

在天然气安全系统中对于一个要素 x_i，可用其安全度 $P(x_i)$ 刻画其实现安全功能的能力。安全度的大小，从熵的角度进行分析，其必有一个与安全度相对应的熵值刻画该要素的混乱程度与无序程度。安全度越大，其本身的无序程度以及混乱程度就越小；反之，安全度越小，其本身的无序程度以及混乱程度就越大。

在参考信息熵的概念后，本书提出天然气安全系统安全熵的概念。安全熵是天然气安全系统自身状态无序程度的一种量度，其数学表达式为：

$$S = \sum_{i=1}^{n} w_i S(x_i) \tag{4.1}$$

式中，S 表示天然气安全系统的安全熵；w_i 表示天然气安全系统中要素 x_i 的权重，且 $\sum_{i=1}^{n} w_i = 1$；$S(x_i)$ 表示天然气安全系统中要素 x_i 产生的熵值；x_i 表示天然气安全系统中第 i 个要素；i 表示天然气安全系统中要素的数量（$i=1$，2，…，n）。

$$S(x_i)=k\ln\frac{1}{P(x_i)}=-k\ln P(x_i),\quad i=1,2,\cdots,n \tag{4.2}$$

式中，$S(x_i)$ 表示天然气安全系统中要素 x_i 产生的熵值；k 表示熵系数；$P(x_i)$ 表示天然气安全系统中要素 x_i 的安全度；x_i 表示天然气安全系统中第 i 个要素；i 表示天然气安全系统中要素的数量（$i=1$，2，…，n）。

天然气安全系统的安全熵可用于描述任何一个天然气安全系统的结构，在实现安全功能过程中，总是安全度降低使安全效率递减直到天然气安全系统结构功能散失而需要新的结构去实现安全功能的规律。这种规律我们可称之为天然气安全系统中的安全效率递减规律，本书用指数衰减函数进行刻画，数学表达式为：

$$Y=a\mathrm{e}^{-(b_1X_1+b_2X_2+\cdots+b_iX_i)} \tag{4.3}$$

式中，Y 表示天然气安全系统的安全效率（天然气安全系统的安全效率是指单位时间内天然气安全系统的安全产出与其相应的安全投入的比值）；e 表示自然对数（2.71828…）；a 表示安全效率衰减常数；b_i 表示天然气安全系统中要素 x_i 的权重系数；X_i 表示天然气安全系统中要素 x_i 的变量；i 表示天然气安全系统中要素的数量（$i=1$，2，…，n）。

4.1.2.2 天然气安全系统总熵数学模型的建立

天然气安全系统的开放性确保了天然气安全系统可以和外界环境进行信息、能量、物质的互换，即天然气安全系统有机会流进负熵抵消正熵，而使天然气安全系统总熵减少。

1）天然气安全系统的正熵

天然气安全系统由于自身的内耗，必然进行信息、能量、物质的消耗，而消耗则是将功能结构完整的、有序的信息、能量、物质转变为功能结构散失的、无序的多余物。从熵的视角来看，功能结构完整的、有序的消耗物转变为功能结构散失的、无序的多余物[123]，导致天然气安全系统内部的混乱程度增加，即天然气安全系统的熵增加。由于熵是广延量，如果天然气安全系统不能及时消除这些多余物，意味着天然气安全系统混乱程度、无序程度将持续增加，则安全熵也不断增加，天然气安全系统的安全度降低。此处假设天然气安全系统是一个较为封闭的孤立系统，极少和外界环境进行信息、能量、物质互换，天然气安全系统内存在能量的不同且位于非平衡态。这里把天然气安全系统中组成要素产生的熵增称为正熵，其数学表达式为：

$$S_Z = \sum_{i=1}^{n} w_i S(x_i) \tag{4.4}$$

式中，S_Z 为天然气安全系统的正熵；w_i 为天然气安全系统各组成要素之间相对重要性的权重，且 $\sum_{i=1}^{n} w_i = 1$；$S(x_i)$ 表示天然气安全系统中组成要素 x_i 产生的熵值；x_i 表示天然气安全系统中第 i 个组成要素；i 表示天然气安全系统中组成要素的数量（$i=1, 2, \cdots, n$）。

$$S(x_i) = -k\ln P(x_i) \tag{4.5}$$

式中，$S(x_i)$ 表示天然气安全系统中组成要素 x_i 产生的熵值；$P(x_i)$ 为表示天然气安全系统中组成要素 x_i 的安全度；x_i 表示天然气安全系统中第 i 个组成要素；k 表示熵系数；i 表示天然气安全系统中组成要素的数量（$i=1$，2，$\cdots$，n）。

由（4.4）和（4.5）两式可以计算天然气安全系统的正熵值 S_Z。天然气安全系统正熵值的大小可体现出天然气安全系统无序程度的大小，正熵值不断增加的过程则是天然气安全系统从有序状态转变为无序状态的过程，该过程可由图 4.1 表示。

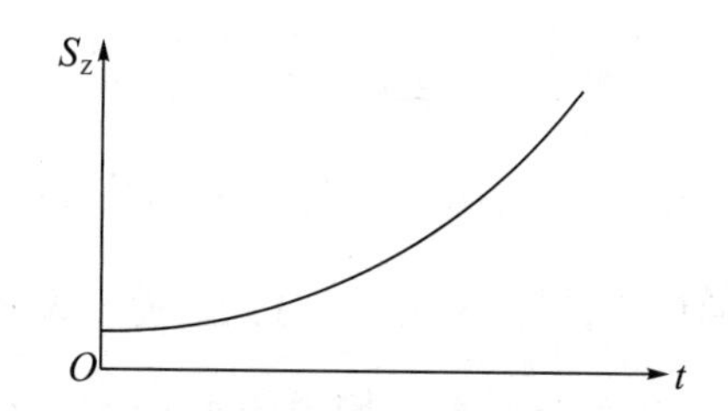

图 4.1　天然气安全系统正熵值增加过程示意

由图 4.1 可知，天然气安全系统正熵是随时间而逐渐增加的，由于天然气安全系统正熵增加会引起天然气安全系统的安全效率递减，本书用指数衰减函数刻画天然气安全系统安全效率递减规律，其数学表达式为：

$$Y = a\mathrm{e}^{-\int_0^t f(b_1X_1, b_2X_2, \cdots, b_iX_i)\mathrm{d}t} \tag{4.6}$$

式中，Y 表示天然气安全系统的安全效率；e 表示自然对数（2.71828…）；a 表示安全效率衰减常数；b_i 表示天然气安全系统中组成要素 x_i 的重要程度的权重系数；$f(b_1X_1, b_2X_2, \cdots, b_iX_i)$ 表示天然气安全系统安全效率的影响要素的函数；X_i 表示天然气安全系统中组成要素 x_i 的变量；t 表示时间；i 表示天然气安全系统中组成要素的数量（$i=1, 2, \cdots, n$）。

天然气安全系统的安全效率递减变化趋势可由图 4.2 表示。

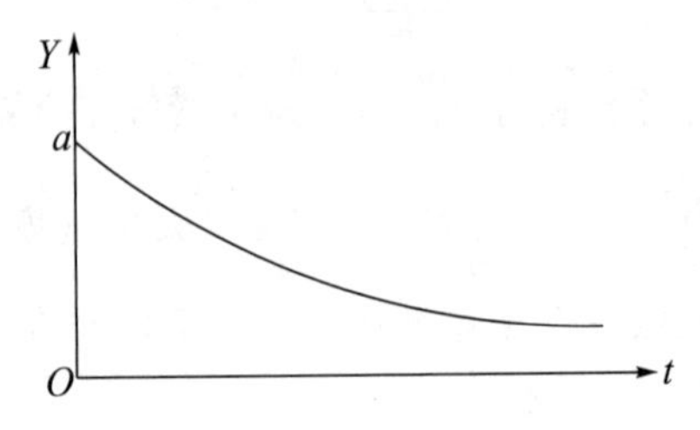

图 4.2　天然气安全系统安全效率递减变化示意

2）天然气安全系统的负熵

开放的天然气安全系统与外界环境进行能量、信息、物质的互换，本质上则是从外界环境吸纳功能结构完整的、有序的信息流、能量流、物质流。显然吸纳的这些流，必然消减天然气安全系统的正熵，天然气安全系统的混乱程度降低，使天然气安全系统由无序状态向有序状态发展，天然气安全系统的安全度逐渐提高。因此，从熵的视角而言，则可把这些功能结构完整的、有序的信息流、能量流、物质流加入天然气安全系统所产生的安全熵称为负熵，其数学表达式为：

$$S_{\mathrm{F}} = \sum_{j=1}^{n} w_j S(x_j) \tag{4.7}$$

式中，S_{F} 为天然气安全系统的负熵；w_j 为天然气安全系统中引入的负熵中各要素之间相对重要性的权重，且 $\sum_{j=1}^{n} w_j = 1$；$S(x_j)$ 表示各要素 x_j 产生的负熵值；x_j 表示天然气安全系统引入负熵中的第 i 个要素；j 表示要素的数量（$j=1, 2, \cdots, n$）。

$$S(x_j) = k\ln P(x_j) \tag{4.8}$$

式中，$S(x_j)$ 表示天然气安全系统中要素 x_j 产生的熵值；$P(x_j)$ 表示天然气安全系统中要素 x_j 的安全度；x_j 表示天然气安全系统引入负熵中的第 j 个要素；k 表示熵系数；j 表示天然气安全系统引入负熵中要素的数量（$j=1, 2, \cdots, n$）。

由（4.7）和（4.8）两式可以计算引入天然气安全系统的负熵值 S_{F}。负熵的引入，可使天然气安全系统由无序向有序转变、较低有序向较高有序转变，并形成新的稳定结构。由于负熵的增加，使天然气安全系统的安全效率递增，其数学表达式为：

$$Y = a\mathrm{e}^{\int_0^t f(b_1X_1, b_2X_2, \cdots, b_iX_i)\mathrm{d}t} \tag{4.9}$$

式中，Y 表示天然气安全系统的安全效率；e 表示自然对数（2.71828…）；a 表示安全效率衰减常数；b_i 表示天然气安全系统中要素 x_i 的重要程度的权重系数；$f(b_1X_1, b_2X_2, \cdots, b_iX_i)$ 表示影响天然气安全系统安全效率的要素的函数；X_i 表示天然气安全系统中要素 x_i 的变量；t 表示时间；i 表示天然气安全系统中要素的数量（$i=1, 2, \cdots, n$）。

天然气安全系统的安全效率递增变化趋势可由图 4.3 表示。

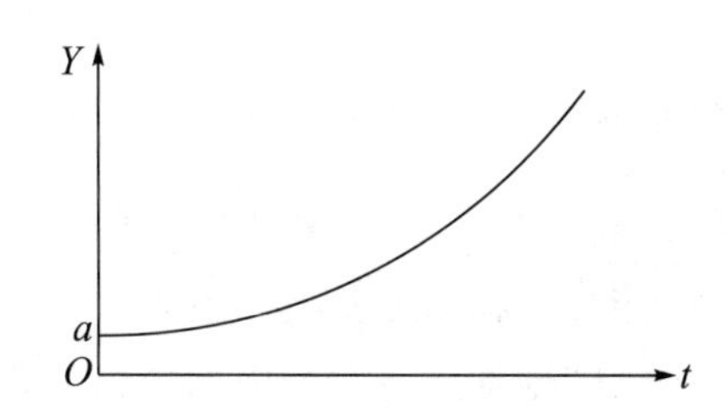

图 4.3　天然气安全系统的安全效率递增变化示意

3）天然气安全系统的总熵

由热力学第二定律可知，对于任何一个封闭的动态系统，其自身即是一个熵增的系统[124]。因此，对于封闭动态的天然气安全系统自身则在持续地造成熵增，导致天然气安全系统的熵值持续地增长。封闭动态的天然气安全系统自始至终是在使系统的熵值持续地增长，而开放的天然气安全系统将会使系统的熵值不断地降低。为了更好地衡量动态的、开放的天然气安全系统总体熵值的变动趋势，本书引进了总熵的概念。总熵就是衡量天然气安全系统整体熵的多少。如果天然气安全系统加入的负熵大于天然气安全系统的正熵，则天然气安全系统总熵减少；反之，如果天然气安全系统加入的负熵小于天然气安全系统的正熵，天然气安全系统总熵增加。因此，一个动态的、开放的天然气安全系统的总熵是由正熵与负熵构成的，其数学表达式为

$$S_{\mathrm{T}} = S_{\mathrm{Z}} + S_{\mathrm{F}} \tag{4.10}$$

式中，S_{T} 为天然气安全系统总熵；S_{Z} 为天然气安全系统正熵；S_{F} 为天然气安全系统负熵。

负熵是一个系统有序化的度量，用负熵来衡量一个系统与外界环境的信息、能量、物质互换，而开放的天然气安全系统可以通过引进负熵来消减正熵以维持天然气安全系统的有序。总熵在本质上就是负熵和正熵之间互相作用、互相影响的结果，决定着天然气安全系统演化的方向。总熵的增大，意味着天

然气安全系统的混乱程度、无序程度增加，系统由有序状态向无序状态变化，天然气安全系统的安全度逐渐降低；总熵的减少，意味着天然气安全系统的混乱程度、无序程度降低，天然气安全系统将由无序状态向有序状态发展，天然气安全系统的安全度逐渐提高。因此，用总熵作为判断天然气安全系统演化方向和过程的判据，具有其合理性。

4.1.3 天然气安全系统演化过程熵值变化分析

4.1.3.1 天然气安全系统演化规律分析

天然气安全系统耗散结构就是一个远离平衡态的天然气安全系统，持续地与外界环境进行着信息、能量、物质的互换，引入负熵，使天然气安全系统有序度的增加大于系统无序度的增加，在系统内部各组成要素之间的非线性作用下，产生新的有序结构的过程中形成的自组织和自适应天然气安全系统。

天然气安全系统耗散结构一旦形成，天然气安全系统在远离平衡态的非线性区域时，系统处在一种动态平衡状态之中，天然气安全系统内的一个微小扰动，通过各要素之间非线性的互相作用产生相干效应而形成涨落，使天然气安全系统进入非稳定状态，当达到某一阈值点后跃迁到一个新的稳定的有序状态，形成一个具有活力的有序结构。此时，天然气安全系统具有一定的抗干扰能力，开放的天然气安全系统可以持续地与外界环境进行能量、物质、信息的互换，在系统各组成要素的互相作用下逐渐消除混乱，天然气安全系统持续引进负熵，通过系统各组成要素的协同作用来促使天然气安全系统有序地发展和天然气安全系统安全效率的提高。

天然气安全系统的复杂性、非线性以及外界环境的复杂性，使天然气安全系统演化充满了不确定性。安全熵揭示了天然气安全系统安全效率的变化规律，即安全熵逐渐增大，安全效率递减。天然气安全系统正熵阐明了天然气安全系统将从有序状态转变到无序状态，最终走向系统崩溃。天然气安全系统耗散结构恰恰相反，其揭示了天然气安全系统由无序状态向有序状态发展的趋势，刻画了天然气安全系统的安全效率递增规律，系统将从简单的有序状态发展成更复杂的有序状态。复杂的天然气安全系统结构矛盾地向前发展，是由于在不同的条件下，安全熵或耗散结构暂时起着主导作用的结果。

当天然气安全系统耗散结构起主导作用时，系统与外界环境进行信息、能量、物质互换，引入负熵，当$|S_Z|<|S_F|$时，系统总熵减少，天然气安全系

统的安全效率递增，天然气安全系统将由无序状态向有序状态发展，或由较低有序状态向较高有序状态发展，天然气安全系统有由较低等级的安全状态向较高等级的安全状态演变的趋势，如图 4.4 中 AB 段所示。若天然气安全系统继续引入负熵，保持系统总熵持续减少，天然气安全系统将持续向更复杂、更有序状态发展，系统始终保持稳定有序状态。

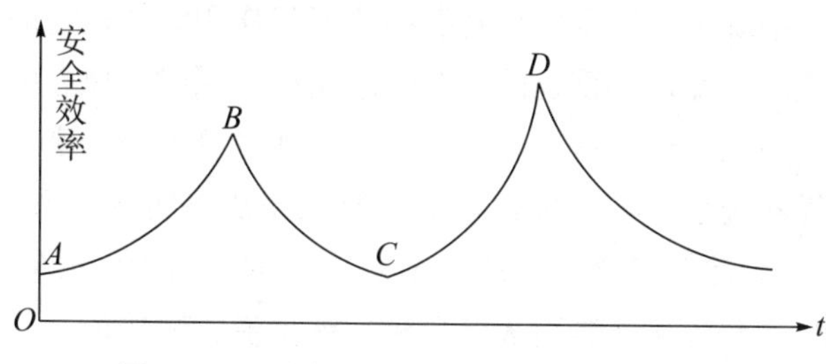

图 4.4　天然气安全系统安全效率变化示意

但在不断消耗做功过程中，天然气安全系统各组成要素之间互相作用的内耗，使正熵逐渐增加，当 $|S_Z| > |S_F|$ 时，系统混乱程度增加，系统总熵增加，天然气安全系统的安全效率递减，系统将从有序状态向无序状态变化。此时，安全熵逐渐起主导作用，天然气安全系统有由较高等级的安全状态向较低等级的安全状态演变的趋势，如图 4.4 中 BC 段所示。如果此时天然气安全系统继续处于相对封闭的状态，不及时地引进先进技术提高天然气探明地质储量、引进新技术提高天然气产量、开拓国外进口渠道、提升天然气储备能力和出台新政策等，不与外界环境进行信息、能量、物质互换，天然气安全系统混乱程度更加严重，系统向更无序的状态变化，最终必将濒临崩溃。如果天然气安全系统能够从外界环境引入大量的信息流、能量流、物质流，进行天然气相关的政策创新、技术创新等，引入负熵，打破天然气安全系统内部僵化的平衡态，那么天然气安全系统将重新焕发生机，有机会走向下一轮天然气安全系统内部结构优化。当 $|S_Z| < |S_F|$ 时，即系统总熵减少时，天然气安全系统的混乱程度将逐渐降低，系统又从无序状态向有序状态发展，则天然气安全系统的安全效率递增，天然气安全系统有由较低等级的安全状态向较高等级的安全状态演变的趋势，如图 4.4 中 CD 段所示，此时，天然气安全系统耗散结构又开始起主导作用。

因此，安全熵、天然气安全系统耗散结构与天然气安全系统之间，在外界环境的交互作用下存在非线性的彼此依存、彼此制约的复杂关系，这本质上是开放的天然气安全系统各组成要素非线性作用下的协同、自适应过程。在这样连续循环运动的过程中，天然气安全系统的内部结构持续有规律地、波动性地演变。

4.1.3.2 天然气安全系统危机事件全过程熵值分析

安全熵与天然气安全系统耗散结构不仅可以解释天然气安全系统状态变化的发展规律，指导系统自组织结构的构建，而且对天然气危机决策也十分重要。天然气安全系统是由安全熵与耗散结构互相作用维持运行的，根据天然气安全系统演化规律可知，当系统由安全熵起主导作用时，原有的天然气安全系统结构不再适应现在的运行状态，系统的内耗使系统混乱程度以及无序程度不断增加，天然气安全系统状态从有序状态向无序状态转变，系统总熵值增加，即$|S_Z|>|S_F|$，天然气安全系统的安全效率递减。当天然气安全系统耗散结构起主导作用时，系统从外界引入信息流、能量流、物质流，天然气安全系统总熵值降低，系统将由混乱的无序状态向稳定的有序状态发展，天然气安全系统的安全效率递增。

下面通过安全熵的应用来量化描述天然气危机事件的全过程。首先，引入两个新的概念，正熵速率和负熵速率。速率在物理学中表示物体运动的快慢，即运动物体通过路程 Δs 与经过这段路程所花时间 Δt 的比值。由速率的概念可知，正熵速率就是系统产生正熵 ΔS_Z 与产生这一正熵所用时间 Δt 的比值。当时间发生微小变化，即 $\Delta t\to 0$ 时，正熵速率的数学表达式为：

$$R_Z=\frac{\mathrm{d}S_Z}{\mathrm{d}t} \tag{4.11}$$

式中，R_Z 为正熵速率；S_Z 为系统的正熵；t 为时间。

负熵速率就是系统引入负熵 ΔS_F 与引入这一负熵所用时间 Δt 的比值。当时间发生微小变化，即 $\Delta t\to 0$ 时，负熵速率的数学表达式为：

$$R_F=\frac{\mathrm{d}S_F}{\mathrm{d}t} \tag{4.12}$$

式中，R_F 为负熵速率；S_F 为系统的负熵；t 为时间。

对式（4.11）和式（4.12）求一阶导数，可得正熵速率一阶导数 R'_Z 和负熵速率一阶导数 R'_F，其数学表达式为：

$$R'_Z=\frac{\mathrm{d}^2S_Z}{\mathrm{d}t^2} \tag{4.13}$$

$$R'_F=\frac{\mathrm{d}^2S_F}{\mathrm{d}t^2} \tag{4.14}$$

式中，正熵速率一阶导数 R'_Z 表示天然气安全系统正熵速率的变化率；负熵速率一阶导数 R'_F 表示天然气安全系统负熵速率的变化率；S_Z 为系统的正熵；S_F 为系统的负熵；t 为时间。

天然气安全系统危机事件全过程熵值变化与天然气安全系统自组织能力变化规律如图 4.5 所示。

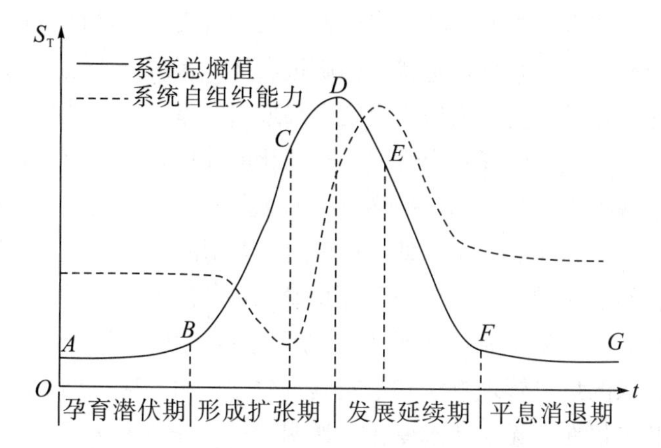

图 4.5　天然气安全系统演化过程熵值变化趋势

(1) 当 $R_Z \approx R_F$ 且 $R'_Z \approx R'_F$ 时，天然气安全系统的总熵值基本保持不变，系统维持原状态，天然气安全系统正熵产生的无序化效果与负熵产生的有序化效果势均力敌，互相抵消、彼此交融。系统既可能向更有序的状态发展，又可能向更无序的状态变化，对应图 4.5 中曲线 AB 段。该时期是天然气安全系统潜在天然气危机事件的孕育潜伏期，其具有隐蔽性和不易被发现的特征。若天然气安全系统不再与外界进行信息、能量、物质的互换，天然气安全系统总熵值将会增加，系统向无序状态发展，则天然气安全系统的安全效率呈递减趋势变化，天然气危机事件一触即发；若天然气安全系统从外界吸纳更多的负熵，天然气安全系统总熵值将会降低，系统向更复杂的有序状态发展，则天然气安全系统的安全效率呈递增趋势变化。因此，在这一时期，天然气相关部门进行决策，进行天然气勘探开采技术创新、天然气政策创新、加强天然气国际合作等，是防止天然气危机爆发最经济而可行的对策。

(2) 当 $R_Z > R_F$ 且 $R'_Z > R'_F$ 时，安全熵起主导作用，天然气安全系统的总熵增加且增长速度不断加快，天然气安全系统将从有序状态向无序状态演变，天然气安全系统的安全效率呈递减趋势变化，由于系统中各组成要素、外部环境要素之间的非线性互相作用，将会使天然气供应短缺或天然气价格上涨等危机事件的危害程度放大，此时天然气危机事件逐渐形成。由于 $R'_Z > R'_F$，因此，天然气安全系统正熵效应远远大于负熵效应，系统混乱程度不断增加，天然气安全系统的内部结构受到影响，系统自组织能力相对降低，危机事件一触即发，如图 4.5 中曲线 BC 段所示。

(3) 当 $R_Z>R_F$ 且 $R'_Z=R'_F$ 时，对应图 4.5 中的 C 点。此时整个天然气安全系统总熵增长速度到达最快，系统正熵速率达到了极值，正熵产生的无序效果达到最大，系统自组织能力降到了极低，天然气安全系统的危机事件彻底爆发，原有的天然气安全系统稳定状态彻底被破坏，系统处于极度混乱、无序状态。这时天然气相关部门必须做出决策，采取新政策、引进新技术、购置新设备等有效措施，打破天然气安全系统处于僵化的无序状态，否则，天然气安全系统最终将会濒临崩溃，达到一种终极平衡态。

(4) 当 $R_Z>R_F$ 且 $R'_Z<R'_F$ 时，对应图 4.5 中曲线 CD 段，此段图形呈凸状，安全熵仍然起主导作用，表明系统总熵仍在不断增加，但系统总熵增速有所降低。虽然天然气安全系统正熵产生的无序效果仍大于负熵产生的有序效果，但表明采取的危机管理方法和措施是有效的，由于应急调控措施作用的滞后性，系统状态仍在向无序状态变化，说明天然气安全系统危机事件爆发后在一定时间内其影响范围和危害程度还将持续扩张发展，天然气安全系统的安全效率将会降到更低水平，系统持续向无序状态转变。虽然系统负熵速率的变化率有所提高，天然气安全系统的自组织能力开始恢复，但天然气安全系统仍处于混乱、无序之中，天然气安全系统走向崩溃的危险期并没有结束。

(5) 当 $R_Z\approx R_F$ 且 $R'_Z<R'_F$ 时，对应图 4.5 中的 D 点。此时天然气安全系统总熵不再增加，达到了极值，天然气安全系统危机事件造成的危害达到最大，系统处于最混乱、最无序的状态。天然气安全系统引入的负熵产生的有序效果等于正熵产生的无序效果，系统有从无序状态向有序状态发展的趋势。此时，天然气安全系统处于远离平衡态，在天然气安全系统各组成要素与外部环境要素互相之间的非线性作用下，若系统有微小的扰动，系统将出现跃迁，可能会达到新的稳定平衡态。

(6) 当 $R_Z<R_F$ 且 $R'_Z<R'_F$ 时，对应图 4.5 中曲线 DE 段。耗散结构开始起主导作用，天然气安全系统总熵逐渐减少，系统由无序状态向有序状态演变，天然气安全系统安全效率递增，天然气安全系统的危机事件进入发展延续期。这表明天然气相关决策部门采取的危机事件处理方法和措施得当，天然气安全系统自组织能力快速恢复，但危机事件的处理方法和措施并未得到充分有效利用，因而不需要进行技术更新、制度更新等，维持现状是比较经济合理的。

(7) 当 $R_Z<R_F$ 且 $R'_Z=R'_F$ 时，对应图 4.5 中的 E 点。此时天然气安全系统的负熵速率达到了极值，系统负熵产生的有序作用达到最大。系统自组织能力达到最大，整个系统的总熵值保持降低趋势，天然气安全系统危机事件得到了有效控制。

(8) 当 $R_Z<R_F$ 且 $R'_Z>R'_F$ 时，对应图 4.5 中曲线 EF 段，此段图形呈凹状，但耗散结构仍然起主导作用。此时天然气安全系统总熵值持续降低，系统向更有序的状态发展。天然气安全系统危机事件逐渐平息，造成的影响开始逐步消失。天然气安全系统逐渐恢复有序状态，采取的危机事件处理方法和措施的效应逐渐达到最大，系统的自组织能力渐渐趋于稳定，天然气安全系统安全效率呈递增趋势。

(9) 当 $R_Z\approx R_F$ 且 $R'_Z\approx R'_F$ 时，对应图 4.5 中曲线 FG 段。此时天然气安全系统总熵趋于稳定基本保持不变，危机事件造成的危害完全消失，天然气安全系统达到了新的稳定平衡状态，系统正熵与负熵重新形成互相制约的新格局，整个天然气安全系统形成一个充满活力的新的稳定结构。这一时期是下一个天然气危机事件发生的孕育潜伏期，也是天然气安全系统重新进行政策创新、制度创新、技术更新的“最佳”时期。

通过结合连续方程和曲线的上述分析，表明天然气危机事件发生发展全过程中天然气安全系统的大致特征和熵值变化规律。由耗散结构理论可知，开放的天然气安全系统潜在风险引发的危机事件全过程中，系统的总熵值不会无限制地增加，系统通过从外界引入的负熵改变系统的演化方向。在安全熵与耗散结构互相作用下，危机事件发生发展过程中，首先是安全熵起主导作用，$R_Z>R_F$，系统总熵递增，安全效率递减，系统将由有序状态向无序状态演变；然后则是耗散结构起主导作用，$R_Z<R_F$，系统总熵递减，安全效率递增，系统由无序向有序发展。直到天然气危机事件得到有效控制平息后，天然气安全系统达到一个新的平衡态，形成一个新的稳定结构。

4.1.4　天然气安全系统演化过程熵值变化规律实例分析

根据天然气安全系统危机事件发生发展过程熵值变化分析，选择 2017 年中国天然气“气荒”事件为实例，结合图 4.5 对天然气安全系统演化过程熵值变化规律进行实例分析。2017 年中国天然气“气荒”事件的原型描述：随着《大气污染防治行动计划》目标年的到来，2016 年全国各地大规模推行“煤改气”工作实施方案，2017 年推出加速天然气利用政策，并确立了天然气将成为中国主体能源的目标，到 2030 年中国天然气消费占比将达到 15%。自 2017 年年初土库曼斯坦就以“天然气基础设备检修”为由，减少对中国的管道气供应量，同年 9 月国内天然气市场竞价激烈，10 月季节性供气短缺初现端倪，紧接着 11 月河北省率先发出天然气橙色预警，随后 12 月初天然气供应短缺从华北逐渐蔓延到华东，月底进一步蔓延到西南地区，进而演变成为全国性“气荒”事件[125]，2018 年天然气短缺情况得到好转，全国性“气荒”现象消失。对此次“气荒”事件各阶段熵值变化的实例分析如下：

(1) $A \rightarrow B$ 段是 2017 年中国“气荒”事件孕育潜伏期，$R_Z \approx R_F$ 且 $R'_Z \approx R'_F$，天然气安全系统总熵基本维持不变。此时天然气安全系统的社会环境要素发生变化，主要表现为全国大面积推广“煤改气”工程等；天然气安全系统各组成要素同时发生变化，即为中国天然气产量增加。这一时期，天然气安全系统在安全熵与耗散结构协同作用下，天然气安全系统正熵产生的无序效果与负熵产生的有序效果基本相同，整个系统总熵基本不变，“气荒”事件处于孕育潜伏期。

(2) $B \rightarrow D$ 段是 2017 年中国“气荒”事件形成扩张期，$R_Z > R_F$，安全熵起主导作用，天然气安全系统的总熵递增，系统由有序状态向无序状态演变，天然气安全系统的安全效率递减。

在 B 点以后，$R'_Z > R'_F$，表明负熵产生的有序化效果远远小于正熵产生的无序化效果，系统总熵增加的速度越来越快，系统越来越混乱、无序。2017 年开始外部环境发生一系列变化，社会环境要素主要表现为经济逐渐回暖，天然气安全系统组成要素主要表现为中亚国家意外减少对中国管道气的供应量，这就点燃了“气荒”事件的形成。2017 年国家又推出加速天然气利用政策，明确将天然气培养为中国主体能源的目标，加之“煤改气”工程的全面实施，这些社会环境要素的变化，催生了“气荒”事件发生，因此，河北省率先发出天然气橙色预警。因寒冷天气的提前到来，气温突然骤降，这一自然环境要素的较大变化，导致“气荒”事件愈演愈烈，因而，从华北逐渐蔓延到华东。又因中石化建设的天津 LNG 接收站没有按期投产，致使天然气安全系统组成要素发生较大改变，“气荒”事件引起连锁反应，LNG 价格暴涨，“气荒”事件蔓延到西南地区，进而演变成为全国性“气荒”事件。

到达 C 点时，$R'_Z = R'_F$，系统总熵仍会增加，天然气安全系统自组织能力降到极小，但在 C 点之后系统总熵增速有所减缓，表明“气荒”事件的处理方法和措施是有效的。国家相关部门采取了调整“煤改气”工程战略、宏观控制天然气市场、加大天然气生产等“气荒”事件处理方法和措施，但因处理方法与措施产生有效作用是具有滞后性的，因此天然气安全系统总熵并没有达到极大值，还会持续增加，系统自组织能力逐渐恢复。

如果“气荒”事件的处理方法和措施无效，那么 C 点出现的时间会往后移，“气荒”事件的影响范围可能继续扩张，危害程度可能持续加深。而直到 D 点出现时，系统总熵值达到极大值，天然气安全系统的无序状态达到极大混乱程度，“气荒”事件基本得到控制。

(3) $D \to F$ 段是 2017 年中国“气荒”事件发展延续期，$R_Z < R_F$，天然气安全系统耗散结构起主导作用，天然气安全系统总熵递减，系统将由混乱的无序状态向稳定的有序状态发展，系统安全效率递增。达到 E 点前，$R'_Z < R'_F$，表明负熵产生的有序化效果远远大于正熵产生的无序化效果，系统总熵减少的速度越来越快，系统越来越有序。在这一时期，寒冬逐渐过去，加大天然气投资力度提高产量、增加天然气可中断工业用户、调整“打赢蓝天保卫战”战略等措施的有效作用凸显。但这些措施政策的效应并未达到最大，系统自组织能力提升并未实现最佳，直到 E 点时，$R'_Z = R'_F$，天然气安全系统自组织能力基本实现了再造，“气荒”事件的影响和危害逐渐消除。在 E 点之后，天然气安全系统的总熵持续减少，但系统总熵减少的速度有所降低，天然气安全系统由简单有序状态向复杂有序状态演变。2017 年“气荒”事件基本得到了平息，天然气安全系统形成新的稳定有序结构，至此整个“气荒”事件基本结束。

(4) $F \to G$ 段是 2017 年中国“气荒”事件平息恢复期，$R_Z \approx R_F$，安全熵与耗散结构互相作用，天然气安全系统总熵基本保持不变。在这一时期，全国性“气荒”事件平息，天然气安全系统在新的稳定结构下，处于新的平衡态。同时，这一时期也是下一次“气荒”事件的孕育潜伏期，因此，国家相关部门开始制定加强天然气管网建设实现“全国一张网”、加强天然气储气能力建设、加强国际合作提升天然气进口能力、加大天然气勘探开发力度等方案并有序实施，是促进天然气安全系统向安全等级更高状态发展的最佳时期，也是最经济可行的。

由 2017 年中国“气荒”事件发生发展过程熵值变化情况分析可知，2017 年全国性“气荒”事件的发生是由天然气安全系统组成要素（天然气进口量减少、天津 LNG 接收站未按期投产等）、外部环境要素（寒冷天气提前到来、“煤改气”工程、加速天然气利用政策等）互相作用而导致天然气安全系统总熵增加，系统将由稳定的有序状态向混乱的无序状态演变，天然气安全系统的安全度降低。国家相关部门在采取“气荒”事件处理方法和措施之后，“气荒”事件得到了有效控制，在自然环境要素（寒冷天气）无法改变的情况下，主要通过调控天然气安全系统的组成要素（国内天然气生产供应、天然气应急调控）和社会环境要素（调整“打赢蓝天保卫战”的策略、增加可中断工业用户等政策），在这些要素的非线性互相作用下使天然气安全系统总熵减少，系统将由混乱的无序状态向稳定的有序状态发展，天然气安全系统的安全度得到提升，全国性“气荒”事件得到平息。由此可见，“气荒”事件的发生发展过程中，系统总熵先增加后减少，安全度先降低后升高，先由安全熵起主导作用，后由耗散结构起主导作用。在调控“气荒”事件过程中，天然气安全系统组成要素与政策、技术、经济调控等社会环境要素可以作为可控要素，可实现改变天然气安全系统演化方向的主要驱动力，而气候等自然环境要素难以成为可控要素，不能及时改变天然气安全系统演化方向。由此可知，调控天然气安全系统组成要素与政策、技术、经济调控等社会环境要素是防止天然气危机愈演愈烈，引发连锁反应导致天然气危机事件爆发的有效方案。

4.1.5　天然气安全系统演化过程熵值变化特征分析

根据天然气安全系统危机事件全过程熵值变化以及 2017 年中国“气荒”事件实例分析来看，天然气安全系统状态变化存在情况多样化、容易向无序状态方向转变而导致多米诺骨牌效应的特征，其主要表现在图 4.5 中曲线 BD 段和曲线 DF 段，具体体现如下：

(1) 曲线 $B \to D$ 段。天然气安全系统在 C 点位置时正熵生产的无序效果处于最大，正熵速率变化率与负熵速率变化率相等，即 $R'_Z = R'_F$，表明采用的危机事件处理方法和手段是有效的，因安全熵仍起主导作用，系统总熵持续增加，但增加的速率有所降低。在随后较短的一段时间内，虽然天然气安全系统的总熵依旧继续增加，但安全熵起主导作用的效果越来越弱，系统通过从外界引入负熵，天然气安全系统的自组织能力逐渐提升。直到 D 点位置，天然气安全系统总熵达到极大值，此时危机事件的影响和危害也达到最大。但是，如果在 C 点处，$R'_Z < R'_F$，表明采用的危机事件处理方法和手段基本无效，系统总熵仍然增加，且增加的速率还会提高，危机事件的影响和危害将持续扩张。

如果在 B 点时，及时采取有效的危机事件处理方法和措施，那么 C 点就可能更早地出现，危机事件的影响和危害将会大幅降低。

2017 年中国“气荒”事件中，在曲线 $B \to D$ 这一时期内，天然气安全系统总熵增加，系统由有序向无序演变，天然气安全系统的安全度降低。因中亚国家突然减少对中国管道气的供应量致使供气紧张，又因天津 LNG 接收站未投产，加上寒冷天气提前到来气温骤降，引发 LNG 价格暴涨。由天然气供应短缺导致河北省率先发出天然气橙色预警，随后从华北逐渐蔓延到华东，最后蔓延到西南地区，进而演变成全国性“气荒”事件。由此可见，$B \to D$ 段天然气安全系统总熵增加，是天然气安全系统各组成要素、外部环境要素非线性作用的结果，使“气荒”事件的影响范围扩大了，危害时间延长了，形成了$1+1>2$ 的联合效应。

若在中亚国家突然减少对中国管道气供应量的时候，国家相关部门就开始调整“煤改气”工程的实施进度；若气象部门能更早地向天然气相关部门通报未来气候变化情况，天然气相关部门及早地采取增加可中断工业用户的策略，天然气危机就不会愈演愈烈，全国性“气荒”事件就可能不会发生。

（2）曲线 $D \to F$ 段。在 D 点位置，天然气安全系统总熵值达到极大值之后，$R_Z < R_F$ 且 $R'_Z < R'_F$，天然气安全系统总熵减少，系统由无序向有序演变，系统自组织能力持续提升，采取的危机事件处理方法和措施的功效并未达到最大，此阶段若进行技术创新、政策创新等是最不经济的。在 E 点位置，$R_Z > R_F$ 且 $R'_Z \approx R'_F$，采取的危机事件处理方法和措施的功效达到最大，系统自组织能力也达到最强。系统总熵持续减少，直到 F 点时，天然气安全系统达到新的平衡状态，形成新的稳定有序结构。

在 2017 年“气荒”这个实例中，在曲线 $D \to F$ 这一时期内，天然气安全系统总熵减少，系统将由混乱的无序状态向稳定的有序状态发展，天然气安全系统的安全度提升。全国性“气荒”事件得到了有效控制，“气荒”事件的影响和危害逐渐消除。如果在 E 点时，$R'_Z < R'_F$，表明“气荒”事件处理方法和措施的功效并未达到最大，系统自组织能力还未实现再造，天然气安全系统形成新的稳定结构的时间可能向后推移。如果在 E 点之前，突然出现 $R_Z > R_F$ 的情况，天然气安全系统总熵又开始增加，“气荒”事件转化升级，天然气安全系统又将由有序状态向无序状态变化。

根据天然气安全系统危机事件全过程熵值变化以及“气荒”实例分析来看，由于天然气安全系统各组成要素相互作用关系及系统内外部影响因素之间的作用关系极其复杂，形成 $1+1>2$ 的联合效应。然而，在安全熵和耗散结构的互相作用下，天然气安全系统处于不同情景状况时，天然气安全系统受到“正效应”和“负效应”的影响不同，系统的演化路径不同，天然气安全系统安全度的变化趋势就不同。基于此，后文将基于 PSR 模型对天然气安全系统演化过程的路径进行分析。

4.2 天然气安全系统演化路径分析

4.2.1 天然气安全系统的压力—状态—响应模型

4.2.1.1 压力—状态—响应模型

20世纪80年代末，联合国环境规划署（UNEP）和经济合作与发展组织（OECD）共同打造了反映可持续发展机理的概念框架，即“压力（Pressure）—状态（State）—响应（Response）”模型（PSR模型）。PSR模型的基本思路是生态环境因人类社会活动造成的压力改变了其质量，人类社会则通过经济、环境等政策措施或管理手段针对这些变化做出响应，缓解因人类社会活动对生态环境造成的压力，维持生态环境健康。PSR模型是从压力、状态、响应三个层面对生态环境健康进行评估的一种概念模型，其也可用于刻画生态环境系统状态特性的结构分析，采用“压力—状态—响应”逻辑框架，分析人类活动和生态环境之间的互相影响关系。PSR模型能够描述生态环境系统关于可持续发展的三个基本问题，即发生了怎样的变化、为何发生这样的变化以及将要如何应对这样的变化。由此可见，PSR模型具有如下特征：①因果关系的特征，强调人类活动与生态环境之间相互作用的关系；②灵活性的特征，对刻画大范围的生态环境系统状态变化情况均可适用；③综合性的特征，同时面对各种社会活动与生态环境。该模型反映了人类活动和经济发展对生态环境的影响，从而改变了生态环境系统状况，迫使人类社会对生态环境系统的变化做出适当的干预策略[126]，以达到保护生态安全，实现可持续发展的目的。

4.2.1.2 天然气安全系统的PSR模型

PSR模型利用“起因—效应—反应”的思维框架来刻画生态环境系统健康的调节过程与规律，实质是分析一个系统由一个状态到另一个状态变化规律的框架模型。PSR模型对天然气安全系统由一个状态变化到另一个状态的过程具有全面分析能力，为阐述天然气安全系统演化分析提供了一种较好的方法。天然气安全系统中压力（P）是指天然气资源状况、人口增长、消费模式、生态环境恶化、经济发展、天然气生产供应不足、天然气进口渠道中断等引起天然气安全系统状态变化的因素，即可能引发天然气安全系统向无序状态发展的“负效应”；状态（S）主要是指天然气安全系统组成结构中天然气供需状况变化的趋势或情况，是“压力”作用的结果，是采取“响应”措施的目的；响应（R）是指用以缓解天然气供需压力和改善天然气供需状况所采取的一系列措施，是人口、经济、环境与天然气协调发展过程中主观能动性的反映，体现了如何消除或减轻天然气安全系统的负面作用，防止天然气安全系统向无序状态变化时，从而实现天然气安全系统向有序状态发展的目标，因而是确保天然气安全系统向有序状态发展的“正效应”，故响应是天然气安全系统自然演变与人为干预该系统联合作用效果的体现。PSR 模型从整体上反映了天然气安全影响因素之间互相制约、互相作用的关系，其中，压力主要来自天然气对外依存度过高、生态环境恶化、天然气价格不稳定、城镇化建设推进速度过快、城市人口快速增加等因素；状态出现的问题主要体现在天然气资源不足、储采比不高、天然气产量较低、进口份额逐年增长、天然气供需增量比降低、供需缺口不断扩大等；响应的相关决策措施有政策创新、制度创新、提升天然气应急调控能力、加强国际合作降低进口集中度、加大勘探开采力度、提高储量替代率、加强输气管网建设等。

在天然气安全系统压力、状态、响应之间相互作用的过程中，若压力效果小于选择的对策效果时，表现为天然气安全系统的安全水平提升，系统向有序状态发展；反之，若对策效果小于压力效果时，天然气安全系统将遭受威胁，表现为天然气安全系统的安全水平降低，系统向无序状态变化。天然气安全系统的 PSR 模型如图 4.6 所示。

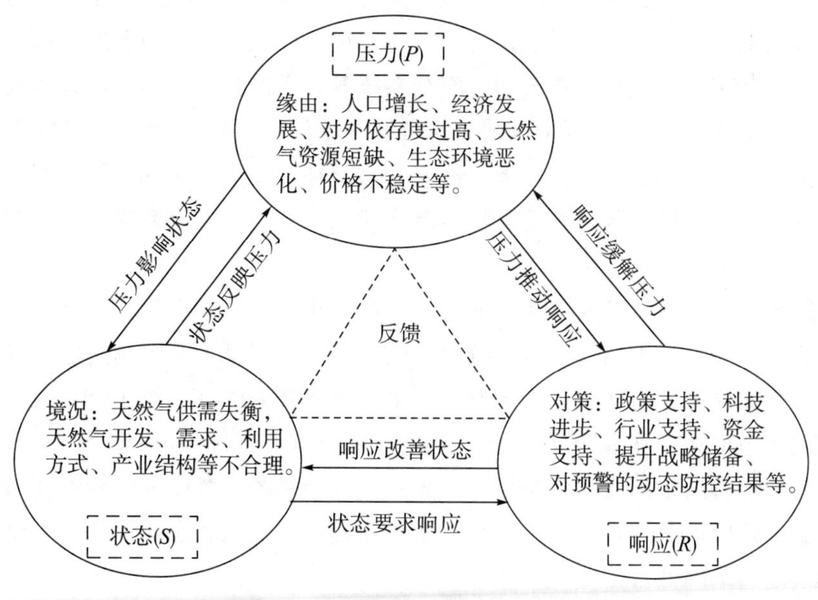

图 4.6　天然气安全系统的 PSR 模型

4.2.2 天然气安全系统演化路径的规律分析

PSR模型用于刻画天然气安全系统状态变化的过程，实质上就是利用具有一定因果关系的压力、状态、响应对天然气安全系统演化路径进行分析。在天然气安全系统演化过程中，压力作用越大，天然气安全系统受到的破坏力就越强，整个系统的状态就越混乱、无序，安全度就会越低，所以压力导致天然气安全系统总熵增加。而响应作用越大，天然气安全系统得到的安全保障就越多，整个系统状态就越稳定、有序，安全度就会越高，所以响应导致天然气安全系统总熵减少。天然气安全系统随着压力增加、响应加强，以及系统各组成要素互相作用，按照耗散结构理论，天然气安全系统由一个状态转变为另一个状态具有如下4种路径。

路径一：当天然气安全系统响应产生“正效应”足以抵消系统压力制造的“负效应”时，天然气安全系统的负熵速率远大于正熵速率，系统负熵持续积累，系统总熵不断减少。此时，在天然气安全系统各要素的互相作用下，天然气安全系统状态仅存在单向的“涨”，而不存在“涨落”，故天然气安全系统在持续强力响应产生的“正效应”下向有序方向发展，天然气安全系统的安全度不断提高。

路径二：当天然气安全系统响应产生的“正效应”勉强抵消系统压力制造的“负效应”时，天然气安全系统引入的负熵可以抵消系统制造的正熵，但负熵不能快速积累。此时，在天然气安全系统各要素的互相作用下，天然气安全系统状态不断“涨落”，因引入的负熵具有一定优势，起主导作用，“涨落”的趋势偏向于向有序状态发展。天然气安全系统在各要素非线性作用下产生的相干效应被放大，最终跃迁到新的稳定有序状态，天然气安全系统的安全度逐渐提高。

路径三：当天然气安全系统响应产生的“正效应”难以抵消系统压力制造的“负效应”时，天然气安全系统引入的负熵不足以抵消系统制造的正熵，但正熵不能快速积累。此时，在天然气安全系统各要素的互相作用下，天然气安全系统状态不断“涨落”，因系统制造的正熵具有一定优势，起主导作用，“涨落”的趋势偏向于向无序状态变化。天然气安全系统在各要素非线性作用下产生的相干效应被放大，最终到达另一个无序程度增加的状态，天然气安全系统的安全度逐渐降低。

路径四：当天然气安全系统响应产生“正效应”无法抵消系统压力制造的

“负效应”时，天然气安全系统的负熵速率远小于正熵速率，系统正熵持续积累，系统总熵不断增加。此时，在天然气安全系统各要素的互相作用下，天然气安全系统状态仅存在单向的“落”，而不存在“涨落”，故天然气安全系统在遭受连续强大压力的“负效应”下向无序方向变化时，天然气安全系统的安全度持续降低。

从上述天然气安全系统演化的 4 种路径可知：

（1）当天然气安全系统响应产生的“正效应”能够抵消系统压力制造的“负效应”时，天然气安全系统状态向更复杂、更有序的方向发展，系统的安全度提高。不同的是路径二，其响应与压力恰好达到某一平衡点，系统总熵达到某一阈值，天然气安全系统凭自组织能力使该系统跃迁到更稳定的有序状态，是典型的天然气安全系统耗散结构形成的过程。路径一则是凭强力的响应产生的“正效应”使天然气安全系统向有序方向演变，尽管不是典型的耗散结构形成过程，但是根据熵增原理和耗散结构理论可知，天然气安全系统最终会出现稳定的耗散结构分支，天然气安全系统最终形成新的稳定结构。因此，路径一与路径二都是耗散结构形成过程。

（2）当天然气安全系统响应产生的“正效应”不能抵消系统压力制造的“负效应”时，天然气安全系统状态向无序的方向变化，系统的安全度降低。路径四主要依靠强大的压力制造的“负效应”使天然气安全系统单方面向无序状态变化，系统濒临崩溃。路径三是系统响应与压力趋近却不能达到平衡点，系统总熵始终未达到某个阈值，在天然气安全系统各要素互相作用下系统状态不断振荡，系统最终向无序状态变化，尽管振荡使系统向无序方向演变，但是根据熵增原理可知，路径三最终遵循路径四的演变路径。因此，路径三与路径四均不是耗散结构形成过程。

综上分析可知，根据演化结果是否形成耗散结构，可将天然气安全系统演化路径分为耗散结构形成过程的演化和非耗散结构形成过程的演化两种类型路径。耗散结构形成过程的演化使天然气安全系统的安全度升高，非耗散结构形成过程的演化使天然气安全系统的安全度降低。基于 PSR 模型的天然气安全系统演化示意如图 4.7 所示。

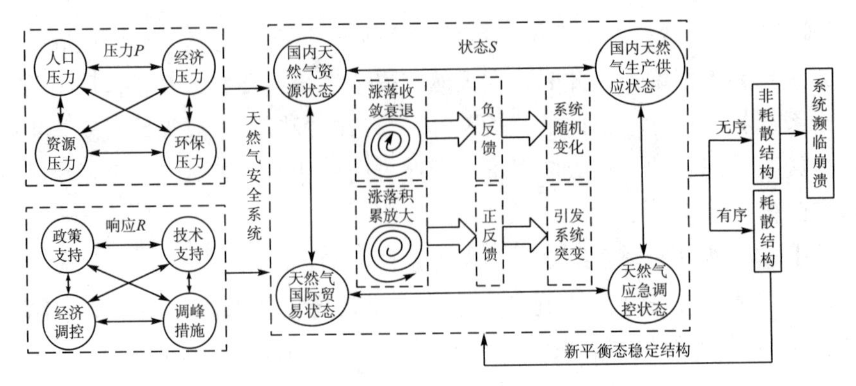

图 4.7 基于 PSR 模型的天然气安全系统演化示意

4.2.3 天然气安全系统演化路径规律实例分析

本节以 2017 年中国“气荒”事件为例进行天然气安全系统演化路径分析。2017 年中国“气荒”事件的状态是在“压力 P、状态 S、响应 R”三类因素作用下持续演变，直至天然气危机处置工作完全结束。天然气安全系统中每一个具体状况可用 s_i（P_i，S_i，R_i）表示。其中，s_i 表示天然气安全系统状况（$i=1$，2，…，m，表示天然气安全系统演化过程中关键涌现状况的数量）；P_i 表示状况 s_i 中的基本要素“压力”；S_i 表示状况 s_i 中的基本要素“状态”；R_i 表示状况 s_i 中的基本要素“响应”。随着状况 s_i 的变化，天然气安全系统沿着不同的演化路径发展，系统的安全度随之变化，故不同的压力、状态、响应互相作用将使“气荒”事件沿着不同的演变路径发展：

（1）当“气荒”事件的初始状况为 s_1 时，该状况下受到的压力 P_1 主要来自“煤改气”工程的大规模推行、加快推进天然气利用等政策的实施；该状况下的响应 R_1 主要措施为提高天然气产量等；该状况下所处的状态为 S_1。天然气安全系统响应 R_1 产生的“正效应”难以抵消系统压力 P_1 制造的“负效应”，系统压力 P_1 制造的“负效应”具有一定优势，起主导作用，使天然气安全系统偏向于向无序状态变化，“气荒”事件发展为状况 s_2。此过程中，“气荒”事件按照路径三演变，天然气安全系统的安全度不断降低。

（2）当“气荒”事件的状况为 s_2 时，该状况下受到的压力 P_2 主要来自土库曼斯坦减少天然气管道供应量、LNG 价格上涨、出台加快推进天然气利用政策、寒冷天气提前到来温度骤降等因素的变化；该状况下的响应 R_2 主要措施仍为提高天然气产量等；该状况下所处的状态为 S_2。天然气安全系统响应

R_2 产生的“正效应”无法抵消系统压力 P_2 制造的“负效应”，天然气安全系统状态仅存在单向的“落”，系统在遭受连续强大压力 P_2 的“负效应”下向无序方向变化，“气荒”事件发展为状况 s_3。此过程中，“气荒”事件按照路径四演变，天然气安全系统的安全度持续降低。

（3）当“气荒”事件的状况为 s_3 时，该状况下受到的压力 P_3 主要来自经济保持稳定增长等；该状况下的响应 R_3 主要措施有继续提高天然气产量、调整“煤改气”工程实施进度、增加可中断工业用户、宏观调控天然气市场等；该状况下所处的状态为 S_3。天然气安全系统响应 R_3 产生的“正效应”足以抵消系统压力 P_3 制造的“负效应”，天然气安全系统状态仅存在单向的“涨”，系统在持续强力响应 R_3 产生的“正效应”下向有序方向发展，“气荒”事件发展为状况 s_4。此过程中，“气荒”事件按照路径一演变，天然气安全系统的安全度持续提高。

（4）当“气荒”事件的状况为 s_4 时，该状况下受到的压力 P_4 主要来自经济保持快速增长发展趋势等；该状况下的响应 R_4 主要措施有努力提高天然气产量、放缓“煤改气”工程实施进度等；该状况下所处的状态为 S_4。天然气安全系统响应 R_4 产生的“正效应”勉强抵消系统压力 P_4 制造的“负效应”，天然气安全系统状态不断“涨落”，因响应 R_4 产生的“正效应”具有一定优势，起主导作用，使天然气安全系统偏向于向有序状态发展，“气荒”事件平息消失为状况 s_5。此过程中，“气荒”事件按照路径二演变，天然气安全系统的安全度不断提高。

综上分析可知，2017 年中国“气荒”事件演变路径可用图 4.8 表示，从“气荒”事件演变路径的变化整体上来看，天然气安全系统状态变化的路径顺序是路径三→路径四→路径一→路径二，天然气安全系统的安全度呈 U 形变化趋势，先降低后升高。

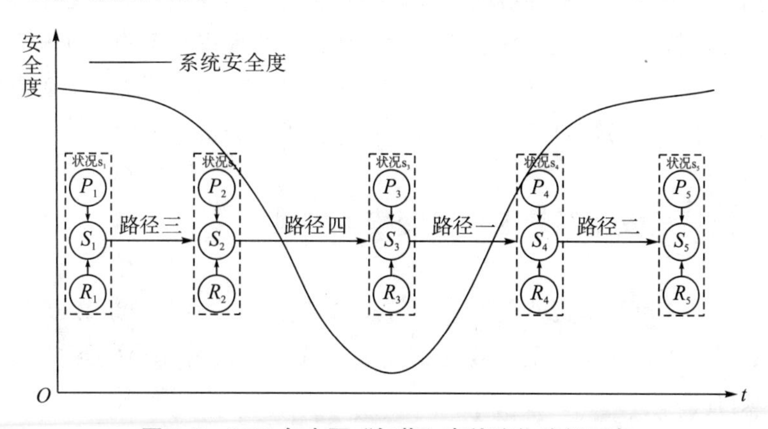

图 4.8　2017 年中国“气荒”事件演化路径示意

4.3 天然气安全系统演化突变分析

利用突变理论来描述自然界形成的演化过程，探索如何改变参数影响非线性系统。该方法旨在解决大多数系统安全静态分析方法输出不具连续性和动态模型分析过程复杂、计算量大的问题，此方法具有应用于天然气安全系统演化分析的潜力。

在人口、经济、生态环境与天然气协调发展过程中，天然气安全系统状态变化受到诸多因素的影响，但随着这些因素的连续变化，天然气安全系统状态并不总是随之连续变化，而是会出现突跳现象。天然气安全系统的“气荒”事件爆发后，当控制变量恢复到天然气安全系统状态发生突变前的状况时，天然气安全系统状态不会在此时急速恢复到原水平状态，而是当控制变量发展到更不利于天然气安全系统的“气荒”事件继续发展的状态时，天然气安全系统的“气荒”事件才会突然向有序方向发展，天然气安全系统的“气荒”事件在持续无序发展过程发生突跳时的状态与有序发展过程产生突跳的状态有极大区别，这是天然气安全系统状态变化的滞后性。

天然气安全系统状态的变化发展过程是由相互联系、相互作用的压力要素、状态要素、响应要素三个维度的影响要素中某一个或多个维度要素在时间与空间上相互交织作用所致。因此，可将压力—状态—响应框架下的天然气安全系统演化过程中熵值作为状态变量，三个维度的影响要素作为三个控制变量，建立天然气安全燕尾突变模型来分析其演化的机理。

根据 2.2 节突变理论的应用条件，若系统出现不少于 2 个突变指征时，可构建突变模型描述分析天然气安全演化。结合天然气安全系统特征与天然气安全演化过程熵值分析，天然气安全系统至少满足突跳性、滞后性 2 个突变指征，故可利用突变理论对天然气安全演化过程进行分析。

4.3.1 天然气安全系统燕尾突变模型构建

根据图 4.5 可知，天然气安全系统总熵值是一个关于时间参数 T 的连续变化函数 $f(T)$。通过一元函数的泰勒展开式，可用幂函数的形式表示函数 $f(T)$，则有：

$$y = f(T) = \alpha_0 + \alpha_1 T + \alpha_2 T^2 + \alpha_3 T^3 + \cdots \tag{4.15}$$

此处建立的天然气安全突变模型包含了压力要素、状态要素和响应要素 3 个控制变量，以天然气安全系统总熵值为状态变量，结合表 2.1 中的 11 种突变函数的基本形式，为转变获得控制变量最高 5 次项的燕尾突变模型的势函数形式，此处将式（4.15）做 5 次项截断处理，则表示为：

$$y = f(T) = \alpha_0 + \alpha_1 T + \alpha_2 T^2 + \alpha_3 T^3 + \alpha_4 T^4 + \alpha_5 T^5 \tag{4.16}$$

令 $\rho = \frac{\alpha_4}{5\alpha_5}$，$T = x_T - \rho$，将其代入式（4.16），经整理后有：

$$\begin{aligned} y = f(T) = {} & \alpha_5 x_T^5 + (\alpha_3 - 4\alpha_4\rho + 10\alpha_5\rho^2)x_T^3 + (\alpha_2 - 3\alpha_3\rho + 6\alpha_4\rho^2 - \\ & 10\alpha_5\rho^3)x_T^2 + (\alpha_1 - 2\alpha_2\rho + 3\alpha_3\rho^2 - 4\alpha_4\rho^3 + 5\alpha_5\rho^4)x_T + \\ & \alpha_0 - \alpha_1\rho + \alpha_2\rho^2 - \alpha_3\rho^3 + \alpha_4\rho^4 - \alpha_5\rho^5 \end{aligned} \tag{4.17}$$

为简化式（4.17），令：

$$\begin{cases} \beta_0 = \alpha_0 - \alpha_1\rho + \alpha_2\rho^2 - \alpha_3\rho^3 + \alpha_4\rho^4 - \alpha_5\rho^5 \\ \beta_1 = \alpha_1 - 2\alpha_2\rho + 3\alpha_3\rho^2 - 4\alpha_4\rho^3 + 5\alpha_5\rho^4 \\ \beta_2 = \alpha_2 - 3\alpha_3\rho + 6\alpha_4\rho^2 - 10\alpha_5\rho^3 \\ \beta_3 = \alpha_3 - 4\alpha_4\rho + 10\alpha_5\rho^2 \\ \beta_5 = \alpha_5 \end{cases} \tag{4.18}$$

则式（4.18）可简化为：

$$y = f(T) = \beta_0 + \beta_1 x_T + \beta_2 x_T^2 + \beta_3 x_T^3 + \beta_5 x_T^5 \tag{4.19}$$

令 $x_T = x\sqrt[5]{\frac{1}{\beta_5}}$，$\beta_5 > 0$，或 $x_T = x\sqrt[5]{\frac{1}{(-\beta_5)}}$，$\beta_5 < 0$。当 $\beta_5 > 0$ 时，将 $x_T = x\sqrt[5]{\frac{1}{\beta_5}}$ 代入式（4.19），则有：

$$y = f(T) = x^5 + \beta_3\left(\frac{1}{\beta_5}\right)^{\frac{3}{5}}x^3 + \beta_2\left(\frac{1}{\beta_5}\right)^{\frac{2}{5}}x^2 + \beta_1\left(\frac{1}{\beta_5}\right)^{\frac{1}{5}}x + \beta_0 \tag{4.20}$$

结合式（4.20）和表 2.1 中的突变函数形式可得天然气安全系统熵态的燕尾突变模型势函数为：

$$V(x) = x^5 + ux^3 + vx^2 + wx \tag{4.21}$$

其中：

$$\begin{cases} u = \beta_3 \left(\dfrac{1}{\beta_5}\right)^{\frac{3}{5}} \\ v = \beta_2 \left(\dfrac{1}{\beta_5}\right)^{\frac{2}{5}} \\ w = \beta_1 \left(\dfrac{1}{\beta_5}\right)^{\frac{1}{5}} \end{cases} \tag{4.22}$$

对势函数式（4.22）求导，可得燕尾突变模型标准的平衡曲面方程为：

$$V'(x) = 5x^4 + 3ux^2 + 2vx + w \tag{4.23}$$

对平衡曲面方程（4.23）进行求导，可得奇点集为：

$$V''(x) = 20x^3 + 6ux + 2v \tag{4.24}$$

将式（4.23）和式（4.24）联立消去 x，即可得到天然气安全系统熵态的燕尾突变模型的分歧点集方程，它是一个三维控制空间(u，v，w)中的一个空间曲面，图形如图 4.9 所示。

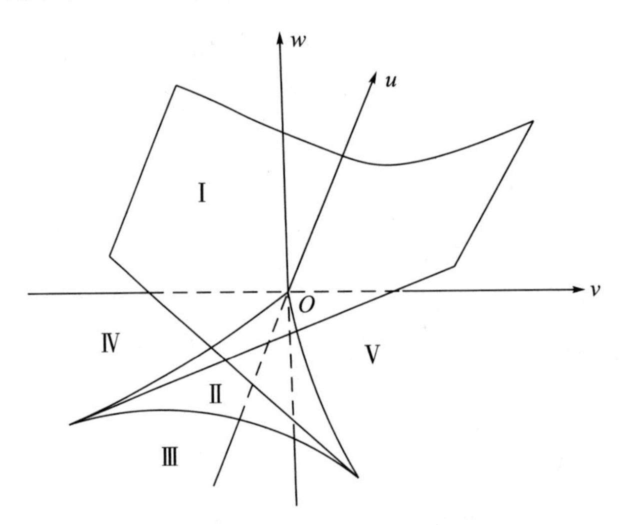

图 4.9　天然气安全系统燕尾突变模型的分歧点集

依据突变理论分析可知，引起天然气安全系统产生突变的临界点必在分歧点集上，若系统控制变量 u，v，w 的取值不同，假定控制点 $C(u_0, v_0, w_0)$ 的变化越过天然气安全系统分歧点集时，此系统就可能会出现突变现象，该控制点 $C(u_0, v_0, w_0)$ 即为突变产生的临界点。可见，天然气安全系统不安全状态的形成受三个变量 u，v，w（三个维度的影响要素）的控制，若控制变量 u，v，w 越过分歧点集，此时天然气安全系统熵态则有可能产生突变，这些点为天然气安全系统状态发生突变的临界点。

4.3.2　天然气安全系统燕尾突变模型的突变形式分析

为了对天然气安全系统的突变机理和形式有更加清晰的了解，对三个控制变量 u，v，w 取不同值展开研讨。具体措施是使三个控制变量中的一个控制变量保持为常数，分析另外两个控制变量变化时对天然气安全系统状态的影响。

（1）令控制变量 u 为常数，探讨 $v-w$ 平面的变化。由图 4.9 可知，当 u 为非负数和负数时，天然气安全系统分歧点集的图形不同，对此将分两种情况展开讨论。

情况 1：当 u 为非负数时，分歧点集 L 将 $v-w$ 平面分为两个区域，如图 4.10 所示，则确定两个区域临界线的式子如下：

$$\begin{cases} v = -10x^3 - 3ux \\ w = 15x^4 + 3ux^3 \end{cases} \tag{4.25}$$

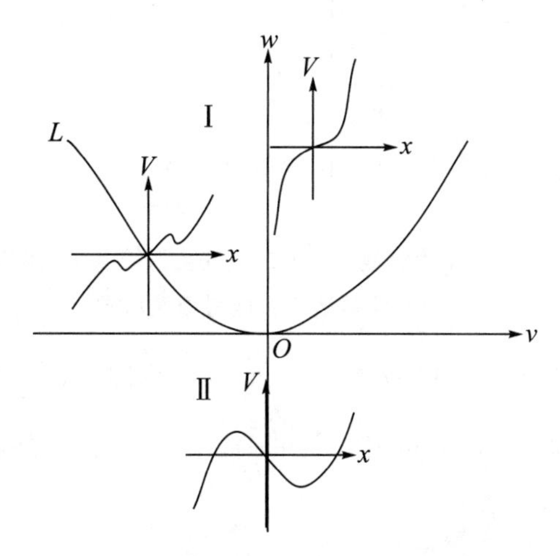

图 4.10　当 u 为非负数时，天然气安全系统燕尾突变模型分歧点集截线及各区势函数形式

鉴于区域具有对称性，故仅讨论 $v=0$ 的情形即可，此时平衡曲面方程为：

$$x^2 = \frac{1}{10}(-3u \pm \sqrt{9u^2 - 20w}) \tag{4.26}$$

若 $w>0$，则对应图 4.10 中的Ⅰ区，此时 x^2 为负数，故方程（4.26）无实数解，所以平衡曲面亦无实数解，即势函数无奇点。

若 $w<0$，则对应图 4.10 中的Ⅱ区，此时 x^2 为正数，故方程（4.26）有两个实数解，即平衡曲面有一正一负两个实数解，也就是势函数存在两个奇点，其中极大值点是不稳定平衡点，极小值点是稳定平衡点。由此得到，当 u 为非负数时各区势函数形式如图 4.10 所示。

情况 2：当 u 为负数时，$v-w$ 平面被分割为三个区域，如图 4.11 所示。

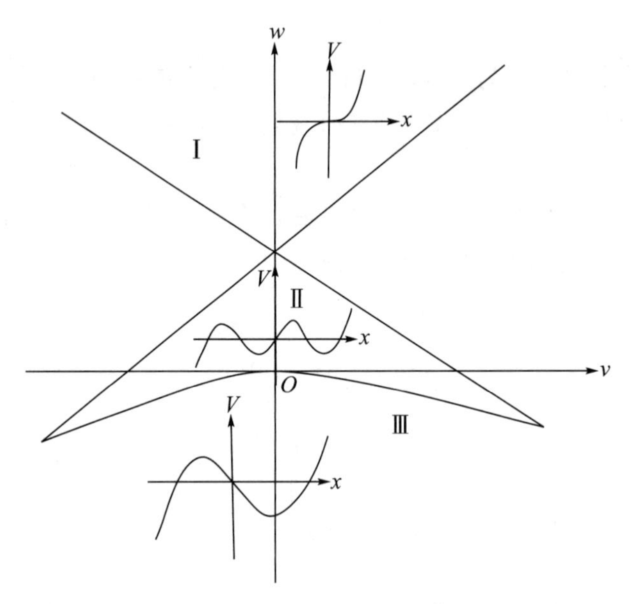

图 4.11 当 u 为负数时，天然气安全系统燕尾突变模型分歧点集截线及各区势函数形式

鉴于区域具有对称性，故仅考虑 $v=0$ 的情形即可，此时平衡曲面方程为式（4.26）。由方程（4.25）可得 $w=\frac{9u^2}{20}$ 或 $w=0$，它们是燕尾突变截线与 w 轴的两个交点。

若 $w>\frac{9u^2}{20}$，则对应图 4.11 中的Ⅰ区，此时 x^2 为负数，故方程（4.26）无实数解，所以平衡曲面无实数解，即势函数不存在奇点。

若 $0<w<\frac{9u^2}{20}$，则对应图 4.11 中的Ⅱ区，此时 x^2 为正数，则平衡曲面有

两正两负 4 个实数解，即势函数存在 4 个奇点，其中两个极大值点均是不稳定平衡点，两个极小值点均是稳定平衡点，且它们相间排列。

若 $w<0$，则对应图 4.11 中的Ⅲ区，故 x^2 为正数，此时平衡曲面有一正一负两个实数解，即势函数存在两个奇点，其中极大值点是不稳定平衡点，极小值点是稳定平衡点。由此得到，当 u 为负数时各区势函数形式如图 4.11 所示。

（2）令控制变量 v 为常数，分析 $u-w$ 平面的变化情况。不妨设 $v=0$，此时 $u-w$ 平面被分为 3 个区域，分歧点集截线如图 4.12 所示。

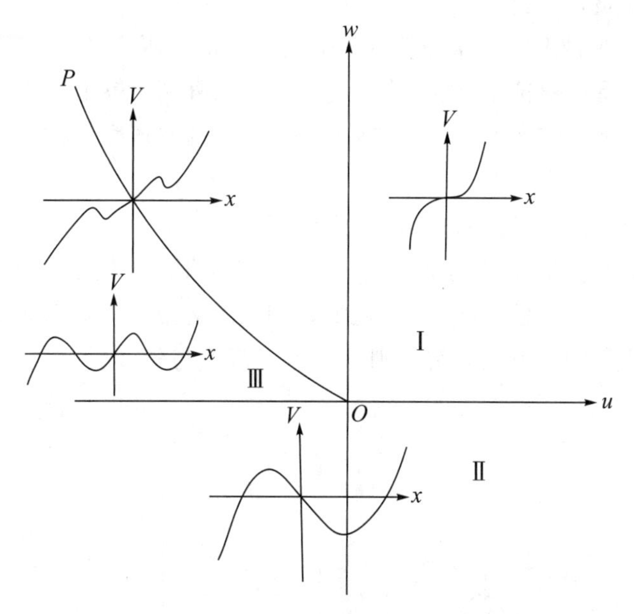

图 4.12　当 $v=0$ 时，天然气安全系统燕尾突变模型分歧点集截线及各区势函数形式

在对应图 4.12 中的Ⅰ区时，当 u 与 w 均为正数或 u 为负数，$\frac{9u^2}{20}>w>0$ 时，x^2 为负数，所以平衡曲面方程无实数解，即势函数不存在奇点。

在对应图 4.12 中的Ⅱ区时，当 w 为负数时，x^2 为正数，所以平衡曲面方程有一正一负两个实数解，则正解是稳定奇点，负解是不稳定奇点，即势函数存在两个奇点，其中一个是极大值点，另外一个是极小值点。

在对应图 4.12 中的Ⅲ区时，当 u 为负数，$0<w<\frac{9u^2}{20}$时，x^2 为正数，所以平衡曲面方程有两正两负四个实数解，即势函数存在四个奇点，其中两个极

大值点是不稳定平衡点，两个极小值点是稳定平衡点，且稳定与不稳定的平衡点间隔排列。

在 u 的右半轴上，即 u 为正数，w 等于零时，平衡曲面方程为 $5x^4+3ux^2=0$，则 x^2 只能等于零，其为分歧点集上的点，此时势函数不存在奇点，且在 x 等于零处为拐点。

在对应图 4.12 中的 OP 曲线上时，则 u 为负数，w 等于$\frac{9u^2}{20}$时，平衡曲面方程有一正一负两个实数解，且解在分歧点集上，对应势函数不存在奇点，但势函数有正负两个拐点。

在 u 的左半轴上，即 u 为负数，w 等于零时，平衡曲面方程有 3 个实数解，x 等于零是重根且在分歧点集上是拐点，另外两个解中，其中正实数解是稳定平衡点，而负实数解是不稳定平衡点，故对应势函数存在一个拐点和两个奇点。

综上，有势函数形式如图 4.12 所示。

（3）令控制变量 w 为常数，剖析 $u-v$ 的变化。不妨设 $w=0$，此时分歧点集截线将 $u-v$ 平面划分为 4 个区域，利用前文相同的方法研讨分歧点集各个区域相应平衡曲面方程的解，则分歧点集截线与各区势函数形式如图 4.13 所示。

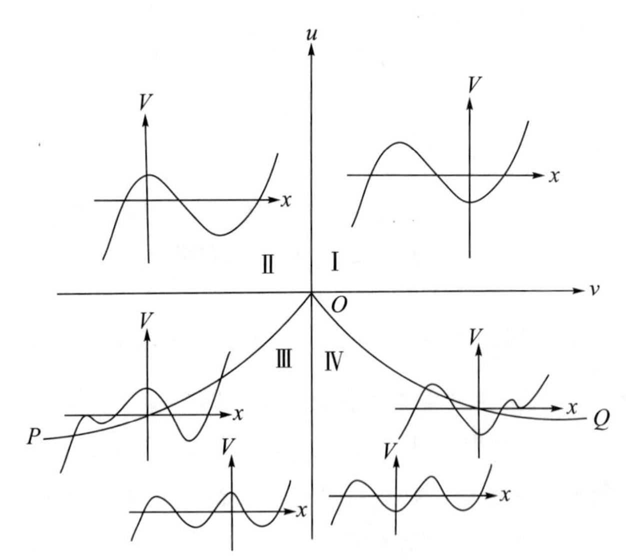

图 4.13　当 $w=0$ 时，天然气安全系统燕尾突变模型分歧点集截线及各区势函数形式

经过对不同控制平面方程的控制变量取不同值，分析平衡点与势函数的变动情况，由图 4.9 可知，各区势函数与平衡点的情形有以下几种。

情形 1：在区域Ⅰ中的势函数没有奇点，也就是无平衡点。

情形 2：在区域Ⅱ中的势函数具有 4 个奇点，换言之有 4 个平衡点，在这 4 个平衡点中有 2 个是不稳定平衡点，有 2 个是稳定平衡点，且稳定平衡点与不稳定平衡点是间隔排列的，此时天然气安全系统将产生突跳现象，突跳值是 2 个正解的时间差值，其中稳定平衡点是较大的正解，也就是完全发生突变的点，而不稳定平衡点是较小的正解，即为突变的临界点。

情形 3：在区域Ⅲ、Ⅳ、Ⅴ中的势函数均有 2 个奇点，其中有一个是不稳定的平衡点，有一个是稳定的平衡点，并且稳定平衡点与不稳定平衡点间隔排列。

经过全面剖析控制平面变化情形可知，天然气安全燕尾突变势函数和平衡点有以下动态变化：

整个分歧点集曲面都是天然气安全系统产生突变的可能区域，当该系统三个控制变量确定的位置发生变动时，若天然气安全系统控制变量 u，v，w 的位置跨过了分歧点集所明确的曲面，天然气安全系统当时所处的平衡点性质是否发生了变化，是判断天然气安全系统产生突变的关键，即天然气安全系统的平衡点是否由稳定点变成了拐点或者消失了。由上述分析可知，若天然气安全系统控制变量（压力要素、状态要素、响应要素）所确定的位置从图 4.9 中Ⅱ区变到Ⅰ、Ⅲ、Ⅳ、Ⅴ区，或由Ⅳ、Ⅴ区变到Ⅰ区时，天然气安全系统所在平衡点的稳定性就会产生变化，或许成为拐点或许消失，天然气安全系统将从原稳定平衡点跨越到另一个稳定平衡点或直接位于不稳定状态，这时天然气安全系统就会产生突变；如果控制变量 u，v，w 所确定的点由图 4.9 中Ⅰ区变到Ⅱ、Ⅳ、Ⅴ区，或从Ⅲ、Ⅳ、Ⅴ区变到Ⅱ区时，此天然气安全系统不会产生突变现象。如果控制点由稳定平衡点数量少的控制区域转向稳定平衡点数量多的控制区域，横跨分歧点集时，天然气安全系统所在平衡点的稳定性不会变化，这时天然气安全系统不会出现突变现象；反之，控制变量 u，v，w 从稳定平衡点数量多的区域转向稳定平衡点数量少的区域，横跨分歧点集时，天然气安全系统所在平衡点的稳定性将产生变化，这将导致天然气安全系统产生突变。

4.3.3　天然气安全系统燕尾突变模型的应用解释分析

在天然气安全系统状态变化的剖析运用中，应依据现实调查获取的压力要素、状态要素和响应要素代表性指标数据明确模型中各参变量的值，以便明确3个控制变量 u，v，w 的数值，利用这3个控制变量明确控制点分布在分歧点集上的具体区域，然后按照控制变量随时间的转变情况，明晰控制点在分歧点集中是怎样变化的。如果其演变趋势是天然气安全系统状态产生突变的趋势，则要实施调控策略，改善对应的控制变量，减小系统的总熵值，使天然气安全系统从潜在的突变区域向着安全状态区域发展，进而降低因产生突变造成“气荒”事件爆发的可能性。控制变量中的压力要素，不仅包括天然气对外依存度居高不下、国际政治格局动荡不安、生态环境污染持续恶化、城镇化率增长过快等单个因素对天然气安全系统状态的影响，而且还要考虑这些因素的相互联系和相互作用产生的不利影响；控制变量中的状态要素，主要包括天然气生产情况、天然气消费情况、天然气进口量、供需缺口以及生态环境的负荷承受能力等，都可能成为天然气安全系统状态突变发生的因素；控制变量中的响应要素，包含天然气战略储备、能源外交、应急管理措施、天然气利用效率、输气管网建设等，这些因素可阻碍或调控天然气安全系统状态向无序方向变化的趋势，使天然气安全系统向总熵降低的方向演变，避免或减少天然气安全系统状态产生突变带来的危害。

当天然气安全系统处于Ⅴ区域时（见图4.9），如果天然气安全系统控制变量 u，v，w 的变化是向着Ⅱ、Ⅲ、Ⅳ区域发展，此时天然气安全系统不会发生突变，如果天然气安全系统控制变量 u，v，w 的变化是向着Ⅰ区域发展，此时天然气安全系统会发生突变。如果这时天然气安全系统是处于稳定的状态，那么应实施调控策略使控制变量 u，v，w 的演变维持在原本区域或者向Ⅱ、Ⅲ、Ⅳ区域发展，确保天然气安全系统不会发生突变，进而避免天然气安全系统的“气荒”事件爆发带来的重大损害；如果这时天然气安全系统已经处于“气荒”事件爆发阶段，就要实施调控策略使控制变量 u，v，w 的变化向着Ⅰ区域发展，这样使天然气安全系统状态的变化发生突变降低系统总熵值，进而提高天然气安全系统的安全水平，降低天然气安全系统的“气荒”事件爆发带来的损害。当天然气安全系统处于Ⅱ区域时（见图4.9），这时无论天然气安全系统向着哪个区域发展均将发生突变，这就要根据天然气安全系统状态当时的状况进行决策是否实施调控策略，使天然气安全系统维持在原本区域内还是朝着其他区域发展。如果天然气安全系统已经处在“气荒”事件爆发区域，就实施调控策略使天然气安全系统向其他区域转变，促使天然气安全系统发生突变，进而将天然气安全系统状态提升到“气荒”事件崩溃程度之上，如果这时天然气安全系统的安全程度已处于较高水平，则可以实施调控策略使天然气安全系统维持在原本区域，进而确保天然气安全系统状态不产生突变，保证天然气安全系统安全水平持续保持在较高水平。若天然气安全系统处于其他区域时，均可类似剖析得到使天然气安全系统处于“气荒”事件爆发水平之上应实施的调控策略，向着有助于提高天然气安全系统安全水平的方向发展。

4.3.4　天然气安全系统燕尾突变模型的突变指征分析

经过对天然气安全燕尾突变模型的分析可知，天然气安全是由 3 个控制变量 u，v，w（压力要素、状态要素、响应要素）与该系统状态变量 x（熵态）构成的突变系统。控制变量 u，v，w 的不同发展途径，都可能致使天然气安全系统的状态变量 x 出现突跳现象，其突跳程度将确定天然气安全系统状态无序发展的影响范围。因此，天然气安全预警防控的原理是依据天然气安全系统状态所处的实际状况，使控制变量 u，v，w（压力要素、状态要素、响应要素）向有利于天然气安全系统总熵值降低的方向发展，进而达到降低无序方向发展的概率、有效控制事态发展和减少损失的目的。根据上文构建的天然气安全燕尾突变模型，对天然气安全系统的 5 个突变指征进行分析。当 u 为常数时，燕尾突变的平衡曲面图形如图 4.14 所示。

（1）突跳性：分析图 4.14 可知，若控制变量由 A_1 位置沿轨迹 $A_1B_1C_1D_1$ 迁移到 D_1 位置，当到 C_1 处时，天然气安全系统平衡状态就会发生突跳，也就是由上面的稳定平衡曲面（上叶）跃迁到下面的稳定平衡曲面（下叶）。若控制变量由 A_2 位置沿轨迹 $A_2B_2C_2D_2$ 迁移到 D_2 位置，当到 C_2 处时，天然气安全系统平衡状态也会发生突跳。然而控制变量由 A_3 位置沿轨迹 $A_3B_3C_3D_3$ 迁移到 D_3 位置时，天然气安全系统平衡状态不会发生突跳现象，即由上面的曲面连续稳定地迁移到下面的曲面。这足以诠释为什么天然气安全系统的“气荒”事件有时会突然爆发，有时又不会爆发，有时可以在控制范围内常规化地平息“气荒”事件使天然气安全系统恢复稳定平衡状态，而有时需要消耗众多物力、人力、财力等资源和时间进行处理。这完全取决于当时压力要素、状态要素与响应要素 3 个控制变量如何变化。

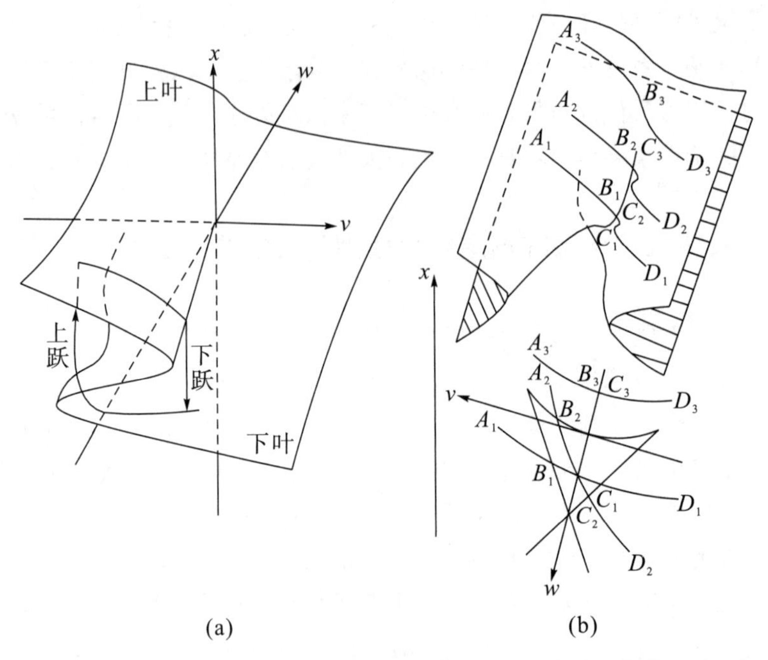

图 4.14　当 u 为常数时天然气安全系统燕尾突变的平衡曲面图

（2）滞后性：若天然气安全系统控制变量所确定的点按原轨迹由 D_1 位置迁移到 A_1 位置，则天然气安全系统平衡状态会在 B_1 处而不是 C_1 处发生突跳现象，而 B_1 是滞后于 C_1 的，即上跃相对于下跃来说具有一定的滞后性。当天然气安全系统的“气荒”事件爆发后，采取各种减轻压力、改善状态、积极响应等措施，虽然这些控制变量的状态都恢复到了天然气安全系统的“气荒”事件爆发前的程度，但“气荒”事件的影响不会在极短时间内马上消失平息，只有在一定时间内，这些控制变量继续变化使得天然气安全系统负熵要素持续增加，负熵流增大，增熵要素持续受限，天然气安全系统总熵才会降低。这些控制变量的滞后性也反映了天然气安全系统负荷承受能力恢复的滞后性。

（3）多模态：图 4.9 中的Ⅱ区在燕尾截线所围封闭区域内，天然气安全系统在该区域对应两个稳定平衡状态，即此时天然气安全系统所处平衡点的具体位置要根据实际情况而定，既可以处于上方曲面又可以处于下方曲面。但这两种平衡状态是完全不同的，所以天然气安全系统控制变量取值也不相同。

（4）不可达性：图 4.14 平衡曲面中的阴影部分是不稳定区域，其对应天然气安全系统的不稳定平衡点，该区域是系统的不可达区域。若天然气安全系统状态沿轨迹 $A_1B_1C_1D_1$ 迁移时，在上叶曲面的 B_1 位置将会直接突跳到下叶曲面的 C_1 位置，而不会通过中间状态。也就是说，中间状态是一个不可达的区域。

（5）发散性：由图 4.14 可知，使天然气安全系统状态由上叶曲面突然跃迁至下叶曲面，轨迹 $A_1B_1C_1D_1$ 与轨迹 $A_2B_2C_2D_2$ 的途径却不同。而当两个控制点处于燕尾截线的尖角邻域时，假定控制点 $C(u, v, w)$ 用同样的方式迁移，天然气安全系统平衡状态可按不一样的途径到达上叶平衡曲面和下叶平衡曲面。这足以说明导致天然气安全系统的“气荒”事件爆发的途径是多方面的，对天然气安全系统的“气荒”事件的防控路径也是多方面的，此为发散性。

经过天然气安全燕尾突变模型分析得出以下结论：在天然气安全系统状态变化过程中，因为 3 个控制变量（压力要素、状态要素、响应要素）呈现不同的演变路径，致使天然气安全系统状态（总熵值）产生突变，突变水平确定了突变危害的范围与程度。

需要说明的是，此处所使用的天然气安全燕尾突变模型是一个一般性通用模型，既适用于探讨天然气安全系统的突变，又可用于探讨其他能源安全系统的突变。在实际应用过程中，应根据实际需要设立不同的状态变量与控制变量，通过建立其他突变模型进行剖析。

4.4　天然气安全演化分析

由于天然气安全系统负熵因子和正熵因子的持续变动，致使天然气安全系统总熵值呈连续变化态势，天然气安全系统表现出由一个状态连续变化到另一个状态的过程，即为天然气安全演化。

4.4.1　天然气安全演化的驱动因素及其作用机制分析

从 2017 年中国“气荒”事件这个实例可以看出，天然气安全演化不是单一影响因素作用的结果，而是由一个“导火索”因素，联合一系列相互关系和相互作用的因素共同发挥效力的结果。由一个区域的天然气供应紧张，出现供需失衡，又因调峰能力不足、联动不力等原因，演化到全国性“气荒”事件的爆发。经过对实例情况的分析总结可知，致使天然气安全演化的驱动因素有两类，即外生驱动因素和内生驱动因素。其中，外生驱动因素是指源自天然气安全系统外部的外生要素，包括联动不力；内生驱动因素是指源自天然气安全系统内部的内生要素，包括供需失衡和调峰能力不足。

4.4.1.1 联动不力

联动不力是指参与天然气安全应急调峰保供任务的政府部门、天然气生产部门、天然气销售部门和天然气用户之间联动响应滞后、联动治理失效。联动不力是导致天然气安全系统状态变化的主要因素。为保障天然气供需平衡制定的天然气供应多元化、消费结构调整优化等多方面调控方案，需要与多方专门机构和部门采取联合行动，然而致使联动不力的主要原因有：第一，企业与企业之间、企业与政府部门之间关于天然气安全预警信息和天然气调峰需求信息传递不畅，致使联动机构未在第一时间采取应急行动；第二，联合行动中联动指挥混乱，致使各部门应急调控采取的措施未能有效融合，联合行动没有发挥有效作用。

4.4.1.2 供需失衡

供需失衡是指因外部要素导致出现较长时间的天然气供不应求或供过于求的状态，而在短期内无法通过调整产量的方法顺应需求的变化。供需失衡导致天然气安全系统向无序状态变化的情况在 2017 年中国“气荒”事件中具体的体现是：《大气污染防治行动计划》以来，“煤改气”工程如火如荼地开展，经济逐渐回暖，导致天然气消费量呈爆炸式增长，而天然气产量增速较低、天然气进口量不足，天然气供给增加量远小于需求增加量，供需缺口不断加大，供需严重失衡，而寒冷天气提前到来，加剧了天然气供需失衡程度，天然气安全系统状态从局部天然气供应紧张发展为全国性的“气荒”事件。

供需失衡是导致天然气安全系统状态变化的关键因素。在天然气供应紧张情况出现后，虽然拉响了橙色预警警报，并采取了应对措施，但是引发天然气供应短缺的情况多变，应急调控方案往往无法完全匹配，更多情况下，决策者需要依据实际情况做出调峰策略或运行新方案的决策来调度联合应急行动。天然气供应短缺出现后实际情况复杂多变，决策者因专业知识和自身素质受限，故只要实际情况分析不够、风险研判失误，就会制定出对化解实际天然气危机不利的方案，错位的应急方案将导致实施者采取错误的调控措施，最终致使天然气安全系统持续向无序状态发展。

4.4.1.3 调峰能力不足

调峰能力是指满足天然气季节性最大峰谷差的条件和水平，即在天然气用气量达到最低谷时，有足够的下调空间来储存天然气，在天然气用气量处于最高峰时段，有足够的备用天然气来满足用气需求。调峰能力不足导致天然气供应紧张持续扩大发展的情况在 2017 年中国“气荒”事件中的具体体现是：天然气供需失衡后，储气库的供气量无法满足峰谷差量，而天津 LNG 接收站又不能按计划供气，引发价格暴涨，导致天然气市场混乱，天然气安全系统状态由局部地区供气紧张发展为全国性的“气荒”事件。

调峰能力不足是导致天然气安全系统状态变化的直接因素。造成调峰能力不足的根本原因有：第一，储气调峰能力不够，地下储气库、LNG 储罐等储气基础设施建设严重不足，导致在用气高峰季节无气可供；第二，天然气生产企业的气田调峰有待加强、可中断用户制度不健全、未解决“全国一张网”“最后一公里”的难题，省际市际管网建设还需进一步完善。

从天然气安全系统状态演变过程熵值变化的视角来说明 3 种演化驱动因素的作用机制，这 3 种演化驱动因素均可归为天然气安全演化的正熵因素。在天然气危机事件爆发后（如图 4.5 中曲线 $D \to E$ 段），天然气安全系统总熵值逐渐降低，但因为系统自组织能力的滞后性，并没有对负熵因素发挥较大的支撑作用，若作为正熵因素的 3 种演化驱动因素快速加入天然气安全系统中，将致使天然气安全系统总熵值重新增加，使原本就混乱不堪的天然气安全系统无序程度再度加强，导致天然气供应短缺由紧张到“气荒”或由局部到整体演化升级。此全过程中，联动不力、供需失衡以及调峰能力不足 3 种因素经过互相影响、互相联系与互相作用来驱动天然气安全系统状态持续变化发展，其作用机制如图 4.15 所示。

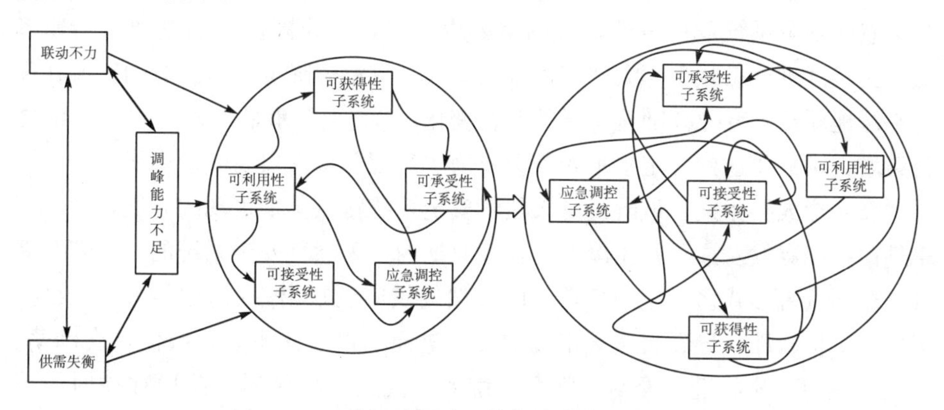

图 4.15　3 种因素驱动天然气安全演化发展示意

4.4.2 天然气安全演化的基本过程分析

4.4.2.1 单个区域的天然气安全系统演化过程

由图 4.5 可知，单个区域的天然气安全系统状态演化是一个连续变化的过程。单个区域的天然气安全演化过程如图 4.16 所示，各个时期的具体涵义和特点如下：

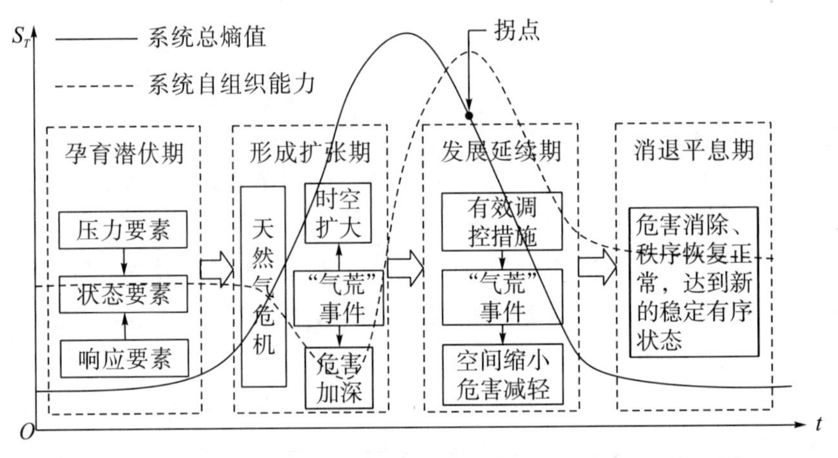

图 4.16 单个区域的天然气安全系统一般演化过程

(1) 孕育潜伏期。该阶段是天然气安全系统危机事件形成的孕育准备时期，在这一个时期内，天然气安全系统的危机事件呈现出隐蔽性的特点。正熵是天然气安全系统危机事件形成的主要内驱力，即为国内天然气产量增速降低、天然气进口量减少、天然气需求量增加、气温骤降等要素制造的正熵在逐步平缓地蕴蓄、变化。随着这样的蕴蓄变化，“气荒”事件爆发的可能性随之持续增大，只要达到一定水平，就会成为“气荒”事件爆发的导火线。

(2) 形成扩张期。该阶段是天然气安全系统特点集中表现的时期，“气荒”事件由可能爆发变成了真正爆发，在此时期内，天然气安全系统的“气荒”事件呈现出危害形式多样化的特点。因天然气供应短缺出现后会发生连锁反应，天然气价格暴涨，导致天然气市场混乱，进而引发居民不安，致使社会动荡、经济发展受阻等危机，天然气安全系统的“气荒”事件爆发阶段往往时间较短，所以在这一时期内通常无法实施有效的调控方案。因为其内部因素和外部因素的联合影响，加之爆发时没有采取有效的调控措施，“气荒”事件会出现时空范围的扩大和危害程度的加深，整个事件被推向高潮，“气荒”事件形成。

（3）发展延续期。“气荒”事件发生后，通常在“气荒”事件经历一段时间的发展后，实施的调控措施才开始初见成效，此时期内将闪现“气荒”事件发展演化的拐点。“气荒”事件只有在有效的调控方案下才可得到有效控制，这时“气荒”事件影响的空间范围和危害程度才会逐渐减少、削弱，并持续一段较长的时间。

（4）消退平息期。当“气荒”事件影响的空间范围和损害程度逐渐消退直至平息后，天然气安全系统就进入了一个新的有序状态，在这一时期内，天然气安全系统表现为延缓性的特点。“气荒”事件的影响得到了完全控制、损害消除，此时天然气安全系统秩序恢复正常，需要采取重建措施维持天然气安全系统新的稳定有序状态。

如图 4.16 所示，天然气安全系统在发展延续期应急调控方案实施后，调控措施奏效时出现了事件的拐点，若调控应急措施准确有效、联合行动协调，则单个区域的天然气安全演化过程就如图 4.16 所示，“气荒”事件的发展呈衰弱趋势，影响的空间范围减小、危害程度减弱。然而，一旦出现天然气供需平衡失控、调峰能力减弱、联动不力，结合驱动因素驱动天然气安全演化发展的作用机制，则体现为单个区域的天然气安全系统状态自身的无序发展升级，如图 4.17 所示。

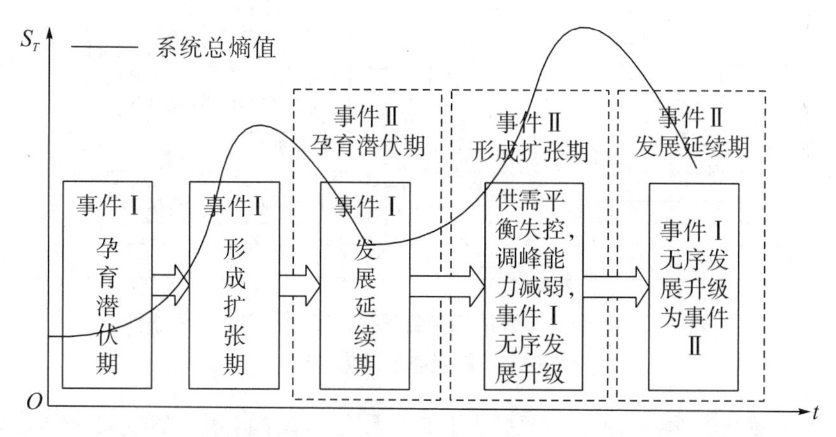

图 4.17　单个区域天然气安全系统自身的无序发展升级示意

4.4.2.2　单个区域天然气安全系统状态向多个区域天然气安全系统状态的演化过程

不同区域的天然气供应短缺事件之间常常具有必然联系，而且互相作用、渗透，这将导致不同区域天然气供应短缺事件发生多米诺骨牌效应，致使天然气安全系统的“气荒”事件的本质变得复杂多变，持续时间更久，危害空间范围和程度更大。从单个区域天然气供应紧张向多个区域天然气供应紧张的无序演变升级主要发生在发展延续期，致使天然气供应短缺从原本的连续削弱状态演变为引发多个区域的天然气供应短缺事件。天然气安全系统的“气荒”事件造成的危害不断扩展，天然气安全系统由一个“气荒”事件的无序发展而形成另一个影响更大、危害更广的新“气荒”事件。

由单个区域天然气供应短缺向多个区域天然气供应短缺演化的主要形式包括转化、衍生、耦合。其中，转化是指在一定情形下，已经爆发天然气供应短缺事件的区域引发其他区域天然气供应短缺事件的爆发；衍生是指已经实施天然气供应短缺的应急调控措施失效而引发其他区域天然气供应短缺事件的爆发；耦合是指其中一个区域的天然气供应短缺事件在其他区域天然气供应短缺事件的作用下产生变化。三者互相作用，互相渗透，同时发展扩展，如图4.18所示。

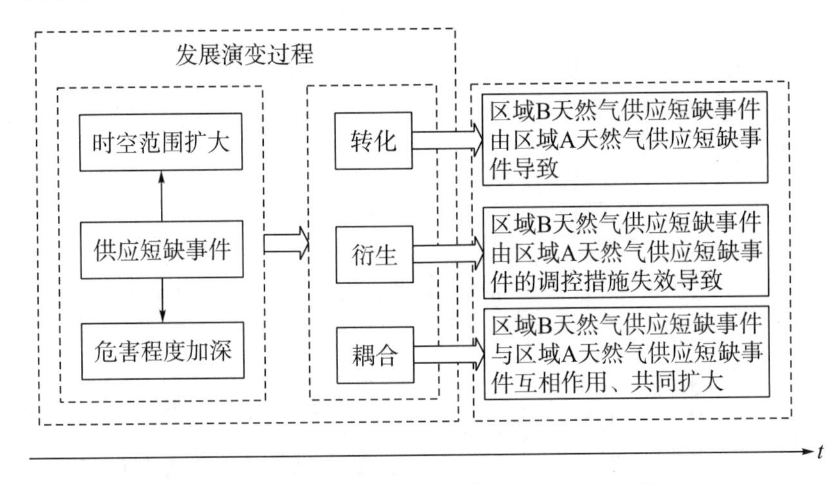

图4.18 单个区域天然气安全系统状态向多个区域天然气安全系统状态的演化过程

由天然气安全演化的一般过程可知，无论是单个区域天然气安全系统状态自身的无序发展升级还是单个区域天然气安全系统状态向多个区域天然气安全系统状态的无序发展升级，都是发生在发展延续期的拐点位置。然而决定天然气安全演化方向也就是决定拐点方向的主要因子是应急联动、供需平衡与调峰能力。因此，为预防天然气安全系统状态的无序发展，做出精准有效的调控应急方案成为控制其发展趋势的关键，应实行及时有效的调控应急措施和协调一致的应急联动。

第5章 天然气安全预警及其指标体系构建

本章首先阐述天然气安全预警的内涵、特点、基本要素、流程、作用等，在此基础上，根据预警指标体系构建原则，提取重要的天然气安全预警指标并以4AE框架模型构建了预警指标体系，对天然气安全预警指标逐一进行分析说明，同时提出了天然气安全预警的主要分析方法，为后文研究天然气安全预警方法奠定基础。

5.1 天然气安全预警的含义、特点及要素

5.1.1 天然气安全预警的概念与内涵

在较长一段时间内，预警（Early Warning）仅用于军事领域，现被广泛运用于社会各个领域，但至今预警没有统一和明确的定义。《现代汉语词典》（第6版）将预警解释为“预先告警”。黄小原和肖四汉（1995）将预警定义为[127]“预警是度量某种状态偏离预警线的强弱程度，发出预警信号的过程”。陈静等（2011）认为[128]：“预警是对收集到的信息情报、资料、数据及其可能引发的后果进行综合评估后，在一定范围内发布警告并采取相应级别的行动，最大限度地防范事件的发生和发展的过程。”预警就是提前预判系统可能出现的风险，并做好应急管理，即对未来不确定的发展趋势进行科学系统的预测和评估，指导应急管理工作。本书对预警的定义为：预警是指在系统的危机发生之前，依据以往总结的规律和监测到的可能性征兆，向有关部门报告危急状况并发出危险信号，从而最大限度地防范危机事件的发生或减轻危害程度的过程。

在对上述预警定义理解的基础上，结合天然气安全的内涵，本书将天然气安全预警定义为：天然气安全预警是指在天然气危机发生之前，依据天然气安全系统状态的变化规律和观测得到的可能性前兆，对天然气安全系统的安全状

态及其未来演化趋势进行评价，向天然气相关部门或单位报告险情并发出紧急信号，以便及时采取措施消除天然气危机的活动过程。

上述定义表明：天然气安全预警是根据天然气安全系统状态的变化规律和观测得到的天然气危机爆发的前兆信息，天然气安全预警的目的是最大限度地消除天然气危机对社会、经济、生态、环境等造成的影响。

这与蕴含着中华民族千百年智慧、思想和文化的“治未病”思想一致，都是事先采取措施，预防天然气安全系统危机事件的发生和发展，在思想内涵上蕴含了未病先防、既病防变以及愈后防复三层含义，其目的是降低危机事件造成的危害。天然气安全预警的“治未病”思想内涵表现在如下三个层面：第一，未险先防，是指在天然气危机爆发之前，采取各种防控措施，通过改变或消除危机事件致因因素等手段，防止天然气安全系统向无序状态变化。在天然气安全系统状态由有序向无序变化的过程中，天然气供需失衡和调峰能力不足是内因，而内在因素是决定事物可持续发展的关键要素，因此要阻止天然气安全系统向无序状态变化，防止天然气供需失衡，提高天然气调峰能力是关键。第二，既险防变，是指在天然气安全系统从有序状态向无序状态演变，要及时诊断、立即排警，防止天然气危机事件的危害进一步发展扩大和转变。根据天然气安全系统状态变化情况，精准预报天然气安全预警结果，遵循由主因到次因、由重到轻的基本原则，及时制定有效矫正措施和控制手段，防止天然气安全系统危机事件的影响进一步扩大、危害程度持续加深。第三，消险防复，是指天然气安全系统的危机事件得到了消除，天然气安全系统从无序状态向有序状态发展，针对天然气安全系统状态具体情况，采取综合预防措施，达到天然气安全系统状态持续向有序发展、防止危机事件复发的目的。天然气安全预警是一种特殊状况的预先推测、含有参与性评价的预先警告，是反演思维的剖析，而非正面逻辑推理。

5.1.2 天然气安全预警的特点

天然气安全预警具有如下特点。

（1）快速性：是指及时预报天然气安全系统状态的变化情况，即构建的天然气安全预警管理系统能够灵敏快速地进行信息数据搜集、传输、处理、识别及发布。该系统的任何环节都必须建立在“快速”的基础上，才能在天然气安全系统危机事件爆发前及时预报警情，为天然气安全防控预留充分的准备时间。

（2）准确性：是指精准预报天然气安全系统状态的变化情况。要对复杂的天然气安全系统的危机事件征兆的监测数据、预料趋势等在有限时间内做出精准的评估，避免无险报警致使人力、财力、物力等资源的浪费，或有险无警导致疏于防范，对人口、经济、环境与天然气协调发展造成危害。因此，必须事先针对各类天然气安全系统的危机事件制定科学、实用的信息预警标准和确认程序，且严格执行预警标准和确认程序进行预判，避免信息评估及其过程的随意性。

（3）公开性：是指天然气安全预警结果要向社会大众实行透明化公布。天然气安全系统的危机事件的预警信息一经确认，应立刻向涉及的有关部门、组织、社会客观和如实地预报警情，以便充分调配各方面的人力、物力及财力，及时、有效地防控天然气安全系统的危机事件爆发，并最大限度地降低天然气安全系统危机事件造成的危害。

（4）完备性：是指天然气安全预警信息要完整无缺。天然气安全预警管理系统应能系统、全面地收集天然气安全系统的危机事件相关的各类信息，不能有任何遗漏，以便从不同角度、不同层面、全过程地分析天然气安全系统危机事件的征兆和动态发展趋势。

（5）连贯性：是指天然气安全预警信息要全面系统、有理有据达到证据链的闭合。要使天然气安全预警分析不因孤立、片面而得到偏差较大的论断，天然气安全系统危机事件征兆的监测、预料、识别、评估等环节都应以上一步的分析结果为基础，完成天然气安全预警的闭环，紧密连接，才能保证天然气安全预警分析的准确性与连贯性。

5.1.3　天然气安全预警的基本要素

天然气安全预警的基本要素主要有警情、警源、警义、警素、警兆、警度、警区、警点等，其主要基本要素的内容如下。

（1）警情：是指天然气安全系统状态变化过程中出现的各种各样不安全状况，主要包括天然气供应不稳定、天然气需求量暴涨暴跌、天然气储运突发中断、天然气进出口贸易争端等不安全状况。

（2）警源：是形成某种天然气安全警情的来源，它不仅是分析警兆的根本，而且是排警的先决条件。从发生学视角来看，天然气安全系统的警源可分为三大类，即内在警源、外在警源和自然警源。其中，内在警源产生于天然气安全系统自身内部的资源储量不足、供需失衡、战略储备不足等而产生的警源；外在警源则是从天然气安全系统外部输进的警源，如战争爆发；自然警源是源自自然因素的警源，如雪雨天气突然降临、气温急剧下降等，自然因素若产生不正常的改变就会导致天然气安全系统危机事件的发生。

（3）警义：是指警情的含义，明晰警义就是要确定预警对象。预警对象的选取取决于预警分析目标，当以揭示天然气安全系统危机事件爆发的影响因素及其影响程度为研究目的时，在人口、经济、环境与天然气协调发展过程中天然气安全系统的可利用性子系统、可获得性子系统、可承受性子系统、可接受性子系统、应急调控子系统五大要素就构成了预警对象。

（4）警素：是指反映警情的具体指标，在天然气安全预警中，因天然气安全系统的危机事件是多种驱动因素综合作用的结果，仅用单一指标将不能反映天然气安全系统状态变化的情况，需要设计一套完善的预警指标体系才能全面准确地反映天然气安全系统状态实际变化和未来发展趋势的状况。

（5）警兆：是指天然气安全系统危机事件爆发之前各种不安全状况的征兆，是由警源从量变到质变过程中出现异常现象的征兆性参数，表达了从警源演化成为警情的外在形态，是预警指标体系的主体。天然气安全系统危机事件孕育过程中的诸多要素都是紧密相连的，一个要素的变动可能引发或伴随着另一个要素的相应改变。天然气安全系统危机事件的爆发，事先一般都伴随一些前兆，如天然气供应短缺、需求突然暴增、经济发展迅猛、突然气温骤降等，这些都可能成为危机事件的警兆。采取定性和定量方法分析警兆，可以诊断警情的严重程度及其未来演化趋势，根据警兆分析结果可确定合理的天然气安全报警区间以预报警情。

（6）警度：是指警情的轻重程度，也可称为警级。警度不仅是天然气安全预警的最终呈现形式，而且是天然气安全预警综合分析的量化分析成果。警度既直接反映了天然气安全系统警情目标数据的实际变动情况，又间接反映了天然气安全系统警情可能引发的危害情况。在天然气安全预警中，一般根据警情的度量标准将警度划分为5个等级，即无警、轻警、中警、重警和巨警，通常情况分别用绿灯、蓝灯、黄灯、橙灯和红灯来表示不同警情对应的警度。

（7）警区：是指警兆指标的变动范围。在天然气安全预警中，一般利用各种定性和定量方法将警兆指标综合成为一个或几个预警指标，然后根据预警指标的取值特征和警度级别，把预警指标将会出现的最大值与最小值所确定的范围划分为若干个小区间，每一个小区间就成为一个警区。警区的个数与警度的级别相对应，有几个警度等级就对应几个警区，预警指标的实际数值处于哪一个警区就表明对应的警情出现了。

（8）警点：是确定天然气安全预警的分界点，是天然气安全系统中警源从量变逐渐发展到质变过程中的临界点，它是不同警度之间的一条警戒线。

5.2　天然气安全预警的流程、功能及作用

5.2.1　天然气安全预警的流程

通常情况下，根据天然气安全系统自身的实际情况和特点，从逻辑上可将天然气安全预警划分为明确警情、寻找警源、分析警兆、预报警度和排除警患等一系列紧密衔接的过程。其中，明确警情是天然气安全预警的前提，寻找警源是天然气安全预警的关键，分析警兆是天然气安全预警的核心，预报警度是天然气安全预警的目的，排除警患是天然气安全预警的目标。天然气安全预警的流程如图 5.1 所示。

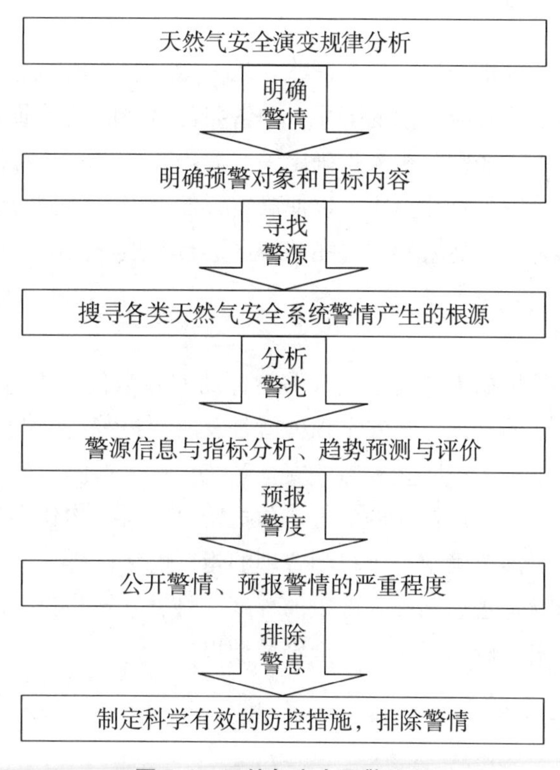

图 5.1　天然气安全预警流程

5.2.1.1 明确警情

明确警情就是对天然气安全预警需要监测和预报的对象进行刻画，即构成天然气安全系统警情的指标是什么，并确定警情的程度。它是天然气安全预警活动的起点，只有在确定警情的情况下，才能开展天然气安全系统的预警工作。通常情况下，天然气安全系统的警情是人口、经济、环境与天然气协调发展过程中已经存在或未来可能出现的危机事件。因此在天然气安全预警领域，明确警情就是确定天然气安全预警指标的不安全状态的具体内容。

5.2.1.2 寻找警源

寻找警源就是搜索各类天然气安全系统警情发生的源头，不仅是分析警兆的根据，而且是排除警患的先决条件。对天然气安全系统来说，警源就是危机事件发生的根源，包括天然气资源储量低、天然气勘探开采技术落后、天然气集输管网建设不完善等因子。

5.2.1.3 分析警兆

分析警兆是指分析警情发生的征兆，是天然气安全预警工作过程的核心环节。一般不同的警情对应不同的警兆，而警兆与警情的关系通常是一对多的关系。通过警源入手或经验分析入手确定警兆后，需要进一步对警兆和警情直接或间接的作用关系进行量化分析，以便确定天然气安全预警的警点，寻找与警情相对应警兆的警区，然后利用警兆的警区进行天然气安全警情的预报。

5.2.1.4 预报警度

预报警度就是根据天然气安全预警指标的实际数值预报警情的严重水平，它是预警工作的目的。天然气安全预警就是及时预报警情的严峻程度，警示人们提早采取有效措施手段防止天然气安全系统危机事件的发生，以避免或减轻天然气安全系统危机事件带来的危害。预报警度既需要构建科学的天然气安全预警指标体系，更需要确定一个科学合理的指标度量标准，并作为天然气安全系统度量预警指标是否达到极为严重的程度，将警素转化为警度，然后依据警度的取值不同发出对应的天然气安全警情预报。

5.2.1.5 排除警患

排除警患是针对每一种警情预报给出对应的纠正措施或调控手段，以消除警情，以达到最大限度地防止天然气安全系统危机事件发生为目的，它是天然气安全预警的终极目标。鉴于不同警情产生的原因、表现形式、演变规律和作用方式不尽相同，所以在制定天然气安全排警对策时不仅要因时、因地分析警情，而且要充分学习借鉴专家经验，以确保天然气安全排警对策的科学性、针对性和准确性。

可以看出，明确警情是前提，是天然气安全预警综合分析的根基；寻找警源是对天然气安全警情形成原因的挖掘，是天然气安全系统消除警患的关键；分析警兆是对相关要素的剖析，是预报天然气安全警度的核心；预报警度是天然气安全排警的依据，而排除警患是天然气安全预警的目标所在。天然气安全预警逻辑实质上是结果—原因—结果分析的具体呈现过程。

5.2.2　天然气安全预警的功能

天然气安全预警的最终目的是为相关预警者提供客观的预警信息，以便做出科学合理的预警决策，在保障人类生存、国民经济生产活动和生态环境可持续发展的同时，确保天然气安全系统持续向有序状态发展。具体来说，天然气安全预警具有以下功能。

5.2.2.1　监测功能

所谓监测，就是监视、检测天然气安全系统的可利用性、可获得性、可承受性、可接受性、应急调控等要素的实时状况，根据搜集整理获得的天然气安全预警数据预测和评价需要的各类静态数据与动态信息，度量预警指标偏离可接受标准的程度，从中找到产生偏离的原因或存在的隐患，并及时准确地发布天然气安全预警信息。该预警信息是由对天然气安全系统有显著解释作用的预警指标组合而成的。因此，通过预警信息的变异不仅可以反映天然气安全系统综合状态，而且可通过追踪预警指标发掘天然气安全系统的瓶颈，以实现对天然气安全系统状态进行动态监督和测量的目的。

5.2.2.2　预估功能

预估功能是指天然气安全预警能够对天然气安全系统状态的未来演变趋势进行预先估计。分析天然气安全系统状态变化过程中累积的历史数据资料可预料未来可能产生变化的情况，能够提前发掘可能存在的天然气危机事件。一方面，可以为天然气安全预警决策者提供参考根据；另一方面，由于天然气安全影响要素瞬息万变，一旦发生变化，再采取补救措施将难以挽回天然气危机事件带来的损失，而天然气安全预警的预估功能可以有效地发掘早期的天然气危机事件，同时给天然气决策部门或相关决策者提供了一定的缓冲期，以便有足够时间制定有针对性的有效调控方案来应对天然气危机事件。

5.2.2.3 诊断功能

诊，即诊察明晰；断，即剖析判断。“诊断”就是对天然气安全系统的危机事件进行有目的的咨询、检查、识别、评估，搜集隐患资料，同时进行分析、归纳、总结、整理，掌握天然气安全系统的危机事件状况和隐患本质，并对存在的危机事件隐患做出概括性判断。天然气安全预警可借助危机诊断技术和现代风险管理技术分析判断天然气安全系统状况，识别天然气安全系统运行过程中存在的各类危机事件隐患及其根源所在，并评估各类危机事件可能带来的危害程度，进而将有限的人力、物力、财力等资源用于最需要或破坏影响力最大的领域，实现有限资源的最优化配置，做到帕累托最优，努力达到帕累托效应，保障人口、经济、环境与天然气之间协调发展。

5.2.2.4 报警功能

报警功能是对天然气安全系统中各种危机事件隐患早期预兆与原因实行辨别、评估和预报的一种功能，当天然气安全预警发布的预警信号落在危险区间时，表明天然气安全系统已受到一定威胁，此时可依据报警信号所在区间对警情大小情况进行判断，因不同的警情所采取的天然气安全应急调控预案是不同的，这样可为天然气安全预警相关决策者提供科学、直观的信号，以便快速做出精准的决策。天然气安全预警的核心是既要构建科学的预警指标体系，又要建立稳定可靠的诊断机制。此外，为使天然气安全预警达到最佳的综合效果，还应具备天然气安全预警信息反馈功能，为天然气安全系统提供一种有效的早期保护。

5.2.2.5 矫正功能

矫正功能是对天然气安全预警进行管理的功能，也是对天然气危机事件早期征兆和诱因完成报警后，采取有效调控措施，使天然气安全系统由无序状态向有序状态转变的一种功能。对天然气安全系统状态进行主动性预防调控并纠正错误，确保天然气安全系统从偏离安全状态向靠近安全状态转变，其核心是调控纠偏政策的有效性与灵敏度，即采取的调控纠偏政策是否能够使偏离安全状态的混乱、无序的系统向安全状态的稳定、有序的系统转化。可以根据同类、同性质天然气危机事件的征兆或诱因采取相应有效的调控纠偏经验措施，以引导危机事件向危害最小的方向发展，避免重蹈覆辙，同时不断修正天然气安全预警指标和参数标准，以保证天然气安全预警结果的科学性和准确性，进而达到保障天然气安全系统持续向有序状态发展的最终目的。

5.2.2.6　动态管理功能

动态管理功能是为了适应天然气安全系统状态发展的不确定性、多变性，通过天然气安全预警综合分析，对天然气安全预警活动与管理进行适时改进、订正和补充的一种管理功能。天然气安全系统是一个开放性、动态发展的系统，它是随着人口、经济、环境与天然气协调发展的宏观环境和天然气安全系统自身的发展而发展的。当有些预警指标数据信息或测度标准已经被验证不再适用于诊断天然气安全系统状态时，它们将会被修正或清理出指标体系。在人口、经济、环境与天然气协调持续发展过程中，影响天然气安全系统状态的要素有些被加强、有些被削弱，当这些影响要素产生变化时，对应的预警指标也会随之改变。在此过程中，天然气安全预警应注意积累危机性事件的隐患征兆和诱因，对它们实行系统、科学的分类与分析，以便获取准确、可靠的天然气安全预警指标数据信息，通过这些预警指标的动态监测，捕捉危机事件隐患的征兆和诱因，及时发布风险动态报警，确保准确地采取有效的动态调控对策措施。也就是说，在人口、经济、环境与天然气协调可持续发展要求下，天然气安全预警比过去更加重要，因此充分利用预警管理系统的各项功能，可实现天然气安全预警的动态管理功能，尽量避免天然气危机事件爆发，并最大限度地降低天然气危机事件造成的危害。

5.2.3　天然气安全预警的作用

在人口、经济、环境与天然气协调发展过程中，天然气安全系统经历了从一个内向型、自我封闭的系统转变成为一个外向型、开放性的系统，根据人口、经济、环境与天然气协调发展进程的规律，当前天然气安全系统状态恰好处于危机事件频发阶段，即对应着人口、资源、经济、环境等可持续发展的瓶颈约束最严重的时期。面临严峻的内外环境形势，实行有效的天然气安全预警，尽可能地使危机事件灭亡于萌芽状态，避免或最大限度地降低危害造成的损失和负效应，对维护社会稳定，保障人口、经济、环境与天然气协调持续发展，均具有极其重要的意义。天然气安全预警的重要作用主要体现在以下方面。

5.2.3.1 识别作用

天然气安全预警能协助天然气安全系统的管理者识别、分类以及初步分析监测得到的信息，使其更加清晰、更加突出地反映天然气安全系统危机的变化。因为通过对天然气安全预警数据的监测获得的是种类繁多的基础性数据，其中既包括有使用价值的可靠数据，又不可避免地包含部分不具备使用价值的误导性数据。天然气安全预警分析技术能够对上述数据进行有效的筛查，剔除其中不具有使用价值的数据，挖掘出更能反映天然气安全系统状态的有价值的真实实用信息。

5.2.3.2 预见作用

无论是自然科学领域还是社会科学领域的危机事件，其形成皆有着自身的规律性。根据对这种规律的掌握，便可在一定程度上预测自然科学和社会科学相关领域中未来趋势的诸多变化现象。特别是在天然气安全系统危机事件的孕育潜伏期，与危机事件相关的各类要素互相影响，且各要素之间的冲突在不断产生、分解、重组。天然气安全预警的预见作用，就是通过对天然气安全预警指标体系中一些预警指标要项的探讨，进而挖掘一些敏感性指标的异常变化并事先发现天然气安全系统危机事件的征兆，对危机事件的征兆进行评估，从而动态及时地监测天然气安全系统状况。未来可能发生的危机事件始于当前天然气安全系统状况，利用一套具体预警指标进行详细的刻画和分析，有助于使天然气安全预警更加精细化、精准化，以便能够及时预见天然气安全系统的基本状况及未来变化趋势，为“未险先防”提供依据。

5.2.3.3 防范作用

天然气安全系统的危机事件自身存在复杂性以及暴发的不确定性，试图全面操控或抑制其发生基本上是不现实的。频率高、强度大的危机事件，极易引发经济动荡，导致社会动乱，威胁人口、经济、环境与天然气协调发展的正常运行和可持续发展。虽然完全避免天然气安全系统危机事件发生是不可能的，但在一定范围内、一定程度上或者特定条件下，避免某些危机事件发生或最大限度地降低危机事件造成的危害，则是可能实现的，即天然气安全预警的宗旨是防范。在天然气安全系统危机事件发生以及持续演进阶段，预警的防范作用显得尤为重要。通过建立科学化的天然气安全预警系统，可在一定程度上预测到天然气安全系统状态会因哪些因素变化而改变，据此便可事先制定预防性的、具备可行性且易实施的有效防控措施，以最大限度地控制导致天然气安全系统危机事件发生的因素，或降低某些天然气安全系统危机事件引起的负效应。

5.2.3.4　缓解作用

天然气安全预警的缓解作用由于天然气安全系统危机事件具有突发性和危害性，大部分人均不具备充足的专业知识和信息，对危机事件的征兆、暴发时间、危害程度等都无法进行精准的预判。在面临已经暴发并不断变化中的天然气安全系统的危机事件，要做到尽可能地降低危机事件造成的危害，这就需要发挥天然气安全预警的缓解作用。天然气安全预警监控系统可以凭借先进的设备和技术，及时、精准地发布天然气安全报警信号，启动相应的危机管理调控措施，对已经发生的天然气安全系统危机事件进行有效控制，做到“既险防变”，防止天然气安全系统危机事件的进一步蔓延和扩散。

5.3　天然气安全预警模式构建

天然气安全预警内涵逐渐丰富，既包括日常调度管理，又包括及时性的危机事件或风险的诊断。天然气安全预警分析是进行天然气安全应急决策的基础，是创建天然气安全预警逐步发展认知模型的前提。目前，天然气安全预警工作还存在诸多问题，比如预警涉及的相关部门之间未实现有效互联、存在孤岛效应，预报不全面、不准确、缺乏实时性，预警应急部门联动能力不足等。采用哪些途径与方法可以实现天然气安全状态精准的有效预报，是预警方法应用于天然气安全领域中亟待解决的问题。

基于此，笔者利用5W2H分析法，分析天然气安全预警过程中的“七何”问题，并建立天然气安全预警的一般模式，旨在挖掘天然气安全领域中关键的预警方法以及明确天然气安全预警内容，为天然气安全预警方法研究提供依据。

5.3.1 天然气安全预警的5W2H分析法及其内涵分析

天然气安全预警5W2H分析法主要包括预警原因（Why）、使用主体和预警对象（Who）、预警数据类型（What）、预警边界（Where）、预警时间（When）、预警数据量（How much）和预警方法（How）七个方面，其运用过程和内涵分析如下。

5.3.1.1 预警原因（Why）

当今传统的天然气安全预报模式还存在较多问题，比如，多以主观因素为主，数据量短缺，难以在预报的数据中捕获有用信息，以“堵”的形式体现；天然气安全预警数据分散在不同部门，没有有效关联重组，以“独”的形式体现；天然气安全预警支撑环境不够强，缺乏适用的天然气安全预警分析工具，以“慢”的形式体现；关键的预警信息未及时预报和更新，天然气安全预警的时效性差，以“漏”的形式体现。另外，传统的天然气安全预警多依赖相关人员的阅历，而阅历总结的认识只是对以往历史状态的描述，且大量经验信息的可靠性还有待进一步检验。

上述众多现象都可归纳为天然气安全预警信息不对称的体现形式，在天然气安全预警过程中可进一步总结为：第一，天然气安全预警本质特征存在信息不对称；第二，预警者和预警对象存在信息不对称；第三，使用主体与预警者存在信息不对称；第四，预警信息传输过程存在信息不对称。预警方法的独特优势可以解决传统预警方式众多无法解决的困难，所以需要将预警方法的理论、模型、技术和思维纳入天然气安全预警活动之中。

5.3.1.2 使用主体和预警对象（Who）

预警方法的出发点是为了解决天然气安全状态预报问题，以信息不对称的四种体现形式为起点，使用主体包括政府能源管理部门、天然气生产部门、天然气消费用户、天然气销售部门、个人等。在实行预警活动时，需要确定预警使用主体，按照不同使用主体的需求有不同的预警对象与方式，也就是在进行天然气安全预警活动时，应遵循使用主体的要求实行预警活动，不能只是简单地套用方法和指标。使用主体在天然气安全领域中可分为两种：第一种是为己所用，即根据自身需求收集自身以及他人与天然气安全预警相关的信息，然后进行综合分析，以增强自身预警信息的精确度；第二种是为他人所用，即将自身关于天然气安全的预警信息分享给他人，以提升他人预警信息的准确度，这时的预警者允许是除了使用主体以外的任何一方或者几方。综上所述，天然气安全预警活动始终是按照使用主体的需求与目的确定和正确分配预警对象。必须明确的是，天然气安全预警活动通常不限于一个预警对象，常常是针对多个有关系的对象进行综合诊断。

5.3.1.3　预警数据类型（What）

天然气安全预警的快速准确性特征要求预警者要有自主思辨能力，并非将所有关于天然气安全的数据都用于预警分析。在确定了预警原因、预警目的与预警对象之后，在进行预警分析前还需思考预警数据类型。天然气安全预警活动不限于预警对象系统内部的相关数据，还应该根据数据间的相关性深入挖掘和预警对象密切联系的数据信息。与静态描述数据相比，利用动态情景数据更能精准反映天然气安全状态的真实信息和需求。

5.3.1.4　预警边界（Where）

天然气安全预警具有相对意义上的预警边界，该预警边界随着时空的迁移而发生变化，在特定时空具有特定的界限。天然气安全预警采用的数据信息具备多时空标准、多来源对象标准等特点，这导致天然气安全预警数据信息来源广泛，既可以是源自预警对象的几何特征与空间关系，如国家能源监管部门、天然气工业用户、天然气销售企业等；也可以是源自多个预警对象的过去、现在与未来，如天然气生产企业的历史产量以及未来产量的预判、一个地区过去的天然气消费量以及对未来需求趋势的预估等。

天然气安全预警信息的价值表现在可以还原具备一定时空一体化的天然气安全状态情景中，唯有把具备某一特征的孤立数据信息还原于情景之中，才能够真实地反映天然气安全预警缺陷的实质。因此，天然气安全预警活动应该从情景出发，结合使用主体的需求，从应用着手建立天然气安全预警框架，再依据不同情景来发掘预警信息。

5.3.1.5　预警时间（When）

由天然气安全预警的快速准确性特征可知，部分天然气安全预警数据具有季节性或周期性，拥有时间价值，具体体现有历史价值、实时价值以及预测价值，也就是预警不仅可以根据大量历史数据信息实行重组、分析和预测，而且可以“实时”监测天然气安全预警情景数据。预警即使有强大的重组能力，也不可实行“先储存数据，必要时再拿出来使用”的方式。因此，只有确定了预警数据类型、预警原因、预警对象、预警目标、预警边界等要素之后，进行天然气安全预警活动才更具有针对性。需要特别强调的是，有效知识的搜集始终都是“即时”的。天然气安全预警过程中存在反馈，某一个因子发生改变将导致其他因子发生改变，致使预警流程重复循环，应永远以预警目标为出发点，以实现预警目标为终止点。

5.3.1.6 预警数据量（How much）

在大量预警数据面前，预警分析使用的天然气安全预警数据并不是越多越好，天然气安全预警数据应全面、细致，而独立的单个数据在预警意义上是没有价值的，应按照数据间相关程度把数据重组后将数据置于数据情景之中，通过数据情景分析数据和预警决策之间的关联。如果置于数据情景中的数据反映计划与行动可实现的目标，则达到了天然气安全预警的目的，否则需要检验预警数据量是否充足、预警数据之间是否具有关联性、是否存在未考虑到的预警数据等问题。总之，天然气安全预警数据量不在乎多，而在乎预警数据之间关联程度的强弱、重组价值及其在情景中的影响。

5.3.1.7 预警方法（How）

在确定了5W1H的前提下，从重要问题出发，在复杂的预警数据中挖掘出可以反映天然气安全预警重要问题的核心点，并以核心点为根基，把密切关联的数据重组置于数据情景之中实行数据分析和运用，直至实现解决天然气安全预警问题的核心点。天然气安全预警不仅要运用传统的天然气安全预警方式，还要将预警中定量的预测方法和评价方法的思维、理论、技术纳入其中。为实现天然气安全预警活动更精准有效的目标，应充分应用预警方法在思维、理论与技术方面的独特优势，并以定量预警方法为主。

5.3.2 天然气安全预警的5W2H模式构建

天然气安全预警需要遵循“全面、互联、精准”的基本原则，尽可能多地从全方位记录情景中的多种预警数据源，以反映天然气安全状态的水平、比例关系、结构、趋势以及从属关系。天然气安全预警模式以5W2H方法为思维途径，以物联化—互联化—智能化为手段，以感知—互联—预报三流程为流程路径，以“问题为导向，从被动预警解决问题”为出发点，最终达到“主动预警，实现预警信息完善和创新”的目标作为主线，构建天然气安全预警模式。天然气安全预警的一般模式如图 5.2 所示，其内涵说明如下：

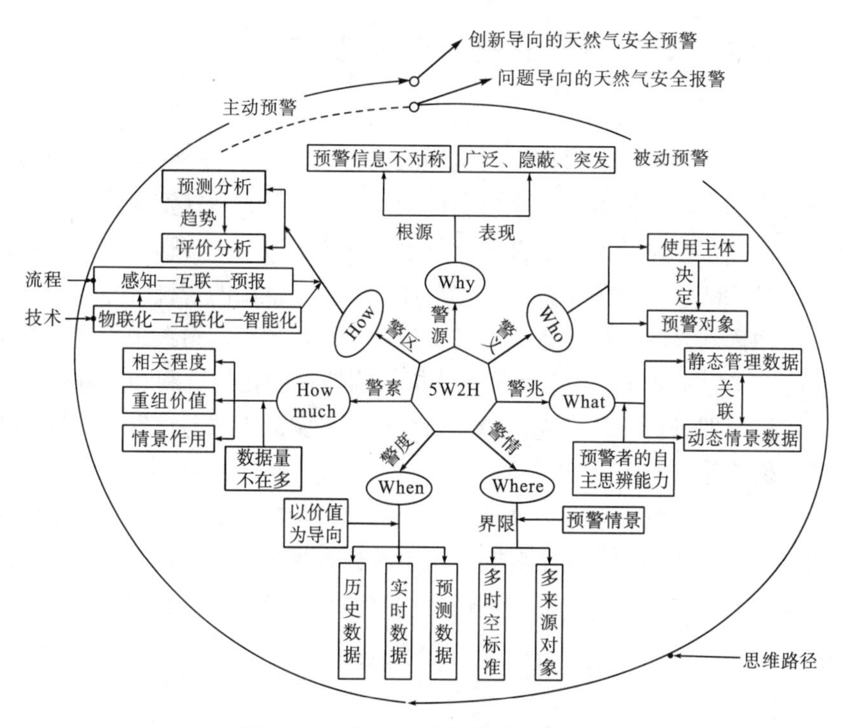

图 5.2　天然气安全预警的一般模式

第一，整个目标达成途径就是一个自循环螺旋上升的流程，由于天然气安全预警模式要实现信息对称，需要持续和外界保持物质、能量、信息等交换，才能使起点与终点之间形成一个完整的自循环开放系统。

第二，整个目标达成途径是以思维途径为主，以技术途径与流程途径为辅，重点从方法论的高度分析天然气安全预警的一般模式，不仅限于天然气领域，具备普适性。

第三，整个目标达成途径要求预警者不但要有自主思辨能力，而且要有把预警方法思维应用于天然气安全状态预报领域的研究评判能力。

第四，该模式自始至终强调天然气安全预警目标与所使用数据之间的关联程度，衡量天然气安全预警信息的价值需要探讨预警对象与预警指标的关联强度、重组价值及其在情景中的影响。

第五，该模式若是以问题为导向的被动预警，则假设天然气安全预警所使用的数据是稳定、可靠的；若是以实现预警信息完善与创新为目标的主动预警，则假设天然气安全预警所使用的数据均是可获取的、动态持续发展的。

5.4　天然气安全预警的主要分析方法

天然气安全预警方法根据不同机制主要分为黑色、黄色和红色预警方法。黑色预警方法是根据警素时间序列变化规律直接进行天然气安全预警工作的一种预警方法；黄色预警方法也被称为灰色预警分析法，是根据警兆的警级预报警度的一种天然气安全预警方法，它是最基本、最常用的一种天然气安全预警方法，是由因到果的一种分析，可进一步分为统计预警、指数预警和模型预警3种方式；红色预警方法是全面系统分析影响警素变化的有利和不利因素，再与过去不同时期进行比较研究，最终结合相关专家的推测与预警者的推断进行预警的预警方法。

本书采用天然气安全黄色预警方法中的模型预警法对天然气安全系统总体安全水平进行预警，该方法主要利用历史统计积累的预警数据和现在收集的预警信息构建数学模型。本书分别利用预测模型和评价模型展开对天然气安全预警的定量分析。

5.4.1　预测分析方法

预测是对预测对象的未来状态进行预计和推测，即根据天然气安全系统状态变化趋势估测未来、预料未来。预测不仅是指一瞬间的判定结果，而是一个动态过程，是指预警者根据天然气安全系统状态相关信息资料，采取一定的技术和方法，对天然气安全系统状态的未来变化趋势进行科学合理的分析、估算和推测，并将预测结果应用于天然气安全预警活动之中，是一个动态的循环过程，如图5.3所示。

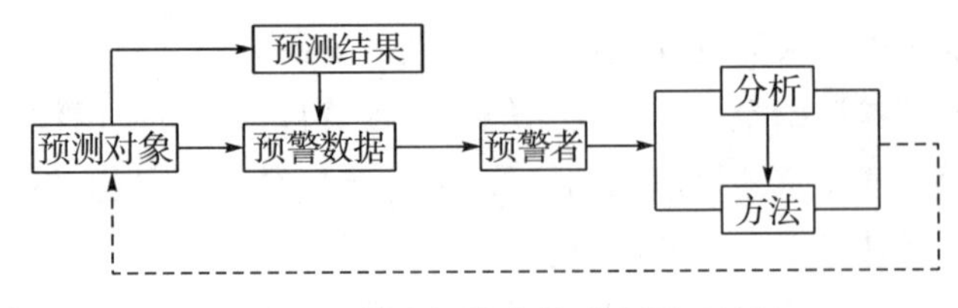

图5.3　预测分析技术的动态循环过程

可以说，预测是天然气安全预警分析的基础，天然气安全预警分析可以参考一定时空内的预测结果进行量化分析，它是对天然气安全预警指标数据的深度解析。预测不是普通的预计，而是带有参与性的预计；不是一般状况的估计，而是特定状况的估测；不是从反面的推断，而是从正面的剖析，是更高层次的推测。

对天然气安全系统状态的发展趋势进行预测的目的是为天然气安全预警分析服务，为预警者提供科学预见，为科学的预警决策提供可靠的依据。天然气安全预警指标预测的技术与方法主要涉及影响天然气安全系统状态变化的天然气产量预测、需求量预测以及相关预警指标的预测。

5.4.2　评价分析方法

预警评价分析方法是将预警对象在系统各项指标上的特征进行综合评估，全面系统地衡量天然气安全系统状态量变与质变过程变化的好坏趋势，是一个动态的评价过程。预警评价是为天然气安全预警决策提供理论依据，而天然气安全预警决策的可靠性需要评价结果的支撑。从某种程度上来讲，没有天然气安全预警评价就没有天然气安全预警决策。预警评价是科学决策的前提，是科学决策中的一项基本工作。

预警评价是根据天然气安全系统状态变化过程中的相关信息，对天然气安全系统状态进行客观、公正、合理的全面分析，一般是采用一定的数学模型把多个天然气安全预警指标“融合”成一个全面性的综合评估值。综合评价函数就是把天然气安全预警的多个预警指标值与对应的权重系数，采用适当的数学方式“融合”的表达式。

天然气安全预警评价技术与方法是综合考虑多个预警指标提供预警信息的方法。对天然气安全预警综合分析的预警标准取决于预警评价值以及预警等级的划分，预警评价技术与方法主要涉及预警指标的赋权方法、预警指标评价方法。只有将这些方法科学合理地融合在一起，才能对天然气安全系统总体安全状态做出有效的预警评价，得到令人信服的预警结果。

5.5 天然气安全预警指标体系的构建

5.5.1 天然气安全预警指标体系构建依据

通过 3.1 节天然气安全及其影响因素分析可知，天然气安全系统状态变化受资源、人口、经济、地缘政治、技术、运输、军事、环境、制度等诸多因素影响，并依据这些影响因素建立天然气安全预警指标。然而，影响天然气安全的各因素是互相联系、互相影响的，是一个复杂性的问题。利用可全面反映能源安全的 4A 框架模型，有利于阐释能源安全影响因素之间互相作用的过程及其产生的后果[129]，结合天然气安全的自身特点，本书将根据 4A 框架模型与天然气安全系统的构成要素相结合，把天然气安全预警指标归纳为可利用性、可获得性、可承受性、可接受性、应急调控 5 个基本指标，建立以 4AE 框架模型为基本指标的天然气安全预警指标体系框架。天然气安全预警是在系统分析天然气安全的各种影响因素的基础上，根据各影响因素之间的相互关系和作用对天然气安全系统可能或将要面临的安全状态进行综合评价。要实现天然气安全预警的精准预报，就需要创建一个可以全面反映天然气安全系统状态的综合完善的预警指标体系。因此，天然气安全预警指标构建依据主要包括如下三方面：

(1) 天然气安全演化理论。以天然气安全系统的构成为基础，根据不同的天然气安全演化分析从不同层面、不同角度揭示了天然气安全演化驱动因素及其作用机制与基本过程，为天然气安全预警指标设计奠定了理论基础，为预警指标的选取提供了依据。

(2) 典型案例分析。典型天然气安全系统危机事件具有一定的代表性，经过分析典型天然气安全系统“气荒”事件的案例，挖掘导致天然气安全系统“气荒”事件爆发的因素，探寻各因素间的作用关系，在此基础上设计天然气安全预警指标。

(3) 天然气危机发生的因素分析。天然气危机发生的因素分析将天然气危机发生分为为什么发生、发生了什么、如何应对等基本步骤，为归纳天然气安全影响因素、设计预警指标提供了依据。

5.5.2　预警指标体系构建原则

在分析各类天然气安全影响因素的基础上，经过恰当的分类合并，构建逻辑清晰、层次分明的预警指标体系。天然气安全预警指标是指对刻画某一时空天然气安全系统状态变化过程中的状况进行观测，经过与正常值的比较分析而发出警告的统计指标。因此，所选预警指标应能客观并真实地揭示其所代表的因素对天然气安全系统状态的影响，以及因素间的内在关系、实质特征与规律性。预警指标的设计与选择是天然气安全预测和评价的基本任务，为保证天然气安全预警的科学性与实用性，应根据如下原则设计天然气安全预警指标体系。

5.5.2.1　科学性原则

科学性原则是指构建天然气安全预警指标体系应遵循一定的科学规律，具有逻辑性。预警是为人们提供天然气安全系统危机事件可能爆发的有用信息，提醒人们及时采取危机防控措施，这要求预警指标体系的设计必须符合科学原理，需以一定的科学理论作为支撑。利用科学的技术与方法采集天然气安全系统运行状况的相关数据与信息，客观分析天然气安全系统的未来变化趋势，挖掘导致天然气安全系统危机事件爆发的主、次影响因素与内外环境因素，用量化指标刻画导致危机事件爆发的各种预兆。使选取的预警指标具备科学根据，每个预警指标互相独立且稳定，能够反映天然气安全系统状态变化过程中某一方面或存在的问题。

5.5.2.2　系统性原则

系统性原则是指从天然气安全系统整体出发，深入分析天然气安全系统各个环节、各个方面、各个层次的安全状态，以使设计的预警指标体系能够全面、精准、客观、敏感地抓住天然气安全系统状态变化信息，即归入天然气安全预警指标系统的每个预警指标在整体上应具备一定的完备性、统一性和系统性，应牵涉天然气安全系统的每一个方面。

5.5.2.3　动态性原则

动态性原则是指为适应天然气安全概念动态发展的性质，及时修订或补充天然气安全预警指标。提高天然气安全系统的安全程度不仅是预警的目标，更是预警的过程，其意义与内涵都会随着时空的变迁以及人口、经济、环境与天然气相互之间协调发展状态的演变而持续深化，这就要求预警指标体系能够动态地反映天然气安全系统状态的发展演变趋势。使选取的预警指标体系可以及时、灵活地描述天然气安全系统状态及其变化。通过对天然气安全预警指标值动态变化状况的综合评价，以保证天然气安全预警的精确性与灵敏性。

5.5.2.4 可操作性原则

可操作性原则是指选用的预警指标具有代表性，可观测、可度量、实用性强。预警指标的设置需要足够的基础数据支撑，但并非是预警指标系统越庞大越好，即预警指标不是越多越好，而是采用代表性强、覆盖面广、发展性好的容易获得的参数作为指标，所挑选的预警指标应是可测的且和采集的统计数据口径应保持一致，可实施、能定量化处理、计算简单、操作性强。每个预警指标数值均可科学合理、客观可靠地刻画天然气安全系统状态的变化，一般选择统计部门公开的、广泛认可的、具有针对性的综合性指标。

5.5.2.5 可比性原则

可比性原则是指天然气安全预警指标的含义、数据收集渠道以及计算方法等要具备一致性，以确保所选取的各项指标具备纵向与横向的可比性。不仅可以进行不同国家或地区之间天然气安全系统状态变化的比较，而且对同一个国家或地区不同时期之间天然气安全系统状态变化也可进行比较。

5.5.2.6 可量化原则

可量化原则是指描述天然气安全系统状态的预警指标可利用某种方式或工具测算其数值。所选预警指标应能够进行量化处理，对于无法量化的指标就无法进行科学统计，无法统计的指标也就无法进行纵横向比较，没有比较便不能判断天然气安全系统状态的安全水平。天然气安全系统中客观性预警指标通常可以量化，而主观性预警指标需要借助专家打分法等分级评分方式进行量化，并进行有效性检验。

5.5.2.7 合理性原则

合理性原则是指所选取的天然气安全预警指标必须突出重要性、简单明确、层次清晰、相对独立、规模合适。预警指标能够反映重点领域、影响较大的天然气安全系统危机事件爆发的预兆，具有重大影响的预警指标需要细分，而其他预警指标则适当粗分。预警指标不得重复，不允许出现两种状态的交叉现象以及预警指标间的包含关系，以保证指标具有较强的预警性。

5.5.3　预警指标体系构架

本书以影响天然气安全的经济、地缘政治[130]、技术、人口、制度、运输、资源[131]、军事、环境等因素为基础[132]，将及时、稳定、足量、经济、清洁的天然气供给与合理的天然气需求相协调作为天然气安全的目标，从能够全面反映天然气安全状态的可利用性、可获得性、可承受性、可接受性、应急调控等5个方面，研究构建天然气安全预警指标体系。结合咨询专家意见以及天然气安全演化的驱动因素，对天然气安全预警指标实行科学的分类合并，建立“综合指数—基本指标—要素指标”框架结构构成的天然气安全预警指标体系。

综合指数的天然气安全预警指标体系是用以综合反映一个国家或地区某一时期天然气安全系统状态总体安全状况的无量纲化度量。

基本指标是集中测度天然气安全某一个方面的影响因素的指标。根据天然气安全影响因素和天然气安全系统的构成要素，将天然气安全的影响因素划分为若干个方面，表征每一个方面的影响因素综合影响的指标即为基本指标。根据4AE框架模型将基本指标划分为可利用性指标、可获得性指标、可承受性指标、可接受性指标与应急调控指标5类基本指标。其中，可利用性指标是表征一个国家或地区天然气资源的持续利用对天然气安全的影响；可获得性指标是表征一个国家或地区在国内市场和国外市场及时获得所需天然气资源的能力对天然气安全的影响；可承受性指标是表征一个国家或地区天然气利用的经济承受能力对天然气安全的影响；可接受性指标是表征一个国家或地区天然气消费利用带来生态环境效益的接受水平对天然气安全的影响；应急调控指标是表征一个国家或地区在遇到紧急情况下应对天然气危机的能力对天然气安全的影响。

要素指标中的各指标是为反映和表征基本指标状况的各要素而建立的指标。根据天然气安全的影响因素及其与基本指标的逻辑关系，本书选取的预警指标及确定的天然气安全预警指标体系见表5.1。

表 5.1　天然气安全预警指标体系

综合指标 A	基本指标 B_i	要素指标 C_i	单位
天然气安全预警指标体系 A	可利用性 B_1	天然气储采比 C_1	年
		天然气产量占世界总产量的比例 C_2	%
		天然气储量替代率 C_3	常数
	可获得性 B_2	天然气自给率 C_4	%
		天然气进口份额 C_5	%
		天然气进口集中度 C_6	%
	可承受性 B_3	国际天然气价格波动率 C_7	%
		天然气供需增量比 C_8	%
		天然气占能源消费总量的比重 C_9	%
	可接受性 B_4	碳强度 C_{10}	吨/万元
		天然气消费中 CO_2 排放量 C_{11}	百万吨
		天然气消费强度 C_{12}	立方米/万元
	应急调控 B_5	天然气储备率 C_{13}	%
		替代能源占能源消费量的比重 C_{14}	%
		天然气管输长度 C_{15}	万千米

作为天然气安全预警指标，其指标体系综合反映的是天然气安全系统状态的一个总体状况，体现了天然气安全系统的整体安全水平。天然气安全预警指标体系，需要贯彻落实到每一个预警指标的数据之中，并加以实施充分利用，才能更好地实现对天然气安全系统状态的预报。

5.5.4　预警指标说明

5.5.4.1　可利用性要素指标

1）天然气储采比

天然气储采比是指一个国家或地区的天然气剩余可采储量与当年的天然气产量之比。其计算公式为：

$$C_1 = \frac{G_R}{Q_P} \tag{5.1}$$

式（5.1）中，C_1 表示本国天然气储采比；G_R 表示本国天然气剩余可采储量；Q_P 表示当年天然气产量。

天然气储采比反映的是天然气资源保障程度，测定的是国内天然气资源持续利用的安全程度，天然气储采比越高，则天然气安全程度越高。

2）天然气产量占世界总产量的比例

天然气产量占世界总产量的比例是指一个国家或地区天然气产量与当年全球天然气总产量的比值。其计算公式为：

$$C_2 = \frac{Q_P}{WQ_P} \times 100\% \tag{5.2}$$

式（5.2）中，C_2 表示天然气产量占世界总产量的比例；Q_P 表示天然气产量；WQ_P 表示全球天然气总产量。

天然气产量占世界总产量的比例反映的是一个国家或地区天然气产量占全球总产量的比重，此比重越大，表明该国天然气资源可利用性越高，则天然气安全程度越高。

3）天然气储量替代率

天然气储量替代率是指天然气新增探明储量与当年消耗的储量之比。其计算公式为：

$$C_3 = \frac{Q_{NPR}}{Q_P} \tag{5.3}$$

式（5.3）中，C_3 表示天然气储量替代率；Q_{NPR} 表示天然气新增探明储量；Q_P 表示当年天然气消耗储量，本书采用当年天然气产量数值。

天然气储量替代率反映的是一年内新增天然气探明储量与天然气储量消耗之间的比例关系，天然气储量替代率越高，探明储量增加越多，说明在未来该国天然气资源的可利用性越高，则天然气安全程度越高。

5.5.4.2　可获得性要素指标

1）天然气自给率

天然气自给率是指本国天然气产量与本国天然气消费量之比。其计算公式为：

$$C_4 = \frac{Q_P}{Q_C} \times 100\% \tag{5.4}$$

式（5.4）中，C_4 表示天然气自给率；Q_P 表示本国天然气产量；Q_C 表示本国天然气消费量。

天然气自给率反映的是国内天然气产量满足市场的需求程度，天然气自给率越高，表明国内天然气资源获得能力越强，天然气安全程度就越高。当$C_4 \geqslant 1$时，说明国内天然气产量能够满足国内天然气需求，天然气资源供大于求，且处于安全状态；当$0 \leqslant C_4 < 1$时，说明国内天然气产量不能满足国内天然气需求，天然气资源供小于求，国内天然气资源获得能力降低，该国天然气逐渐远离安全状态。

2）天然气进口份额

天然气进口份额是指一个国家或地区天然气进口总量占全球天然气贸易总量的比例。其计算公式为：

$$C_5 = \frac{G_I}{G_T} \times 100\% \tag{5.5}$$

式（5.5）中，C_5 表示天然气进口份额；G_I 表示天然气进口量；G_T 表示全球天然气贸易总量。

天然气进口份额反映的是一个国家或地区天然气进口量在全球天然气贸易总量中所占的比重，该比重越大，表明国内天然气需求对进口供应依赖程度越高，国际市场的变化越容易影响到国内天然气供应的稳定性，天然气安全程度就越低。

3）天然气进口集中度

天然气进口集中度是指一个国家或地区天然气进口来源前5位国家的天然气进口总量占该国家或地区天然气进口总量的比例。其计算公式为：

$$C_6 = \frac{Q_{I5}}{Q_I} \times 100\% \tag{5.6}$$

式（5.6）中，C_6 表示天然气进口集中度；Q_{I5}表示前5位国家的天然气进口总量；Q_I 表示天然气进口总量。

天然气进口集中度反映的是天然气进口来源地前5位的比重，该比重越小，说明天然气进口来源地的集中程度越低，越有利于分散国际市场获得风险，提高天然气安全程度。

5.5.4.3 可承受性要素指标

1）国际天然气价格波动率

国际天然气价格波动率是指国际通行的两个参考报价地点在同一时期的最高天然气价格和最低天然气价格之差值与平均价的比值。其计算公式为：

$$C_7 = \frac{\max(P_{G1}, P_{G2}) - \min(P_{G1}, P_{G2})}{\frac{P_{G1} + P_{G2}}{2}} \times 100\% \tag{5.7}$$

式（5.7）中，C_7 表示国际天然气价格波动率；P_{G1} 表示第一个地点的国际通行参考报价；P_{G2} 表示第二个地点的国际通行参考报价。

国际天然气价格波动率越大，表明国际天然气市场越不稳定，这在一定程度上降低了一个国家或地区天然气的经济承受能力，天然气安全程度也相应降低。

2）天然气供需增量比

天然气供需增量比是指国内天然气供应增加量与国内天然气需求增加量的比值。其计算公式为：

$$C_8 = \frac{\Delta Q_P}{\Delta Q_C} \times 100\% \tag{5.8}$$

式（5.8）中，C_8 表示天然气供需增量比；ΔQ_P 表示天然气产量的增加量；ΔQ_C 表示天然气需求量的增加量。

天然气供需增量比反映的是国内天然气供需增量之间的对比情况，同时它也是反映天然气供需平衡的度量指标，直观地表现了天然气供需缺口的变化趋势并直接地影响着天然气价格走势，其比值越大，天然气供需缺口越小，天然气安全程度越高。

3）天然气占能源消费总量的比重

天然气占能源消费总量的比重是指某一段时间天然气消费量与能源消费总量的比值，反映了天然气在整个能源消费中的市场份额。其计算公式为：

$$C_9 = \frac{Q_{NG}}{Q_{TE}} \tag{5.9}$$

式（5.9）中，C_9 表示天然气占能源消费总量的比重；Q_{NG} 表示天然气消费总量；Q_{TE} 表示能源消费总量。

天然气占能源消费总量的比重间接地对天然气经济承受能力造成影响。天然气占能源消费总量的比值越大，表明天然气在国民经济发展过程中的能源市场份额越高，天然气价格变化对社会稳定和经济运行发展影响越大，天然气经济的可承受能力越弱，天然气安全程度越低。

5.5.4.4 可接受性要素指标

1）碳强度

碳强度是指单位国内生产总值的二氧化碳排放量，是衡量一个国家或地区经济碳密度的指标。其计算公式为：

$$C_{10} = \frac{P_{CO_2}}{GDP} \tag{5.10}$$

式（5.10）中，C_{10}表示碳强度；P_{CO_2}表示二氧化碳排放量；GDP 表示国内生产总值。

碳强度随着科学技术的进步与国民经济增长而降低，碳强度高低并不代表效率的高低。它主要由化石能源碳排放系数、化石能源消费量占能源消费总量的比重和能源消费结构所决定。此外，还与产业结构优化、农业工业化等有关。天然气作为经济发展最具消费潜力的低碳高效能源，碳强度指标越高，对天然气需求就越大，天然气安全程度就越低。

2）天然气消费中 CO_2 排放量

天然气消费中 CO_2 排放量是指天然气在完全燃烧后排放出的二氧化碳总量。其计算公式为[133]：

$$C_{11} = Q_C \times S_C \times C_F \times \frac{44}{12} \tag{5.11}$$

式（5.11）中，C_{11}表示天然气消费中 CO_2 排放量；Q_C 表示天然气消费总量；S_C 表示标准煤折算系数，本书取 $S_C = 1.2143$；C_F 表示碳排放系数，本书取 $C_F = 0.4483$。

天然气消费中 CO_2 排放量反映的是天然气燃烧利用后排放的二氧化碳气体，天然气消费利用排放的 CO_2 量越多，则天然气消费量就越多，对环境的影响相对越严重，生态环境的可接受性就越低，天然气安全程度就越低。

3）天然气消费强度

天然气消费强度是指一个国家在报告期内所消费的天然气总量与该国国内生产总值的比值。其计算公式为：

$$C_{12} = \frac{Q_C}{GDP} \times 100\% \tag{5.12}$$

式（5.12）中，C_{12}表示天然气消费强度；Q_C 表示天然气消费总量；GDP 表示国内生产总值。

天然气消费强度反映的是一个国家整体天然气消耗水平与天然气利用效率。从理论上讲，天然气消费强度越高，天然气利用效率就越低，生态环保效益就越低，对环境的影响就越大，单位国内生产总值所消耗的天然气就越多，市场对天然气的不合理需求就越大，天然气供需就越容易失衡，天然气安全程度相对越低。

5.5.4.5　应急调控要素指标

1）天然气储备率

天然气储备率是指一个国家或地区天然气储备量与天然气消费量的比值。其计算公式为：

$$C_{13} = \frac{NG_R}{Q_C} \times 100\% \tag{5.13}$$

式（5.13）中，C_{13}表示天然气储备率；NG_R表示天然气战略储备量；Q_C表示天然气消费量。

天然气储备是应对天然气供应突然大规模减少或中断的有效措施，天然气储备率越高，表明储备量可供国内天然气消费的时间越长，对天然气市场的稳定作用就越显著，则天然气安全程度越高。

2）替代能源占能源消费量的比重

替代能源占能源消费量的比重是指除天然气之外低碳清洁能源消费量占能源消费总量的比例。其计算公式为：

$$C_{14} = \frac{Q_{AE}}{Q_{TE}} \tag{5.14}$$

式（5.14）中，C_{14}表示替代能源占能源消费量的比重；Q_{AE}表示替代能源消费总量；Q_{TE}表示能源消费总量。

替代能源占能源消费量的比重越高，表明天然气应急调控能力越强，天然气安全程度越高。本书采用一次电力及其他能源占能源总量的比重作为替代能源占能源消费量的比重。

3）天然气管输长度

天然气管道是天然气开发运输利用的重要基础设施，天然气管道的长度反映了天然气输送与调峰能力。天然气管输长度越长，则天然气运输调配与调峰能力就越强，天然气安全程度越高。本书用C_{15}表示天然气管输长度。

第 6 章　天然气安全预警指标预测分析技术与方法

本章研究的主要内容是以天然气安全影响因素为基础，以天然气安全预警指标为根据，对天然气安全预警指标预测分析技术与方法进行研究。重点对引起天然气安全状态变化的天然气产量及需求量的预测方法以及预警指标组合预测方法进行探究。

6.1　天然气产量预测分析技术与方法

现有天然气产量预测模型主要是根据天然气地质储量进行产量预测，对天然气产量影响较大的资金和劳动力生产要素的投入并未考虑，而 C−D 生产函数模型是研究资本投入、劳动投入与产量之间关系的数学模型。基于此，本书对 C−D 生产函数模型进行改进，不仅将资本投入、劳动投入要素纳入函数模型，还将对天然气产量具有重大影响的天然气剩余可采储量这一自然资源生产要素也纳入函数模型，增强模型的解释能力，并构建 C−D 生产函数扩展模型预测一个国家或地区的天然气产量。

6.1.1　C−D 生产函数模型

在微观经济学领域，生产理论具有极为重要的地位。生产理论研究在某一时空内的生产技术条件下，投入的生产资料和最优产量之间关系的问题。C−D 生产函数是定量描述某一生产活动中投入某一组合的生产资料和产量之间对应关系的函数表达式，这一名词和模型是美国统计学家 Cobb 与经济学家 Douglas 于 1928 年正式提出的，即著名的柯布—道格拉斯生产函数[134]，该模型表示的是一个被解释变量与多个解释变量的一种非线性关系，通常简称为

C−D生产函数。C−D生产函数模型在实际工作中被广泛应用，C−D生产函数是根据大量生产企业有关统计数据构造出的长期生产函数的经验表达式，在技术条件不发生变化的情况下，产量与投入生产要素资本、劳动力的数学表达式为：

$$Q = AK^aL^b \tag{6.1}$$

式中，Q 表示产量；A 表示规模参数或技术因子；K 表示资本投入量；L 表示劳动投入量；a 为资本的产出弹性参数；b 为劳动的产出弹性参数。

C−D生产函数具有如下性质：

（1）C−D生产函数为 $a+b$ 次齐次生产函数，且对任意非零常数 λ，推导有：

$$A(\lambda K)^a(\lambda L)^b = \lambda^{a+b}AK^aL^b = \lambda^{a+b}Q \tag{6.2}$$

若 $a+b<1$，则为规模报酬递减，即投入的生产要素增加之后，产量所增加的比例比投入的生产要素增加比例更小。

若 $a+b=1$，则为规模报酬不变，即投入的生产要素增加之后，产量所增加的比例与投入的生产要素增加比例相等。

若 $a+b>1$，则为规模报酬递增，即投入的生产要素增加之后，产量所增加的比例比投入的生产要素增加比例更大。

（2）参数 a，b 分别表示资本弹性和劳动力弹性。各要素投入弹性是指在技术水平保持不变和投入的其他生产要素也保持不变的情况下，一种生产要素的相对变动导致产量相对变动的程度。则有：

$$\begin{aligned} E_K &= \frac{\frac{\mathrm{d}Q}{\mathrm{d}K}}{\frac{Q}{K}} = \frac{AaL^bK^{a-1}}{AL^bK^{a-1}} = a \\ E_L &= \frac{\frac{\mathrm{d}Q}{\mathrm{d}L}}{\frac{Q}{L}} = \frac{AbL^{b-1}K^a}{AL^{b-1}K^a} = b \end{aligned} \tag{6.3}$$

式中，E_K 表示资本的产出弹性；E_L 表示劳动的产出弹性；Q 表示产量；A 表示规模参数或技术因子；K 表示资本投入量；L 表示劳动投入量；a 为资本的产出弹性参数；b 为劳动的产出弹性参数。

在实际中，劳动的产出弹性和资本的产出弹性的数值一般是通过历史生产数据进行估计。

6.1.2 C−D生产函数扩展模型

天然气产量是与其投入的有关生产要素在某种函数关系下的产出值。影响天然气产量的因素除了天然气剩余技术可采储量，还有劳动力、资本投入等。本书将劳动力、投入资金和天然气剩余技术可采储量作为投入的生产要素，探寻天然气产量与劳动力、天然气剩余技术可采储量、投入资金之间的函数关系，利用产出程度指标的高低来分析天然气产量。

本书对C−D生产函数模型做以下改进：首先在传统C−D生产函数模型中资本和劳动力两个投入生产要素的基础上，增加天然气剩余技术可采储量这个生产要素，扩展为投入资金、天然气剩余技术可采储量、劳动力3个投入生产要素，且用天然气产量替代产出指标（工业产值）。然后将C−D生产函数模型中的规模参数或技术因子A解释为一定时空的天然气生产产量综合技术水平指标G_{PL}，并将随机因素解释为天然气生产过程中一些无法控制的因素。最后得到改进后的以资金、劳动力、天然气剩余技术可采储量为投入要素，以天然气产量为产出的C−D生产函数扩展模型，即：

$$Q_P = G_{PL} K_G^{\alpha_1} L_G^{\alpha_2} G_R^{\alpha_3} \mu \tag{6.4}$$

式中，Q_P表示天然气产量；G_{PL}表示天然气生产产量综合技术水平；K_G表示天然气开采业投入资金；L_G表示天然气开采业投入劳动；G_R表示天然气剩余可采储量；μ表示影响天然气产量的随机因素；α_1表示资金的产出弹性系数；α_2表示劳动的产出弹性系数；α_3表示天然气剩余可采储量的产出弹性系数。

C−D生产函数扩展模型遵循边际产量递减规律，边际产量递减规律通常是指在短时期内，生产综合技术水平与其他生产要素保持不变，持续投入某一种可变生产要素，当该生产要素投入量达到某一水平后，再增加该生产要素的投入所获得的产量会越来越少。可用生产曲线刻画总产量、平均产量与边际产量的变化规律，如图6.1所示，其中，总产量$TP=Q$，边际产量$MP_{N_i}=\frac{\mathrm{d}Q}{\mathrm{d}N_i}$，平均产量$AP_{N_i}=\frac{Q}{N_i}$，可变投入要素$N$的投入量为$N_i(i=1, 2, \cdots, n)$。

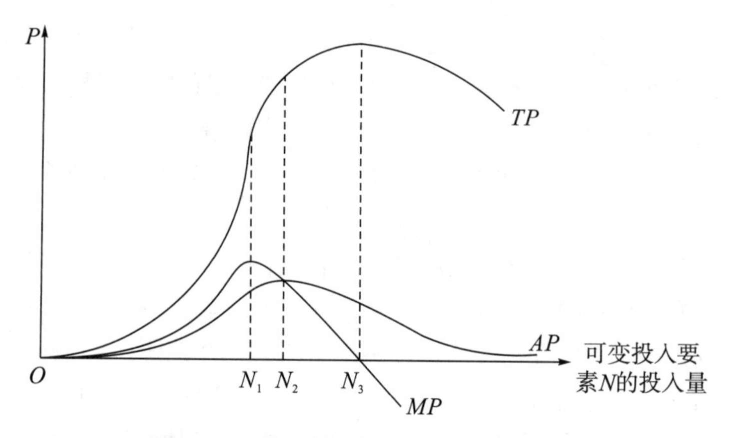

图 6.1　一种可变生产要素的生产函数曲线

由图 6.1 可知，在短时期内：①随着可变投入要素投入量的增加，天然气总产量曲线先以递增的趋势上升，然后以递减的趋势上升，当达到最大产量后，天然气总产量曲线开始下降。②天然气总产量曲线上任一点切线的斜率即是天然气边际产量，在可变投入要素投入量达到 N_1 之前天然气边际产量递增，过了 N_1 点之后天然气边际产量递减，因此，天然气边际产量在 N_1 点达到最大。在 N_3 点之前天然气边际产量始终为正，天然气总产量曲线始终呈上升趋势，在 N_3 点处天然气总产量达到最大，天然气边际产量为零，过了 N_3 点之后天然气边际产量为负，如果继续增加该可变投入要素，则天然气总产量曲线呈下降趋势，天然气总产量将减少，不断趋近于零。③当天然气边际产量大于天然气平均产量时，天然气平均产量递增；当天然气边际产量低于天然气平均产量时，天然气平均产量递减；当天然气边际产量与天然气平均产量相等时，天然气平均产量达到最大。由此可见，随着可变投入要素的不断增加，天然气平均产量先上升再下降，属于倒 U 形曲线。

综上所述，根据生产规律特征，在可变投入要素投入量达到 N_2 点之前，天然气生产能力未能充分发挥，增加可变投入要素的投入量，可提高天然气生产效率，使天然气产量增加。当可变投入要素投入量在 N_2 点与 N_3 点之间时，天然气边际产量和天然气平均产量均在递减，但天然气总产量仍在增加，此阶段是天然气生产的经济阶段和合理区域。而可变投入要素投入量达到 N_3 点之后，增加投入天然气总产量反而降低，此时投入过剩，天然气生产效率降低，是天然气生产的不合理区域。

在短时期内，天然气边际产量递减规律是以天然气生产综合技术水平与其他生产要素不变为前提，分析一种天然气生产要素不断改变时，天然气边际产量的变化规律。天然气边际产量递增与天然气报酬递减规律并不矛盾，如果天然气各生产要素都同比例改变，即天然气各生产要素的投入量按照原同比例增加，天然气边际产量不一定递减。天然气边际产量递减规律的意义在于，若一种天然气生产要素持续增加时，迟早会出现天然气边际产量递减的趋势，而不是一开始就递减。

从长期来看，如果天然气生产综合技术水平提升了，显然能够延后天然气生产要素报酬递减现象的出现，但不会使报酬递减现象消失，如图 6.2 所示。其他天然气生产要素不变，持续投入一种生产要素的情况下，在处于 T_1 时刻之前的天然气生产综合技术水平下，天然气总产量在 T_1 时刻处达到最大产量，若在 T_1 时刻之后天然气生产综合技术水平未得到提高而继续投入这一生产要素，则天然气产量就会降低；当在 T_1 时刻天然气生产综合技术水平得到了提升，则在处于 T_1 时刻之后到 T_2 时刻之前的天然气生产综合技术水平下，天然气总产量在 T_2 时刻处达到最大产量，若在 T_2 时刻之后到 T_3 时刻之前继续投入可变生产要素，则天然气产量逐渐降低；当在 T_3 时刻天然气生产综合技术水平又得到了提升，在处于 T_3 时刻之后到 T_4 时刻之前的天然气生产综合技术水平下，天然气总产量逐渐增加，在 T_4 时刻处达到最大产量，若在 T_4 时刻之后继续投入可变生产要素，则总产量又呈递减趋势。以此类推，随着时间的推移，若天然气生产综合技术水平再次得到提高，持续投入一种生产要素，天然气总产量就会有一定程度的增加，达到另一个产量最大值，但边际产量递减现象仍然存在。

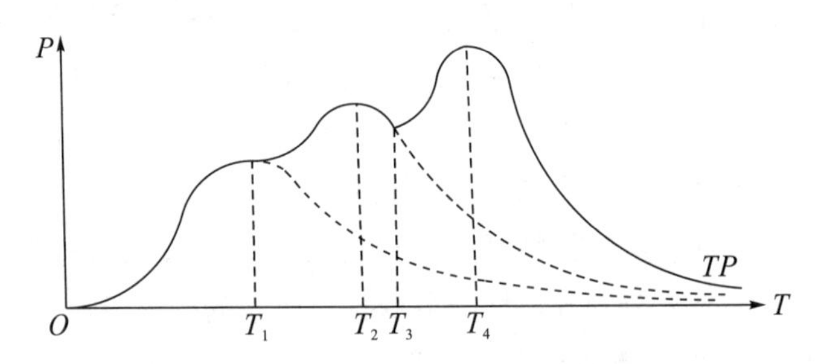

图 6.2　天然气长期生产函数曲线示意

改进 C−D 生产函数是解释变量投入资金、天然气剩余技术可采储量、劳动力与被解释变量天然气产量之间的非线性关系模型，针对非线性函数模型参数难以求解的困局，可采用线性化处理方式对式（6.4）进行变换，则式（6.4）可转化为如下形式：

$$\lg Q_P = \lg G_{PL} + \alpha_1 \lg K_G + \alpha_2 \lg L_G + \alpha_3 \lg G_R + \lg \mu \tag{6.5}$$

利用最大似然估计确定改进 C−D 生产函数模型的待定参数。将式（6.5）简化为：

$$Y = \alpha_0' + \sum_{j=1}^{3} \alpha_j' X_j + \mu' \tag{6.6}$$

式（6.6）中，$Y = \lg Q_P$；$\alpha_0' = \lg G_{PL}$；$\alpha_j' = \alpha_j$（$j = 1, 2, 3$）；$X_1 = \lg K_G$；$X_2 = \lg L_G$；$X_3 = \lg G_R$；$\mu' = \lg \mu$。

一般情况下，假定 $\bar{\mu} = 0$，根据统计样本所显示出的情况就是所有可能发生状况中产生概率最大的状况，即为极大似然原理，则 Y 的随机抽样的 n 组样本观测值的联合概率为：

$$\begin{aligned} p(Y) = p(\varepsilon) &= \frac{1}{(2\pi)^{\frac{n}{2}} \sigma^n} \mathrm{e}^{-\frac{1}{2\sigma^2} \sum_{i=1}^{n} [Y_i - (\alpha_0' + \sum_{j=1}^{4} \alpha_j' X_{ji})]^2} \\ &= \frac{1}{(2\pi)^{\frac{n}{2}} \sigma^n} \mathrm{e}^{-\frac{1}{2\sigma^2} (\boldsymbol{Y} - \boldsymbol{X}\alpha)^{\mathrm{T}} (\boldsymbol{Y} - \boldsymbol{X}\alpha)} \end{aligned} \tag{6.7}$$

故似然函数为：

$$L = \frac{1}{(2\pi)^{\frac{n}{2}} \sigma^n} \mathrm{e}^{-\frac{1}{2\sigma^2} (\boldsymbol{Y} - \boldsymbol{X}\alpha)^{\mathrm{T}} (\boldsymbol{Y} - \boldsymbol{X}\alpha)} \tag{6.8}$$

将似然函数取对数后为：

$$\ln L = -\frac{n}{2} \ln(2\pi) - \frac{n}{2} \ln \sigma^2 - \frac{1}{2\sigma^2} (\boldsymbol{Y} - \boldsymbol{X}\alpha)^{\mathrm{T}} (\boldsymbol{Y} - \boldsymbol{X}\alpha) \tag{6.9}$$

为使联合概率最大，也就是对对数似然函数求极大值，这与对 $(\boldsymbol{Y} - \boldsymbol{X}\alpha)^{\mathrm{T}} \cdot (\boldsymbol{Y} - \boldsymbol{X}\alpha)$ 求极小值是等价的，对式（6.9）求导可得：

$$\begin{aligned} \left. \frac{\partial \ln L}{\partial \alpha} \right|_{\substack{\alpha = \hat{\alpha}_{ML} \\ \sigma^2 = \hat{\sigma}_{ML}^2}} &= \frac{2}{2\hat{\sigma}_{ML}^2} (-2\boldsymbol{X}^{\mathrm{T}} \boldsymbol{Y} + 2\boldsymbol{X}^{\mathrm{T}} \boldsymbol{X} \hat{\alpha}_{ML}) \\ \left. \frac{\partial \ln L}{\partial \sigma^2} \right|_{\substack{\alpha = \hat{\alpha}_{ML} \\ \sigma^2 = \hat{\sigma}_{ML}^2}} &= -\frac{n}{2\hat{\sigma}_{ML}^2} + \frac{1}{2(\hat{\sigma}_{ML}^2)^2} (\boldsymbol{Y} - \boldsymbol{X}\hat{\alpha}_{ML})^{\mathrm{T}} (\boldsymbol{Y} - \boldsymbol{X}\hat{\alpha}_{ML}) = 0 \end{aligned} \tag{6.10}$$

解（6.10）方程组，可得：

$$\hat{\alpha}_{ML} = (\boldsymbol{X}^{\mathrm{T}} \boldsymbol{X})^{-1} \boldsymbol{X}^{\mathrm{T}} \boldsymbol{Y} \tag{6.11}$$

通过这里的向量 $\hat{\alpha}_{ML}$ 就可以求得改进 C−D 生产函数模型的参数估计值。

6.2 天然气需求预测分析技术与方法

6.2.1 需求函数模型

随着计量经济学的发展，从20世纪80年代起，诸多学者开始从计量经济学视角，以收入和能源价格为能源需求的影响因素研究能源需求函数模型。关于能源需求量 Q 的变化与收入 I 和能源价格 p 的函数关系式可表示为：

$$Q_i = f(I, p_j), i = 1,2,\cdots,n; j = 1,2,\cdots,n \tag{6.12}$$

式中，Q_i 表示第 i 种能源的需求量；I 表示收入；p_j 表示第 j 种能源的价格。

式（6.12）的主要函数形式有以下几种。

6.2.1.1 线性需求函数

$$Q_i = K + aI + \sum_{j=1}^{n} b_j p_j + \varepsilon \tag{6.13}$$

式中，K 表示常数项；a，b_j 表示变量系数；ε 表示随机误差项；Q_i，I，p_j 含义同上。

第 i 种能源的收入弹性为：$\eta_I = \frac{\partial Q_i}{\partial I} \times \frac{I}{Q_i} = a\left(\frac{I}{Q_i}\right)$

第 i 种能源的价格弹性为：$\eta_{p_j} = \frac{\partial Q_i}{\partial p_j} \times \frac{p_j}{Q_i} = b_j\left(\frac{p_j}{Q_i}\right)$，$i = j$

6.2.1.2 半对数需求函数

$$Q_i = K + a\ln I + \sum_{j=1}^{n} b_j \ln p_j + \varepsilon \tag{6.14}$$

式（6.14）中的各符号含义同上。

第 i 种能源的收入弹性为：$\eta_I = \frac{\partial Q_i}{\partial I} \times \frac{I}{Q_i} = \frac{a}{Q_i}$

第 i 种能源的价格弹性为：$\eta_{p_j} = \frac{\partial Q_i}{\partial p_j} \times \frac{p_j}{Q_i} = \frac{b_j}{Q_i}$，$i = j$

6.2.1.3　双对数需求函数

$$\ln Q_i = K + a\ln I + \sum_{j=1}^{n} b_j \ln p_j + \varepsilon \tag{6.15}$$

式（6.15）中的各符号含义同上。

第 i 种能源的收入弹性为：$\eta_I = \frac{\partial Q_i}{\partial I} \times \frac{I}{Q_i} = a$

第 i 种能源的价格弹性为：$\eta_{p_j} = \frac{\partial Q_i}{\partial p_j} \times \frac{p_j}{Q_i} = b_j$，$i = j$

因为双对数能源需求函数的参数具有较为合理的经济学解释，故双对数能源需求函数是最常见的能源需求函数模型。

6.2.2　天然气需求函数模型

在一定时空内的技术条件下，为确保经济高质量健康发展、人们生活不受影响，中短期能源需求总量与结构很难因价格的波动发生较大变化，能源需求价格弹性通常比较小[135]。油气需求对价格变化极不敏感，总体上是缺乏弹性的，但发达国家需求价格弹性比其他国家需求弹性大[136]。影响一个国家或地区天然气需求的主要因素除了经济发展水平和收入水平，还包括能源消费结构、社会发展水平、消费水平、城镇化水平、产业结构等因素[137]。将双对数需求函数应用于天然气需求预测中，可充分体现各影响因素较强的经济学含义，有利于实现在控制某些自变量不发生改变的情况下，分析所关切的影响因素对天然气需求产生的实际影响，同时还可避免异常值和异方差等问题，提高预测结果的可理解性和可靠性[138]。

基于此，为了更全面地反映天然气需求变化状况，本书在天然气需求函数模型中除了考虑经济发展水平与收入水平，还将能源消费结构、社会发展、消费水平、城镇化水平、产业结构 5 个影响因素引入双对数能源需求函数模型，构建天然气需求函数扩展模型，其一般形式为：

$$\begin{aligned}\ln Q_D = {} & \beta_1 + \beta_2 \ln GDP + \beta_3 \ln I + \beta_4 \ln SP + \beta_5 \ln UR + \beta_6 \ln ES + {} \\ & \beta_7 \ln IS + \beta_8 \ln CL + \varepsilon\end{aligned} \tag{6.16}$$

式中，Q_D 为天然气需求量；GDP 为经济发展水平，本书用国内生产总值表示经济发展水平；I 为收入水平，本书用城镇居民人均可支配收入表示收入水平；SP 为社会发展水平，本书用年末总人口表示社会发展水平；UR 为城镇化水平，本书用城镇化率表示城镇化水平；ES 为能源消费结构，本书用天然气消费量在能源消费总量的占比表示能源消费结构；IS 为产业结构，本书用三次产业构成中的第三产业占比表示产业结构；CL 为消费水平，本书用社会消费品零售总额表示消费水平；β_1 为常数项；β_i 为第 i 个影响因素的弹性系数，$i=2$，3，…，8；ε 为随机误差项（一般假定 $\varepsilon^*=0$）。

如果把天然气需求量视为被解释变量，天然气需求影响因素均视为解释变量，那么 β_i 可理解为第 i 个影响因素的需求弹性，其经济学含义是其他影响因素不发生变化的情况下，第 i 个影响因素取对数后发生 1 个单位的变化，天然气需求量取对数后将会改变 β_i 个单位，这表明天然气需求函数扩展模型的偏回归系数 β_i 与需求弹性具有相同的经济学含义。

6.2.3 逐步回归分析天然气需求函数模型的构建

根据多个影响因素建立的天然气需求函数模型，通常会面临同时将诸多因素引入同一个模型，导致所建模型不能够进行有效的解释，或出现多重共线性问题，这就要求对天然气需求影响因素逐一进行精细化分析。逐步回归分析作为精细化分析解释变量的一种方法，结合了向前选择方式和向后剔除方式两种策略的特征，以逐步回归分析来挖掘具有较强解释力的影响因素是一种搜寻过程筛选解释变量的方式，在一定程度上可避免多重共线性问题。逐步回归分析的本质是在诸多影响因素中采取“有进有出”的基本原则，根据影响因素的重要程度逐次将因素引入模型，每次引入的因素一定是在剩余影响因素中对天然气需求影响最大的因素，若模型中有变量不能够通过统计显著性检验，则剔除后引入重要程度较低的因素，使最后引入模型的所有因素都是相对重要且能通过统计显著性检验的影响因素，最终构建一个以“最少”影响因素解释“最多”天然气需求量变异量的“最优”天然气需求函数模型。逐步回归分析的天然气需求函数模型的构建流程如图 6.3 所示。

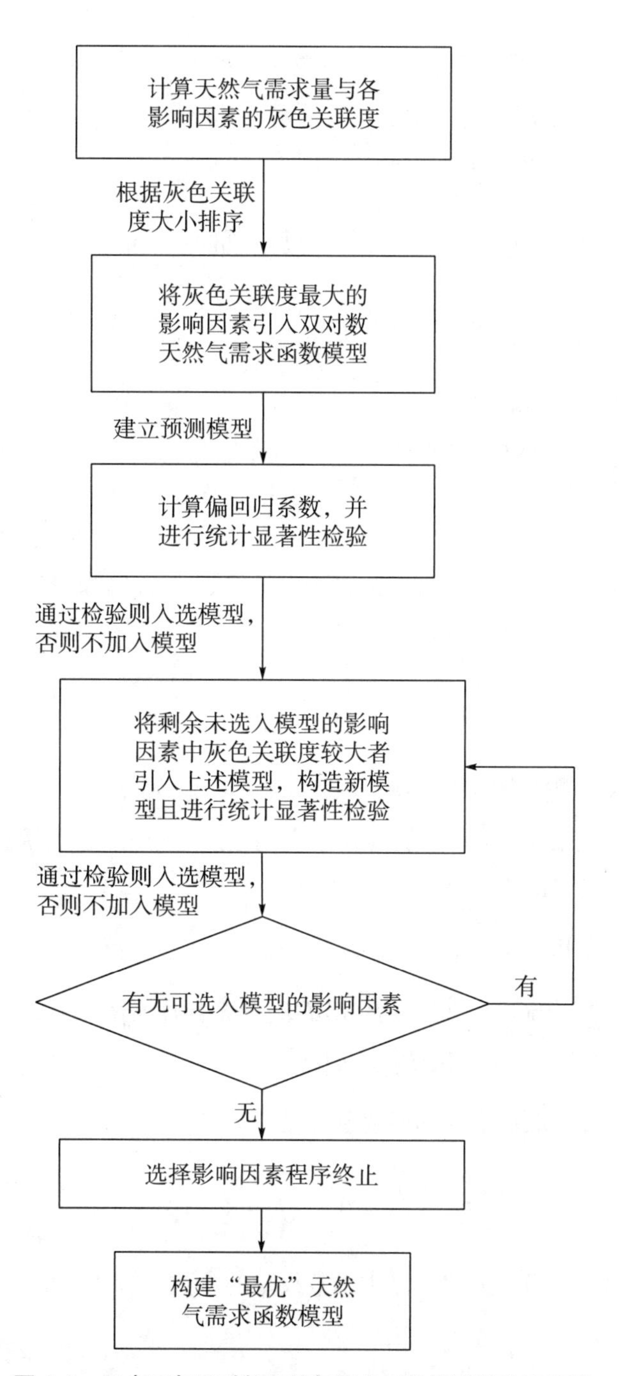

图 6.3　逐步回归双对数天然气需求函数模型的构建流程

根据式（6.16），对天然气需求量以及各影响因素作 n 次观测后构建的方程组，可用矩阵表示为：

$$\begin{bmatrix} \ln Q_{D1} \\ \ln Q_{D2} \\ \vdots \\ \ln Q_{Dn} \end{bmatrix} = \begin{bmatrix} 1 & \ln GDP_1 & \ln I_1 & \ln SP_1 & \ln UR_1 & \ln ES_1 & \ln IS_1 & \ln CL_1 \\ 1 & \ln GDP_2 & \ln I_2 & \ln SP_2 & \ln UR_2 & \ln ES_2 & \ln IS_2 & \ln CL_2 \\ \vdots & \vdots & \vdots & \vdots & \vdots & \vdots & \vdots & \vdots \\ 1 & \ln GDP_n & \ln I_n & \ln SP_n & \ln UR_n & \ln ES_n & \ln IS_n & \ln CL_n \end{bmatrix} \begin{bmatrix} \beta_1 \\ \beta_2 \\ \vdots \\ \beta_n \end{bmatrix} + \begin{bmatrix} \varepsilon_1 \\ \varepsilon_2 \\ \vdots \\ \varepsilon_n \end{bmatrix} \tag{6.17}$$

记

$$\boldsymbol{A} = \begin{bmatrix} \ln Q_{D1} \\ \ln Q_{D2} \\ \vdots \\ \ln Q_{Dn} \end{bmatrix} \qquad \boldsymbol{\beta} = \begin{bmatrix} \beta_1 \\ \beta_2 \\ \vdots \\ \beta_n \end{bmatrix} \qquad \boldsymbol{\varepsilon} = \begin{bmatrix} \varepsilon_1 \\ \varepsilon_2 \\ \vdots \\ \varepsilon_n \end{bmatrix}$$

$$\boldsymbol{B} = \begin{bmatrix} 1 & \ln GDP_1 & \ln I_1 & \ln SP_1 & \ln UR_1 & \ln ES_1 & \ln IS_1 & \ln CL_1 \\ 1 & \ln GDP_2 & \ln I_2 & \ln SP_2 & \ln UR_2 & \ln ES_2 & \ln IS_2 & \ln CL_2 \\ \vdots & \vdots & \vdots & \vdots & \vdots & \vdots & \vdots & \vdots \\ 1 & \ln GDP_n & \ln I_n & \ln SP_n & \ln UR_n & \ln ES_n & \ln IS_n & \ln CL_n \end{bmatrix}$$

设第 i 次观测样本的残差为：

$$e_i = \ln Q_{Di} - (\hat{\beta}_1 + \hat{\beta}_2 \ln GDP_i + \hat{\beta}_3 \ln I_i + \hat{\beta}_4 \ln SP_i + \hat{\beta}_5 \ln UR_i + \hat{\beta}_6 \ln ES_i + \hat{\beta}_7 \ln IS_i + \hat{\beta}_8 \ln CL_i) \tag{6.18}$$

则残差平方和为：

$$\sum e_i^2 = \sum [\ln Q_{Di} - (\hat{\beta}_1 + \hat{\beta}_2 \ln GDP_i + \hat{\beta}_3 \ln I_i + \hat{\beta}_4 \ln SP_i + \hat{\beta}_5 \ln UR_i + \hat{\beta}_6 \ln ES_i + \hat{\beta}_7 \ln IS_i + \hat{\beta}_8 \ln CL_i)]^2 \tag{6.19}$$

使残差平方和取最小值的必要条件是：

$$\frac{\partial(\sum e_i^2)}{\partial \hat{\beta}_j} = 0 \quad (j = 1,2,\cdots,8) \tag{6.20}$$

则可得到逐步回归天然气需求函数模型的参数向量 $\boldsymbol{\beta}$ 最小二乘估计式的矩阵表达形式为：

$$\hat{\boldsymbol{\beta}} = (\boldsymbol{B}^{\mathrm{T}}\boldsymbol{B})^{-1}\boldsymbol{B}^{\mathrm{T}}\boldsymbol{A} \tag{6.21}$$

6.3　天然气安全预警指标组合预测分析技术与方法

本书构建的组合模型是采用改进灰色关联分析法，从均值 $GM(1, 1)$ 模型、灰色 Verhulst 模型、指数函数曲线预测模型、多项式函数预测模型中挖掘两个较优单一预测模型进行组合而成的预测模型。运用改进灰色关联分析法挖掘较优单一预测模型，既可减少逐一检验筛选较优单一预测模型的工作量，又可利用关联度赋权单一预测模型的权重，且避免了原灰色关联分析法赋权不满足组合预测赋权基本原则的不足。

6.3.1　模型与方法简述

6.3.1.1　均值 $GM(1, 1)$ 与灰色 Verhulst 预测模型

不确定系统的最基本的特征包括不准确和信息不完全，灰色预测模型是能够挖掘部分信息已知、部分信息未知的贫信息不确定系统小数据的有效信息，准确刻画系统变化规律，进而实现定量预测系统未来变化趋势[139]，并在天然气需求预测领域得到了较好的应用[140]。

1）均值 $GM(1, 1)$ 模型

定义 6.1　设原始数据序列 $X^{(0)}=(x^{(0)}(1), x^{(0)}(2), \cdots, x^{(0)}(n))$为观测对象，其中 $x^{(0)}(k) \geqslant 0$，$k=1, 2, \cdots, n$；数据序列 $X^{(1)}=(x^{(1)}(1), x^{(1)}(2), \cdots, x^{(1)}(n))$ 是原始数据序列 $X^{(0)}$ 的一次累加数据序列（1-AGO)，其中 $x^{(1)}(k)=\sum_{i=1}^{k} x^{(0)}(i)$，$k=1, 2, \cdots, n$，则称

$$x^{(0)}(k)+a x^{(1)}(k)=b \tag{6.22}$$

是 $GM(1, 1)$ 模型的原始形式。

定义 6.2　设序列 $Z^{(1)}=(z^{(1)}(1), z^{(1)}(2), \cdots, z^{(1)}(n))$是一次累加数据序列 $X^{(1)}$ 的紧邻均值生产数据序列，其中 $z^{(1)}(k)=\frac{x^{(1)}(k)+x^{(1)}(k-1)}{2}$，$k=2, 3, \cdots, n$，则称

$$x^{(0)}(k)+a z^{(1)}(k)=b \tag{6.23}$$

是 $GM(1,1)$ 模型的均值形式，其中参数 $-a$ 是反映 $\hat{x}^{(1)}$ 与 $\hat{x}^{(0)}$ 发展态势的系数，可称为发展系数；参数 b 是灰色作用量。

定义 6.3　称

$$\frac{\mathrm{d}x^{(1)}}{\mathrm{d}t}+ax^{(1)}=b \tag{6.24}$$

为 $GM(1,1)$ 模型均值形式 $x^{(0)}(k)+az^{(1)}(k)=b$ 的白化微分方程。

式（6.22）中的参数向量 $\boldsymbol{A}=\begin{bmatrix}a\\b\end{bmatrix}$ 可以利用式（6.25）确定。

$$\boldsymbol{A}=(\boldsymbol{B}^{\mathrm{T}}\boldsymbol{B})^{-1}\boldsymbol{B}^{\mathrm{T}}\boldsymbol{Y} \tag{6.25}$$

其中：

$$\boldsymbol{B}=\begin{bmatrix}-z^{(1)}(2) & 1\\ -z^{(1)}(3) & 1\\ \vdots & \vdots\\ -z^{(1)}(n) & 1\end{bmatrix}\qquad \boldsymbol{Y}=\begin{bmatrix}x^{(0)}(2)\\ x^{(0)}(3)\\ \vdots\\ x^{(0)}(n)\end{bmatrix}$$

定义 6.4　均值 $GM(1,1)$ 模型的时间响应式为

$$\hat{x}^{(1)}(k)=\left(x^{(0)}(1)-\frac{b}{a}\right)\mathrm{e}^{-a(k-1)}+\frac{b}{a},k=1,2,\cdots,n \tag{6.26}$$

进一步求出式（6.26）的累减还原式，可得对应 $X^{(0)}$ 的时间响应式

$$\hat{x}^{(0)}(k)=(1-\mathrm{e}^{a})\left(x^{(0)}(1)-\frac{b}{a}\right)\mathrm{e}^{-a(k-1)},k=1,2,\cdots,n \tag{6.27}$$

2）灰色 Verhulst 模型

定义 6.5　设原始数据序列为 $X^{(0)}=(x^{(0)}(1),x^{(0)}(2),\cdots,x^{(0)}(n))$，其中 $x^{(0)}(k)\geqslant 0$，$k=1,2,\cdots,n$；序列 $X^{(0)}$ 的一次累加数据序列（$1-AGO$）为数据序列 $X^{(1)}=(x^{(1)}(1),x^{(1)}(2),\cdots,x^{(1)}(n))$，其中 $x^{(1)}(k)=\sum_{i=1}^{k}x^{(0)}(i)$，$k=1,2,\cdots,n$；一次累加数据序列 $X^{(1)}$ 的紧邻均值生产数据序列为 $Z^{(1)}=(z^{(1)}(1),z^{(1)}(2),\cdots,z^{(1)}(n))$，其中 $z^{(1)}(k)=\frac{x^{(1)}(k)+x^{(1)}(k-1)}{2}$，$k=1,2,\cdots,n$，则称：

$$x^{(0)}(k)+az^{(1)}(k)=b\left[z^{(1)}(k)\right]^{\alpha} \tag{6.28}$$

是 $GM(1, 1)$ 幂模型。

定义6.6　当 $\alpha=2$ 时，称

$$x^{(0)}(k)+az^{(1)}(k)=b\left[z^{(1)}(k)\right]^{2} \tag{6.29}$$

为灰色 Verhulst 模型。

定义6.7　称

$$\frac{\mathrm{d}x^{(1)}}{\mathrm{d}t}+ax^{(1)}=b\left[x^{(1)}\right]^{2} \tag{6.30}$$

为灰色 Verhulst 模型的白化方程。

定理6.1　灰色 Verhulst 模型白化方程的解为

$$x^{(1)}(t)=\frac{1}{\mathrm{e}^{at}\left[\frac{1}{x^{(1)}(0)}-\frac{b}{a}(1-\mathrm{e}^{-at})\right]} \tag{6.31}$$

则 Verhulst 模型参数列 $\boldsymbol{A}=\begin{bmatrix}a\\b\end{bmatrix}$ 可以利用式（6.25）确定。

其中：

$$\boldsymbol{B}=\begin{bmatrix}-z^{(1)}(2) & \left[z^{(1)}(2)\right]^{a}\\ -z^{(1)}(3) & \left[z^{(1)}(3)\right]^{a}\\ \vdots & \vdots\\ -z^{(1)}(n) & \left[z^{(1)}(3)\right]^{a}\end{bmatrix} \qquad \boldsymbol{Y}=\begin{bmatrix}x^{(0)}(2)\\ x^{(0)}(3)\\ \vdots\\ x^{(0)}(n)\end{bmatrix}$$

定理6.2　Verhulst 模型的时间响应式为

$$\hat{x}^{(1)}(k+1)=\frac{ax^{(1)}(0)}{bx^{(1)}(0)+\left[a-bx^{(1)}(0)\right]\mathrm{e}^{ak}} \tag{6.32}$$

6.3.1.2　回归分析预测模型

回归分析是挖掘隐藏于随机现象中统计数据分布规律的计算方法和理论。在现实社会中，研究对象通常和因素之间存在十分复杂的作用关系，往往不只是简单的线性关系，而是极其复杂的非线性关系。参数难以估计的曲线模型可以比较精准地刻画复杂多变的非线性关系，为动态非线性的天然气安全预测提供了较优的模型选择。

1）指数函数曲线预测模型

根据历史统计数据演变趋势呈指数形式增长特征，构建的曲线模型即为指

数函数曲线预测模型，其一般形式为：

$$y = \gamma_1 e^{\gamma_2 x} \tag{6.33}$$

式（6.33）中，y 为预测对象的数值；x 为可以控制或预先给定的影响因素，本书用时间序号表示；γ_1，γ_2 为待定参数。

为了估计待定参数 γ_1，γ_2 的值，对式（6.33）进行线性化处理，可得：

$$\ln y = \ln\gamma_1 + \gamma_2 x \tag{6.34}$$

式（6.34）中参数向量 $\boldsymbol{A} = [\ln\gamma_1,\ \gamma_2]^T$ 可以利用式（6.25）确定。

其中：

$$\boldsymbol{B} = \begin{bmatrix} 1 & x_1 \\ 1 & x_2 \\ \vdots & \vdots \\ 1 & x_n \end{bmatrix} \qquad \boldsymbol{Y} = \begin{bmatrix} \ln y_1 \\ \ln y_2 \\ \vdots \\ \ln y_n \end{bmatrix}$$

2）多项式函数预测模型

在数学概念中，多项式是由若干个单项式进行加法运算得到的一个平滑连续函数，一般表达式为：

$$y = \tau_0 + \tau_1 x + \tau_2 x^2 + \tau_3 x^3 + \cdots + \tau_m x^m + u \tag{6.35}$$

式（6.35）中，y 为预测对象的数值；x 为可以控制或预先给定的影响因素，本书用时间序号表示；τ_0，τ_1，τ_2，…，τ_m 为待定参数；u 为随机误差项（一般假定 $\bar{u} = 0$）。

式（6.35）中，参数向量 $\boldsymbol{A} = \begin{bmatrix} \tau_0 \\ \tau_1 \\ \vdots \\ \tau_m \end{bmatrix}$ 可以利用式（6.25）确定。

其中：

$$\boldsymbol{B} = \begin{bmatrix} 1 & x_1 & x_1^2 & \cdots & x_1^m \\ 1 & x_2 & x_2^2 & \cdots & x_2^m \\ \vdots & \vdots & \vdots & \vdots & \vdots \\ 1 & x_n & x_n^2 & \cdots & x_n^m \end{bmatrix} \qquad \boldsymbol{Y} = \begin{bmatrix} y_1 \\ y_2 \\ \vdots \\ y_n \end{bmatrix}$$

6.3.1.3 组合预测法

以上介绍了预测天然气安全预警指标的几种方法。不同的单一预测模型在一定程度上从不同层面及视角对预测对象的趋势变化进行了不同认识的刻画，而组合预测则是尽可能地运用单一模型提供的有效信息，进一步降低预测误差平方和，以提高预测精度为目的。组合预测法是通过适当的方式将两种或两种以上的单一预测模型组合起来，最大化地利用单一预测模型提供的有效信息，克服各单一预测模型的不足，提高预测准确性的一种预测方法。

组合预测按照组合的形式不同，可分为模型组合预测和结果组合预测，本书将采用结果组合预测对天然气安全预警指标进行预测。结果组合预测是一种将两种或两种以上不同单一预测模型的预测结果进行加权平均得到组合预测值的组合预测方法。结果组合预测最关心的问题是如何确定权重系数，有效挖掘单一预测模型的优势，避免不足，进一步减小预测误差，提高预测精度，使预测结果更加稳定可靠。作为灰色系统理论重要分支之一的灰色关联分析法，可用于分析预测值与实际值的关联程度，且利用关联度确定组合模型权重系数有利于将数据序列的变化规律延伸到未来预测中，凸显组合模型根据历史数据变化规律预测未来走势的特点。基于此，本书采用灰色关联分析法挖掘预测效果较好的单一预测模型，并利用关联度确定单一预测模型的权重，构建组合预测模型。

6.3.2 灰色关联分析法

6.3.2.1 灰色关联算子与距离空间

1）灰色关联算子

定义 6.8 设 $X_i(i=1, 2, \cdots, m)$ 为系统因素，其在序号 k 上的观测数据为 $x_i(k)$，$k=1, 2, \cdots, n$，则称

$$X_i = [x_i(1), x_i(2), \cdots, x_i(n)]$$

为系统因素 X_i 的行为数据序列。

定义 6.9 设 $X_i=[x_i(1), x_i(2), \cdots, x_i(n)]$为系统因素 X_i 的行为数据序列，D_1 为行为数据序列算子，且

$$X_iD_1 = [x_i(1)d_1, x_i(2)d_1, \cdots, x_i(n)d_1]$$

其中：

$$x_i(k)d_1 = \frac{x_i(k)}{\overline{X}_i}, \overline{X}_i = \frac{1}{n}\sum_{k=1}^{n} x_i(k), k = 1,2,\cdots,n; i = 1,2,\cdots,m \tag{6.36}$$

则称 D_1 为均值化算子，X_iD_1 为 X_i 在均值化算子 D_1 下的像，简称均值像。

定义 6.10　设 $X_i = [x_i(1), x_i(2), \cdots, x_i(n)]$为系统因素 X_i 的行为数据序列，D_2 为行为数据序列算子，且

$$X_iD_2 = [x_i(1)d_2, x_i(2)d_2, \cdots, x_i(n)d_2]$$

其中：

$$x_i(k)d_2 = \frac{x_i(k)}{x_i(1)}, k = 1,2,\cdots,n; i = 1,2,\cdots,m \tag{6.37}$$

则称 D_2 为初值化算子，X_iD_2 为 X_i 在初值化算子 D_2 下的像，简称初值像。

定义 6.11　设 $X_i = [x_i(1), x_i(2), \cdots, x_i(n)]$为系统因素 X_i 的行为数据序列，D_3 为行为数据序列算子，且

$$X_iD_3 = [x_i(1)d_3, x_i(2)d_3, \cdots, x_i(n)d_3]$$

其中：

$$x_i(k)d_3 = \frac{x_i(k) - \min\limits_k x_i(k)}{\max\limits_k x_i(k) - \min\limits_k x_i(k)}, k = 1,2,\cdots,n; i = 1,2,\cdots,m \tag{6.38}$$

则称 D_3 为区间值化算子，X_iD_3 为 X_i 在区间值化算子 D_3 下的像，简称区间值化像。

命题 6.1　均值化算子 D_1、初值化算子 D_2 与区间值化算子 D_3 都可以把系统的行为数据序列 X_i 化为数量级相同的无量纲数据序列 X_i^*。

通常情况下，D_1，D_2，D_3 不宜混合或重叠作用，因此进行系统因素分析时，应依据实际状况选择其中一个。

定义 6.12　称 $D = \{D_i \mid i = 1, 2, 3\}$为灰色关联算子集。

定义 6.13　设 X 为系统因素集合，D 为灰色关联算子集，称(X, D)为灰色关联因子空间。

2）距离空间

如果把系统因素集合中的每个因素视为空间中的点，把每一因素关于不同

序号的观测值视为点的坐标，则可在特定 n 维空间中探讨各因素之间的关系，且可根据 n 维空间中的距离来定义灰色关联度。

定义6.14 设 X，Y，Z 为 n 维空间中的点。如果实数 $d(X, Y)$ 满足以下条件：

(1) $d(X,Y)\geqslant 0$，$d(X,Y)=0 \Leftrightarrow X=Y$；

(2) $d(X,Y)=d(Y,X)$；

(3) $d(X,Z)\leqslant d(X,Y)+d(Y, Z)$。

则称 $d(X,Y)$ 为 n 维空间中的距离。

定义6.15 设 $X=[x(1), x(2), \cdots, x(n)]$，$Y=[y(1), y(2), \cdots, y(n)]$为 n 维空间中的点，定义

$$d_1(X,Y)=|x(1)-y(1)|+|x(2)-y(2)|+|x(3)-y(3)|+\cdots+|x(n)-y(n)|$$

$$d_2(X,Y)=[|x(1)-y(1)|^2+|x(2)-y(2)|^2+|x(3)-y(3)|^2+\cdots+|x(n)-y(n)|^2]^{\frac{1}{2}}$$

$$d_3(X,Y)=\frac{d_1(X,Y)}{1+d_1(X,Y)}$$

$$d_p(X,Y)=[|x(1)-y(1)|^p+|x(2)-y(2)|^p+|x(3)-y(3)|^p+\cdots+|x(n)-y(n)|^p]^{\frac{1}{p}}$$

$$d_\infty(X,Y)=\max_k\{|x(k)-y(k)|,k=1,2,\cdots,n\}$$

则 $d_1(X, Y)$，$d_2(X, Y)$，$d_3(X, Y)$，$d_p(X, Y)$，$d_\infty(X, Y)$都是 n 维空间中的距离。

定义6.16 设 n 维空间中的点 $X=[x(1), x(2), \cdots, x(n)]$，$n$ 维空间中的原点是$O=(0, 0, \cdots, 0)$，则原点 O 与 X 的距离 $d(X, O)$称为 X 的范数，记为 $\|X\|$。相应于命题6.2中的距离，可以得到以下常用范数。

(1) 1－范数：$\|X\|_1=\sum_{k=1}^{n}|x(k)|$；

(2) 2－范数：$\|X\|_2=\left[\sum_{k=1}^{n}|x(k)|^2\right]^{\frac{1}{2}}$；

(3) p－范数：$\|X\|_p=\left[\sum_{k=1}^{n}|x(k)|^p\right]^{\frac{1}{p}}$；

(4) ∞－范数：$\|X\|_\infty=\max_k\{|x(k)|\}$。

6.3.2.2 灰色关联度计算

定义6.17 设 $X_0=[x_0(1), x_0(2), \cdots, x_0(n)]$是系统特征行为数据序

列，且

$$X_1 = [x_1(1), x_1(2), \cdots, x_1(n)]$$
$$\vdots$$
$$X_i = [x_i(1), x_i(2), \cdots, x_i(n)]$$
$$\vdots$$
$$X_m = [x_m(1), x_m(2), \cdots, x_m(n)]$$

为相关因素行为数据序列。给定实数 $\gamma[x_0(k), x_i(k)]$，如果实数

$$\gamma(X_0, X_i) = \frac{1}{n}\sum_{k=1}^{n}\gamma[x_0(k), x_i(k)]$$

满足：

（1）规范性：$\gamma(X_0, X_i) \in (0, 1]$，$\gamma(X_0, X_i)=1 \Leftrightarrow X_0 = X_i$；

（2）接近性：$|x_0(k)-x_i(k)|$ 越小，$\gamma(x_0(k), x_i(k))$ 越大。

则称 $\gamma(X_0, X_i)$ 是特征行为数据序列 X_0 与因素行为数据序列 X_i 的灰色关联度，$\gamma[x_0(k), x_i(k)]$ 是特征行为数据序列 X_0 与因素行为数据序列 X_i 在序号 k 点的关联系数，且称条件（1）与（2）是灰色关联公理。

定义 6.18　设系统特征行为数据序列为 $X_0 = [x_0(1), x_0(2), \cdots, x_0(n)]$，系统因素行为数据序列为

$$X_1 = [x_1(1), x_1(2), \cdots, x_1(n)]$$
$$\vdots$$
$$X_i = [x_i(1), x_i(2), \cdots, x_i(n)]$$
$$\vdots$$
$$X_m = [x_m(1), x_m(2), \cdots, x_m(n)]$$

对于 $\varphi \in (0, 1)$，令

$$\gamma[x_0(k), x_i(k)] = \frac{\min\limits_i \min\limits_k |x_0(k) - x_i(k)| + \varphi \max\limits_i \max\limits_k |x_0(k) - x_i(k)|}{|x_0(k) - x_i(k)| + \varphi \max\limits_i \max\limits_k |x_0(k) - x_i(k)|}$$

$$\gamma(X_0, X_i) = \frac{1}{n}\sum_{k=1}^{n}\gamma[x_0(k), x_i(k)] \tag{6.39}$$

式（6.39）中，φ 称为分辨率（一般取 $\varphi=0.5$）；$\gamma(X_0, X_i)$ 称为系统特征行为数据序列 X_0 和影响行为数据序列 X_i 的灰色关联度。

灰色关联度 $\gamma(X_0, X_i)$ 一般简记为 γ_{0i}，在序号 k 点关联系数 $\gamma[x_0(k),$

$x_i(k)]$ 一般简记为 $\gamma_{0i}(k)$。

根据定义 6.18 中定义的计算式可以得到灰色关联度的一般计算步骤如下：

第一步，计算各行为数据序列的均值像（或初值像，或区间值像）。令

$$X_i^* = \frac{X_i}{\overline{X}_i} = [x_i^*(1), x_i^*(2), \cdots x_i^*(n)], \overline{X}_i = \frac{1}{n}\sum_{k=1}^{n} x_i(k), i = 0,1,\cdots,m$$

第二步，计算系统特征行为数据序列 X_0 和因素行为数据序列 X_i 的均值像（或初值像，或区间值像）对应分量之差的数据序列。记

$\Delta_i(k) = |x_0^*(k) - x_i^*(k)|$，$\Delta_i = [\Delta_i(1), \Delta_i(2), \cdots, \Delta_i(n)]$，$i = 1, 2, \cdots, m$

第三步，寻找 $\Delta_i(k) = |x_0^*(k) - x_i^*(k)|$，$i = 1$，2，…，$m$；$k = 1$，2，…，$n$ 的最小值和最大值。分别记为

$$m = \min_i \min_k \Delta_i(k), M = \max_i \max_k \Delta_i(k)$$

第四步，求关联系数

$$\gamma_{0i}(k) = \frac{m + \varphi M}{\Delta_i(k) + \varphi M}, 0 < \varphi < 1, k = 1,2,\cdots,n; i = 1,2,\cdots,m$$

第五步，最后计算出关联系数的平均值，即为所求的关联度。

$$\gamma_{0i} = \frac{1}{n}\sum_{k=1}^{n} \gamma_{0i}(k), i = 1,2,\cdots,m$$

6.3.3　基于灰色关联度的组合预测模型的构建

采用灰色关联度分析方法计算单一预测模型预测值数据序列与实际监测数据序列的灰色关联度 γ_{0i}。灰色关联度 γ_{0i} 越大，表明单一预测模型的拟合预测值数据序列与实际监测数据序列越接近，该单一预测模型拟合预测效果越好，并以此判断单一预测模型的优劣情况，挖掘出较优的单一预测模型，利用关联度确定组合模型权重系数。灰色关联度 γ_{0i} 越大，表明实际监测数据序列 X_0 与单一预测模型预测值数据序列 X_i 的关联程度越高，预测值的演变趋势越接近实际值的演变趋势，单一预测模型的预测误差就越小，在结果组合预测模型中则应赋予较大的权重系数。组合预测模型构建的一般流程如图 6.4 所示。

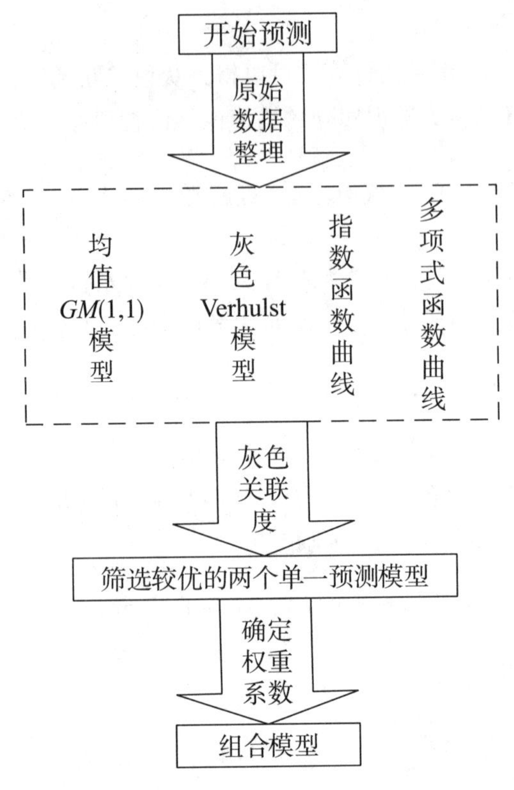

图 6.4　组合预测模型的构建流程

利用灰色关联度计算单一预测模型的组合权重系数 ω_i，则：

$$\omega_i = \frac{\varphi_i}{\sum_{i=1}^{m}\varphi_i}, i = 1, 2, \cdots, m \tag{6.40}$$

其中：

$$\varphi_i = 1 - \frac{(1 - \gamma_{0i})}{\sqrt{\sum_{i=1}^{m}(1 - \gamma_{0i})^2}} \tag{6.41}$$

权重系数 ω_i 满足 $\sum_{i=1}^{m}\omega_i = 1$ 且 $\omega_i \in (0,1)$。

组合模型就是有效地将各种不同的单一预测模型进行融合，充分整合各种单一预测模型的优势，提高预测精度。组合模型预测值的一般公式为：

$$\tilde{x}(k) = \sum_{i=1}^{m}\omega_i\tilde{x}_i(k), k = 1, 2, \cdots, n \tag{6.42}$$

式（6.42）中，$\widetilde{x}(k)$ 表示在序号 k 点组合模型的预测值；$\widetilde{x}_i(k)$ 表示第 i 个单一预测模型在序号 k 点的预测值；ω_i 表示第 i 个单一预测模型的权重系数。

6.4　预测模型的精度检验

预测模型建立之后必须经过检验才能用于预测，其目的是判断预测模型是否能够真实地反映预测对象的发展规律。预测效果的好坏是判别预测模型是否真实反映预测对象发展规律优劣的基本准则，预测效果越好，预测模型的精确性就越高，预测能力就越强，预测结果的说服力就越高。

误差检验是对模型预测结果与实际结果的偏差程度的一种度量方法。模型预测结果与实际结果的偏差越大，模型预测精度就越低。本书采用相对平均绝对误差 $\bar{\varepsilon}$ 对天然气安全预测模型进行拟合预测效果检验，依据检验结果判定天然气安全预测模型的拟合精度，相对平均绝对误差 $\bar{\varepsilon}$ 的精度标准见表 6.1。当预测模型的预测效果为良或优时，表明该预测模型的预测结果具有一定的说服力，则该预测模型可用于未来趋势预测。相对平均绝对误差的计算公式为：

$$\bar{\varepsilon}=\frac{1}{n}\sum_{k=1}^{n}\left|\frac{\widetilde{x}_k-x_k}{x_k}\right|\times 100\%\ ,\quad k=1,2,\cdots,n \tag{6.43}$$

式（6.43）中，$\widetilde{x}_k$ 表示第 k 个预测值；x_k 表示第 k 个实际值；n 表示预测数据的总数量。

表 6.1　预测模型的 $\bar{\varepsilon}$ 精度标准对照

$\bar{\varepsilon}$	预测效果	$\bar{\varepsilon}$	预测效果
[0，10%]	优	(20%，50%]	一般
(10%，20%]	良	(50%，+∞)	差

6.5 预警指标预测方法的应用

6.5.1 C-D 生产函数扩展模型的应用

本书以中国天然气产量为例，构建 C-D 生产函数扩展模型预测中国天然气产量。中国天然气安全预警的原始相关数据如附录 1 所示。

科学技术既是驱动中国能源转型的根本动力，又是提升能源产量的关键要素。本书将天然气剩余技术可采储量、劳动力、投入资金作为影响天然气产量的重要投入要素，构建基于改进 C-D 生产函数的天然气产量预测模型。根据附表 1-1、附表 1-2 和附表 1-3 中 2006—2019 年天然气产量及其影响因素（劳动力、投入资金和天然气剩余技术可采储量）相关数据，采用灰色相对关联度分析天然气产量与各影响因素之间的相关性。本书利用 GSTAV7.0 软件计算天然气产量与各影响因素以及因素之间的灰色相对关联度，结果见表 6.2。由表 6.2 可知，对天然气产量影响最大的是天然气剩余技术可采储量，其次是投入资金，第三是劳动力。天然气产量与各影响因素之间具有一定的相关性，且各影响因素之间的灰色相对关联度均小于 0.8，表明各影响因素之间不存在明显的多重共线性问题[137]，均可作为天然气产量的影响因素变量。根据式（6.4）构建中国天然气产量 C-D 生产函数预测模型，利用最小二乘法求得待定参数天然气产量综合技术水平 $G_{PL}=10^{-2.9247}$，$\alpha_1=0.1625$，$\alpha_2=0.0512$，$\alpha_3=1.0309$，可决系数 $R^2=0.9892$，$F=304.14$，且拟合相对平均绝对误差 $\bar{\varepsilon}=2.76\%<10\%$，表明 C-D 生产函数扩展模型拟合预测精度为“优”，对后续天然气产量预测具有很强的说服力，该模型可用于未来趋势预测。中国天然气产量的 C-D 生产函数模型为：$Q_P=10^{-2.9247}K_G^{0.1625}L_G^{0.0512}G_R^{1.0309}$。2020—2030 年中国天然气产量影响因素指标数据的预测结果见附表 3-1，利用上述 C-D 生产函数扩展模型，根据附表 3-1 的相关数据预测 2020—2030 年中国天然气产量，预测结果见表 6.3。

表 6.2　天然气产量与各影响因素的灰色相对关联度

变量	Q_P	G_R	L_G	K_G
Q_P	1	0.7981	0.5949	0.7488
G_R		1	0.6591	0.6483
L_G			1	0.5472
K_G				1

表 6.3　2020—2030 年天然气产量预测结果（单位：10^8 m^3）

年份	2020	2021	2022	2023	2024	2025	2026	2027	2028	2029	2030
Q_P	1843	1963	2087	2217	2353	2494	2641	2794	2952	3117	3288

6.5.2　逐步回归分析天然气需求函数模型的应用

本书以中国天然气需求为例，构建逐步回归分析天然气需求函数模型预测中国天然气需求量。将经济发展水平、收入水平、社会发展水平、城镇化水平、能源消费结构、产业结构、消费水平等作为影响天然气需求的因素，构建基于逐步回归分析的天然气需求函数预测模型。根据附表 1－1、附表 1－2 和附表1－4中 2005—2020 年天然气需求量及其影响因素指标相关数据，利用邓氏关联度分析天然气需求量与影响因素之间的相关性。本书利用 GSTAV7.0 软件计算天然气需求量与各影响因素的邓氏关联度，结果见表 6.4。由表 6.4 可知，天然气需求量与各影响因素的邓氏关联度均大于 0.6，表明各影响因素与需求量之间具有一定的相关性，均可作为影响因素指标，对天然气需求量影响最大的是消费水平，其次是国内生产总值，第三是收入水平，第四是能源消费结构，第五是城镇化水平，第六是产业结构，最后是社会发展水平。

根据表 6.4 中的关联度值，由大到小逐一把影响因素选入天然气需求函数模型，且以 $P=5\%$为标准进行统计显著性检验。根据式（6.16）构建逐步回归分析天然气需求函数模型，将关联度最大的消费水平选入天然气需求函数模型，将此模型称为模型Ⅰ，统计显著性水平检验结果见表 6.5。此时除模型Ⅰ外还有 6 个影响因素，与天然气需求量关联度较大的经济发展水平和收入水平依次选入模型Ⅰ，模型中均有因素未通过统计显著性检验（经济发展水平：$P_{CL}=10.5\%$；收入水平：$P_{CL}=60.9\%$）。在余下 4 个可选入的影响因素中，能源消费结构与天然气需求量关联度较大，选入模型Ⅰ后，构建具有消费水平和能源消费结构的模型Ⅱ，模型Ⅱ中所有因素均通过了统计显著性水平检验，结果见表6.5。将模型Ⅱ之外影响因素中关联度相对较大的城镇化水平选入模型Ⅱ，其未通过统计显著性水平检验（城镇化水平：$P_{UR}=12.0\%$）。这时在模型Ⅱ外尚有2个影响因素。其中与天然气需求量关联度较大者是产业结构，故把产业结构影响选入模型Ⅱ，建立具有消费水平、能源消费结构和产业结构的模型Ⅲ，模型Ⅲ中所有因素均通过了统计显著性水平检验，结果见表6.5。此时，还有可选入影响因素社会发展在模型Ⅲ外，故在选入模型Ⅲ中进行统计显著性检验时未通过检验（社会发展：$P_{SP}=53.4\%$）。在模型Ⅲ外已无可选入模型的影响因素，故终止选择影响因素程序，此时构建的模型Ⅲ为“最佳”天然气需求函数模型，并用其拟合2005—2020年数据，拟合相对平均绝对误差$\bar{\varepsilon}=1.66\%<10\%$，表明天然气需求函数模型拟合预测精度为“优”，对后续天然气需求量预测具有很强的说服力。该模型可用于未来趋势预测。模型Ⅲ的可决系数$R^2=0.999$，表明模型Ⅲ的解释能力达到了99.9%，待定系数$\beta_1=3.929$，$\beta_6=1.242$，$\beta_7=-0.541$，$\beta_8=0.284$。中国天然气需求量的逐步回归分析天然气需求函数模型为：$\ln Q_D=3.929+1.242\ln ES-0.541\ln IS+0.284\ln CL$。2020—2030年天然气需求影响因素预测结果见附表3－2。利用上述逐步回归分析天然气需求函数模型，根据附表3－2的相关数据预测2021—2030年中国天然气需求量，预测结果见表6.6。

表6.4 天然气需求量与各影响因素的邓氏关联度

变量	*GDP*	*I*	*SP*	*UR*	*ES*	*IS*	*CL*
Q_D	0.8752	0.7659	0.6069	0.6251	0.7185	0.6154	0.9395

表6.5 逐步回归分析天然气需求函数模型检验结果

模型名称	变量	*Std. Error*	*Beta*	*t*	*P*	R^2	*F*
模型Ⅰ	修正的$R^2=0.991$					0.992	1637.104
	CL	0.025	0.996	40.461	0.000		
模型Ⅱ	修正的$R^2=0.998$					0.998	3767.774
	CL	0.104	0.267	2.603	0.022		
	ES	0.159	0.733	7.142	0.000		

续表6.5

模型名称	变量	*Std. Error*	*Beta*	*t*	*P*	R^2	*F*
模型Ⅲ	修正的 R^2 =0.999					0.999	3592.730
	CL	0.087	0.282	3.276	0.007		
	ES	0.139	0.803	8.915	0.000		
	IS	0.211	−0.088	−2.566	0.025		

表 6.6　2021—2030 年中国天然气需求量预测结果（单位：10^8 m^3）

年份	2021	2022	2023	2024	2025	2026	2027	2028	2029	2030
Q_D	3446	3702	3978	4273	4591	4932	5299	5692	6116	6570

6.5.3　组合预测模型的应用

本书以中国天然气安全预警指标数据预测为例，构建组合模型预测中国天然气安全预警指标。除天然气自给率、天然气消费中 CO_2 排放量和天然气供需增量比是根据表 6.3 天然气产量预测结果与表 6.6 天然气需求量预测结果，按照式（5.1）、式（5.3）和式（5.9）测算得到以外（测算结果见表 6.7），其他预警指标数据均采用组合模型进行预测。具体如下：

（1）分析附表 2-1 中 2005—2020 年天然气储采比数据特征，利用 6.3 节基于灰色关联度的组合模型预测方法拟合 2005—2020 年数据，各单一预测模型的灰色关联度 $\gamma_{GM(1,1)}=0.877$，$\gamma_{灰色Verhulst}=0.928$，$\gamma_{指数函数}=0.821$，$\gamma_{多项式函数}=0.811$，则关联度较大的两个单一预测模型的权重系数 $\omega_{灰色Verhulst}=0.7833$，$\omega_{GM(1,1)}=0.2167$，构建的组合模型拟合相对平均绝对误差 $\bar{\varepsilon}=4.32\%<10\%$，表明该组合模型拟合预测精度为“优”，对天然气储采比的未来趋势预测具有很强的说服力。该模型可用于未来趋势预测。天然气储采比的组合预测模型为：

$$x(k)=0.7833\times\left[\frac{18.8932}{0.4746-0.144e^{-0.3306(k-1)}}\right]+0.2167\times(48.358-0.6836k)$$

其中，$k=1$，2，…，26。利用该组合模型对 2021—2030 年天然气储采比进行预测，预测结果见表 6.7。

（2）分析附表 2-1 中 2005—2020 年天然气产量占世界总产量的比例数据

特征，利用6.3节基于灰色关联度的组合模型预测方法拟合2005—2020年数据，各单一预测模型的灰色关联度 $\gamma_{GM(1,1)}=0.8535$，$\gamma_{灰色Verhulst}=0.6449$，$\gamma_{指数函数}=0.7821$，$\gamma_{多项式函数}=0.8826$，则关联度较大的两个单一预测模型的权重系数 $\omega_{多项式函数}=0.7009$，$\omega_{GM(1,1)}=0.2991$，构建的组合模型拟合相对平均绝对误差 $\bar{\varepsilon}=3.45\%<10\%$，表明该组合模型拟合预测精度为“优”，对天然气产量占世界总产量的比例的未来趋势预测具有很强的说服力。该模型可用于未来趋势预测。天然气产量占世界总产量的比例的组合预测模型为：

$$x(k)=0.2991\times0.2998e^{0.00496(k-1)}+0.7009\times(1.6547+0.2389k-0.0033k^2)$$

其中，$k=1, 2, \cdots, 26$。利用该组合模型对2021—2030年天然气产量占世界总产量的比例进行预测，预测结果见表6.7。

（3）分析附表2-1中2005—2020年天然气储量替代率的数据特征，利用6.3节基于灰色关联度的组合模型预测方法拟合2005—2020年数据，各单一预测模型的灰色关联度 $\gamma_{GM(1,1)}=0.789439$，$\gamma_{灰色Verhulst}=0.733165$，$\gamma_{指数函数}=0.758217$，$\gamma_{多项式函数}=0.764673$，则关联度较大的两个单一预测模型的权重系数 $\omega_{GM(1,1)}=0.566697$，$\omega_{多项式函数}=0.433303$，构建的组合模型拟合相对平均绝对误差 $\bar{\varepsilon}=19.77\%<20\%$，表明该组合模型拟合预测精度为“良”，对天然气储量替代率的未来趋势预测具有一定的说服力，该模型可用于未来趋势预测。天然气储量替代率的组合预测模型为：

$$x(k)=0.566697\times8.52797e^{-0.0221(k-1)}+0.433303\times(8.8833-0.4304k+0.0201k^2)$$

其中，$k=1, 2, \cdots, 26$。利用该组合模型对2021—2030年天然气储量替代率进行预测，预测结果见表6.7。

（4）分析附表2-1中2005—2020年天然气进口份额数据特征，利用6.3节基于灰色关联度的组合模型预测方法拟合2011—2020年数据，各单一预测模型的灰色关联度 $\gamma_{GM(1,1)}=0.7605$，$\gamma_{灰色Verhulst}=0.7613$，$\gamma_{指数函数}=0.6759$，$\gamma_{多项式函数}=0.7699$，则关联度较大的两个单一预测模型的权重系数 $\omega_{灰色Verhulst}=0.4779$，$\omega_{多项式函数}=0.5221$，构建的组合模型拟合相对平均绝对误差 $\bar{\varepsilon}=6.11\%<10\%$，表明该组合模型拟合预测精度为“优”，对天然气进口份额的未来趋势预测具有很强的说服力，该模型可用于未来趋势预测。天然气进口份额的组合预测模型为：

$$x(k)=0.4779\times\left[\frac{0.8196}{0.0539+0.2159e^{-0.2698(k-1)}}\right]+0.5221\times(2.7929+0.1349k+0.0752k^2-0.0032k^3)$$

其中，$k=1,2,\cdots,20$。利用该组合模型对2021—2030年天然气进口份额进行预测，预测结果见表6.7。

（5）分析附表2－1中2005—2020年天然气进口集中度的数据特征，利用6.3节基于灰色关联度的组合模型预测方法拟合2006—2020年数据，各单一预测模型的灰色关联度$\gamma_{GM(1,1)}=0.768229$，$\gamma_{灰色Verhulst}=0.760489$，$\gamma_{指数函数}=0.756864$，$\gamma_{多项式函数}=0.769894$，则关联度较大的两个单一预测模型的权重系数$\omega_{GM(1,1)}=0.4956$，$\omega_{多项式函数}=0.5044$，构建的组合模型拟合相对平均绝对误差$\bar{\varepsilon}=2.57\%<10\%$，表明该组合模型拟合预测精度为“优”，对天然气进口集中度的未来趋势预测具有很强的说服力，该模型可用于未来趋势预测。天然气进口集中度的组合预测模型为：

$$x(k)=0.4956\times 102.42659\mathrm{e}^{-0.0245(k-1)}+0.5044\times(101.95-1.6366k-0.0273k^2)$$

其中，$k=1,2,\cdots,25$。利用该组合模型对2021—2030年天然气进口集中度进行预测，预测结果见表6.7。

（6）分析附表2－1中2005—2020年国际天然气价格波动率的数据特征，利用6.3节基于灰色关联度的组合模型预测方法拟合2012—2020年数据，各单一预测模型的灰色关联度$\gamma_{GM(1,1)}=0.8191$，$\gamma_{灰色Verhulst}=0.8258$，$\gamma_{指数函数}=0.8033$，$\gamma_{多项式函数}=0.8032$，则关联度较大的两个单一预测模型的权重系数$\omega_{灰色Verhulst}=0.5228$，$\omega_{GM(1,1)}=0.4772$，构建的组合模型拟合相对平均绝对误差$\bar{\varepsilon}=13.05\%<20\%$，表明该组合模型拟合预测精度为“良”，对国际天然气价格波动率的未来趋势预测具有较强的说服力，该模型可用于未来趋势预测。国际天然气价格波动率的组合预测模型为：

$$x(k)=0.5228\times\left[\frac{-3.0454}{-0.2078+0.18\mathrm{e}^{-0.0278(k-1)}}\right]+0.4772\times 88.8344\mathrm{e}^{-0.0585(k-1)}$$

其中，$k=1,2,\cdots,19$。利用该组合模型对2021—2030年国际天然气价格波动率进行预测，预测结果见表6.7。

（7）分析附表2－1中2005—2020年天然气占能源消费总量的比重数据特征，利用6.3节基于灰色关联度的组合模型预测方法拟合2005—2020年数据，各单一预测模型的灰色关联度$\gamma_{GM(1,1)}=0.8151$，$\gamma_{灰色Verhulst}=0.8463$，$\gamma_{指数函数}=0.7669$，$\gamma_{多项式函数}=0.8972$，则关联度较大的两个单一预测模型的权重系数$\omega_{灰色Verhulst}=0.3433$，$\omega_{多项式函数}=0.6567$，构建的组合模型拟合相对平均绝对误差$\bar{\varepsilon}=2.02\%<10\%$，表明该组合模型拟合预测精度为“优”，对天然气占能源

消费总量的比重未来趋势预测具有很强的说服力，该模型可用于未来趋势预测。天然气占能源消费总量的比重的组合预测模型为：

$$x(k)=0.3433\times\left[\frac{0.2921}{0.0184+0.1033e^{-0.1217(k-1)}}\right]+0.6567\times(2.0239+0.3438k-0.0042k^{2}+0.0005k^{3})$$

其中，$k=1$，2，…，26。利用该组合模型对2021—2030年天然气占能源消费总量的比重进行预测，预测结果见表6.7。

（8）分析附表2－1中2005—2020年碳强度数据特征，利用6.3节基于灰色关联度的组合模型预测方法拟合2005—2020年数据，各单一预测模型的灰色关联度$\gamma_{GM(1,1)}=0.8676$，$\gamma_{灰色Verhulst}=0.9176$，$\gamma_{指数函数}=0.8265$，$\gamma_{多项式函数}=0.9003$，则关联度较大的两个单一预测模型的权重系数$\omega_{灰色Verhulst}=0.612976$，$\omega_{多项式函数}=0.387024$，构建的组合模型拟合相对平均绝对误差$\bar{\varepsilon}=1.55\%<10\%$，表明该组合模型拟合预测精度为“优”，对碳强度的未来趋势预测具有很强的说服力，该模型可用于未来趋势预测。中国碳强度的组合预测模型为：

$$x(k)=0.612976\times\left[\frac{0.1967}{-0.0416+0.1023e^{0.0607(k-1)}}\right]+0.387024\times(0.009k^{2}-0.3009k+3.5047)$$

其中，$k=1$，2，…，26。利用该组合模型对2021—2030年碳强度进行预测，预测结果见表6.7。

（9）分析附表2－1中2005—2020年天然气消费强度的数据特征，利用6.3节基于灰色关联度的组合模型预测方法拟合2005—2020年数据，各单一预测模型的灰色关联度$\gamma_{GM(1,1)}=0.7435$，$\gamma_{灰色Verhulst}=0.7507$，$\gamma_{指数函数}=0.7438$，$\gamma_{多项式函数}=0.7650$，则关联度较大的两个单一预测模型的权重系数$\omega_{灰色Verhulst}=0.4646$，$\omega_{多项式函数}=0.5354$，构建的组合模型拟合相对平均绝对误差$\bar{\varepsilon}=2.04\%<10\%$，表明该组合模型拟合预测精度为“优”，对天然气消费强度的未来趋势预测具有很强的说服力，该模型可用于未来趋势预测。中国天然气消费强度的组合预测模型为：

$$x(k)=0.4646\times\left[\frac{1.441}{0.067-0.009e^{0.0579(k-1)}}\right]+0.5354\times(0.0145k^{2}+0.179k+24.969)$$

其中，$k=1$，2，…，26，利用该组合模型对2021—2030年天然气消费强度进行预测，预测结果见表6.7。

（10）分析附表2－1中2005—2020年天然气储备率的数据特征，利用6.3节基于灰色关联度的组合模型预测方法拟合2005—2020年数据，各单一预测模型的灰色关联度$\gamma_{GM(1,1)}=0.998817$，$\gamma_{灰色Verhulst}=0.888436$，$\gamma_{指数函数}=0.998696$，$\gamma_{多项式函数}=0.99958$，则关联度较大的两个单一预测模型的权重系数$\omega_{GM(1,1)}=0.0783$，$\omega_{多项式函数}=0.9217$，构建的组合模型拟合相对平均绝对误差$\bar{\varepsilon}=11.16\%<20\%$，表明该组合模型拟合预测精度为“良”，对天然气储备率的未来趋势预测具有较强的说服力，该模型可用于未来趋势预测。天然气储备率的组合预测模型为：

$$x(k)=0.0783\times 1.884089e^{0.0403(k-1)}+0.9217\times(3.1268-0.313k+0.0233k^2)$$

其中，$k=1$，2，…，26。利用该组合模型对2021—2030年天然气储备率进行预测，预测结果见表6.7。

（11）分析附表2－1中2005—2020年替代能源占能源消费量的比重数据特征，利用6.3节基于灰色关联度的组合模型预测方法拟合2005—2020年数据，各单一预测模型的灰色关联度$\gamma_{GM(1,1)}=0.860956$，$\gamma_{灰色Verhulst}=0.933898$，$\gamma_{指数函数}=0.747995$，$\gamma_{多项式函数}=0.943082$，则关联度较大的两个单一预测模型的权重系数$\omega_{GM(1,1)}=0.410737$，$\omega_{多项式函数}=0.589263$，构建的组合模型拟合相对平均绝对误差$\bar{\varepsilon}=0.87\%<10\%$，表明该组合模型拟合预测精度为“优”，对替代能源占能源消费量的比重未来趋势预测具有很强的说服力，该模型可用于未来趋势预测。替代能源占能源消费量的比重的组合预测模型为：

$$x(k)=0.410737\times 9.2944e^{0.062(k-1)}+0.589263\times(7.5067+1.0162k-0.0226k^2+0.0005k^3)$$

其中，$k=1$，2，…，20。利用该组合模型对2021—2030年替代能源占能源消费量的比重进行预测，预测结果见表6.7。

（12）分析附表2－1中2005—2020年天然气管输长度数据特征，利用6.3节基于灰色关联度的组合模型预测方法拟合2005—2020年数据，各单一预测模型的灰色关联度$\gamma_{GM(1,1)}=0.778899$，$\gamma_{灰色Verhulst}=0.891057$，$\gamma_{指数函数}=0.765579$，$\gamma_{多项式函数}=0.872716$，则关联度较大的两个单一预测模型的权重系数$\omega_{灰色Verhulst}=0.592769$，$\omega_{多项式函数}=0.407231$，构建的组合模型拟合相对平均绝对误差$\bar{\varepsilon}=4.87\%<10\%$，表明该组合模型拟合预测精度为“优”，对天然气管输长度的未来趋势预测具有很强的说服力，该模型可用于未来趋势预测。天然气管输长度的组合预测模型为：

$$x(k)=0.592769\times\left[\frac{0.4864}{0.0467+0.127e^{-0.1737(k-1)}}\right]+0.407231\times(2.0854+0.4719k-0.0036k^2)$$

其中，$k=1$，2，…，26。利用该组合模型对2021—2030年天然气管输长度进行预测，预测结果见表6.7。

表6.7　2021—2030年中国天然气安全预警指标预测结果

年份	2021	2022	2023	2024	2025	2026	2027	2028	2029	2030
C_1	39.49	39.40	39.31	39.22	39.14	39.05	38.97	38.88	38.80	38.72
C_2	4.85	5.02	5.18	5.34	5.50	5.67	5.83	5.99	6.16	6.32
C_3	6.59	6.63	6.69	6.78	6.88	6.99	7.14	7.29	7.47	7.67
C_4	56.96	56.37	55.73	55.07	54.32	53.55	52.73	51.86	50.96	50.05
C_5	12.51	13.23	13.86	14.40	14.85	15.19	15.44	15.57	15.58	15.47
C_6	69.84	67.71	65.57	63.42	61.27	59.11	56.94	54.76	52.57	50.37
C_7	46.99	44.48	42.18	40.06	38.11	36.302	34.63	33.07	31.62	30.26
C_8	20.38	48.44	47.10	46.10	44.34	43.11	41.69	40.20	38.92	37.67
C_9	9.17	9.76	10.38	11.02	11.69	12.39	13.12	13.88	14.68	15.51
C_{10}	0.8749	0.8468	0.8283	0.8191	0.8190	0.8278	0.8453	0.8715	0.9061	0.9489
C_{11}	687.83	738.93	794.02	852.90	916.38	984.44	1057.69	1136.14	1220.77	1311.39
C_{12}	32.36	33.21	34.13	35.15	36.26	37.51	38.90	40.48	42.30	44.41
C_{13}	4.47	4.94	5.46	6.02	6.62	7.27	7.96	8.70	9.48	10.30
C_{14}	16.75	17.34	17.91	18.44	18.96	19.46	19.95	20.42	20.89	21.36
C_{15}	9.09	9.35	9.58	9.79	9.99	10.19	10.37	10.54	10.69	10.85

第7章　天然气安全预警评价分析技术与方法

天然气安全预警评价技术与方法是综合分析天然气安全状态的关键，确定预警指标权重是预警综合评价的重点，构造预警综合评价模型是预警评价的核心，明确预警等级是预警评价的关键，本章将对上述内容进行研究。

7.1　天然气安全预警指标权重的确定方法

在天然气安全预警评价中，科学精准地确定预警指标权重系数对评价结果至关重要。根据计算天然气安全预警指标权重时原始数据来源的差异，可将天然气安全预警指标赋权方法分为主观赋权法与客观赋权法两种。其中，主观赋权是依据专家丰富的经验确定预警指标权重，含有较重的主观色彩；客观赋权是依赖数据信息的变异程度进行赋权。为避免过度依赖专家的知识、经验及其偏好，防止重要指标因取值波动程度极小而失去在评价中的重要作用，本书将客观赋权法与主观赋权法通过集成方式进行组合赋权，组合赋权可弥补主客观方法的不足。

7.1.1　序关系分析法

序关系分析法是一种无须一致性检验的主观赋权新方法，其具有计算量相对较小，方法简便、直观，便于应用的特点[141]。

7.1.1.1　确定序关系

定义7.1　若预警评价指标 x_i 相对于某预警评价标准的重要性程度不小于预警评价指标 x_j 时，则记为 $x_i > x_j$。

定义 7.2　若预警评价指标 x_1，x_2，…，x_m 相对于某预警评价标准具备关系式

$$x_1^{\#} > x_2^{\#} > \cdots > x_m^{\#} \tag{7.1}$$

则称预警评价指标 x_1，x_2，…，x_m 之间按照“>”确立了序关系。此处的 $x_i^{\#}$ 表示$\{x_i\}$按照序关系“>”确定顺序后的第 i 个预警评价指标（$i=1$，2，…，m）。

对于预警评价指标集$\{x_1，x_2，\cdots，x_m\}$，可根据以下步骤建立序关系：

（1）专家在预警评价指标集$\{x_1，x_2，\cdots，x_m\}$中，依据某预警评价标准，仅选出他认为最重要的一个预警评价指标记为 $x_1^{\#}$；

（2）专家在剩余的 $m-1$ 个预警评价指标中，依据某预警评价标准，仅选出他认为最重要的一个预警评价指标记为 $x_2^{\#}$；

⋮

（k）专家在剩余的 $m-k+1$ 个预警评价指标中，依据某预警评价标准，仅选出他认为最重要的一个预警评价指标记为 $x_k^{\#}$；

⋮

（m）经过 $m-1$ 次挑选之后余下的预警评价指标记为 $x_m^{\#}$。

这样就可唯一确定一个序关系（7.1）。对于天然气安全预警评价来说，只给出序关系（7.1）是不够的，需要进一步明确天然气安全预警评价各指标相对于某预警评价标准的权重系数。

特别注意：上文所述预警评价指标$\{x_1，x_2，\cdots，x_m\}$为无序评价指标，而$\{x_1^{\#}，x_2^{\#}，\cdots，x_m^{\#}\}$为无序评价指标按照序关系“>”确定重要程度后的有序评价指标。后文无特别说明的预警评价指标均为无序评价指标。

7.1.1.2　给出 x_{k-1} 与 x_k 之间相对重要程度的比较判断

令专家关于预警评价指标 x_{k-1} 与 x_k 间的重要性程度之比$\frac{\omega_{k-1}}{\omega_k}$的理性判定为：

$$r_k = \frac{\omega_{k-1}}{\omega_k}, k = m, m-1, m-2, \cdots, 4, 3, 2 \tag{7.2}$$

式（7.2）中，r_k 为预警评价指标 x_{k-1} 与 x_k 间的重要性程度之比；ω_{k-1} 为预警评价指标 x_{k-1} 的权重系数；ω_k 为预警评价指标 x_k 的权重系数。当 m 足够大时，由序关系（7.1）可取 $r_m=1$。

r_k 的赋值可参考表 7.1。

表 7.1　r_k 赋值参考

r_k	说明
1.0	预警评价指标 x_{k-1} 与预警评价指标 x_k 具有同样重要性
1.2	预警评价指标 x_{k-1} 比预警评价指标 x_k 稍微重要
1.4	预警评价指标 x_{k-1} 比预警评价指标 x_k 明显重要
1.6	预警评价指标 x_{k-1} 比预警评价指标 x_k 强烈重要
1.8	预警评价指标 x_{k-1} 比预警评价指标 x_k 极端重要
1.1，1.3，1.5，1.7	介于上述赋值中间程度的重要度

关于 r_k 之间的数量约束有如下定理。

定理 7.1　若预警评价指标 $\{x_1, x_2, \cdots, x_m\}$ 具有序关系（7.1），则 x_{k-1} 与 x_k 必满足

$$r_{k-1} > \frac{1}{r_k}, k = m, m-1, m-2, \cdots, 4, 3, 2 \tag{7.3}$$

下面计算权重系数 ω_k。

定理 7.2　若专家给出 r_k 的理性赋值满足关系（7.3），则 ω_m 为

$$\omega_m = \left(1 + \sum_{k=2}^{m} \prod_{i=k}^{m} r_i\right)^{-1} \tag{7.4}$$

而

$$\omega_{k-1} = r_k \omega_k, k = m, m-1, m-2, \cdots, 4, 3, 2 \tag{7.5}$$

以上步骤仅是单个专家决策下的预警评价指标权重系数，假设有 n 个专家参与决策，则第 k 个预警评价指标的专家群决策结果的权重为

$$\bar{\omega}_k = \frac{1}{n} \sum_{j=1}^{n} \omega_k^j, k = 1, 2, \cdots, m \tag{7.6}$$

式（7.6）中，$\bar{\omega}_k$ 为 n 个专家对第 k 个预警评价指标群决策的平均权重；ω_k^j 为第 j 个专家对第 k 个预警评价指标决策的权重系数。

7.1.2　熵值法

熵值法是一种按照天然气安全预警指标观测值所提供信息的变异强弱来判

断预警指标权重系数的客观赋权方法。熵是物理学中的概念，在信息论中称为平均信息量，是信息的一种测度，称为熵。熵值是对天然气安全系统混乱程度或无序程度的刻画，被解释为天然气安全系统的无序程度。

根据信息论的定义，在一个信息通道中传输的第 i 个信号的信息量 I_i 是

$$I_i = -\ln P_i \tag{7.7}$$

式（7.7）中，P_i 是第 i 个信号出现的概率。因此，若有 n 个信号，其出现的概率分别为 P_1，P_2，…，P_n，则这 n 个信号的平均信息量，即熵 e_i 为

$$e_i = -\sum_{i=1}^{n} P_i \ln P_i \tag{7.8}$$

本书将采用熵的概念，给出确定天然气安全预警指标权重大小的熵值法。

令 $x_{ij}(i=1, 2, \cdots, n; j=1, 2, \cdots, m)$ 是第 i 个被评价预警指标对象中的第 j 项指标的观测数据。对于确定的 j，x_{ij} 的差异越大，该预警指标对天然气安全预警的比较作用就越大，也就是该预警指标传输与蕴含的天然气安全预警信息就越多。信息的持续增加表示熵的不断减少，熵可以刻画这种信息量的大小。运用熵值法确定预警评价指标权重系数的步骤如下：

（1）计算第 j 项预警评价指标下，第 i 个被评价预警指标对象的特征比重 P_{ij}，则

$$P_{ij} = \frac{x_{ij}}{\sum_{i=1}^{n} x_{ij}} \tag{7.9}$$

此处假定 $x_{ij} \geqslant 0$，且 $\sum_{i=1}^{n} x_{ij} > 0$。

（2）计算第 j 项预警指标的熵值 E_j，则

$$E_j = -k\sum_{i=1}^{n} P_{ij} \ln(P_{ij}) \tag{7.10}$$

式（7.10）中，$k>0$，$E_j>0$。假如 x_{ij} 对于确定的 j 全部相等，那么 $P_{ij} = \frac{1}{n}$，此时 $E_j = k\ln n$。

（3）计算预警指标 x_j 的差异性系数 d_j，对于确定的 j，若 x_{ij} 的差异越小，那么 E_j 就越大；反之，若 x_{ij} 的差异越大，那么 E_j 就越小。因此定义差异系数 d_j 为

$$d_j = 1 - E_j \tag{7.11}$$

差异系数 d_j 越大，应越重视该项预警指标的作用。

(4) 计算第 j 项预警指标的权重系数 ω_j，则

$$\omega_j = \frac{d_j}{\sum_{j=1}^{m} d_j}, \quad j = 1,2,\cdots,m \tag{7.12}$$

式 (7.12) 中，ω_j 为预警指标归一化的权重系数。

7.1.3 基于“加法”集成法的组合赋权

令 $\omega_{序j}$ 表示预警评价指标 x_j 的序关联分析法权重系数，$\omega_{熵j}$ 表示预警评价指标 x_j 的熵值法权重系数，则组合权重系数 $\omega_{组j}$ 为

$$\omega_{组j} = \rho\omega_{序j} + (1-\rho)\omega_{熵j}, \quad j = 1,2,\cdots,m; 0 \leqslant \rho \leqslant 1 \tag{7.13}$$

构建单一赋权法与组合赋权之间权重的偏差的平方和最小为目标函数，则

$$\min L = \sum_{j=1}^{m} \left[(\omega_{组j} - \omega_{序j})^2 + (\omega_{组j} - \omega_{熵j})^2 \right] \tag{7.14}$$

由式 (7.13)，则有函数

$$\min L = \sum_{j=1}^{m} \{ [\rho\omega_{序j} + (1-\rho)\omega_{熵j} - \omega_{序j}]^2 + [\rho\omega_{序j} + (1-\rho)\omega_{熵j} - \omega_{熵j}]^2 \} \tag{7.15}$$

要使目标函数达到最小值,即对目标函数的 ρ 求一阶导数且令其为零,有

$$\frac{\partial L}{\partial \rho} = 0 \tag{7.16}$$

则有 $-2(1-\rho)+1=0$，故 $\rho = 0.5$。

则有组合权重系数 $\omega_{组j}$ 为

$$\omega_{组j} = 0.5\omega_{序j} + 0.5\omega_{熵j}, \quad j = 1,\ 2,\ \cdots,\ m \tag{7.17}$$

7.2 天然气安全预警综合评价分析方法

“可拓学”是由中国学者蔡文教授于 1983 年发表的《可拓集合和不相容问

题》逐渐发展而创立的新学科，是用形式化的数学模型探索事物拓展的可能性和开拓创新规律，并形成解决事物矛盾问题的方法，以物元变换作为解决事物矛盾问题的手段，对事物的量变和质变过程进行定量刻画，将属于或不属于的定性刻画扩展为定量刻画。由于可拓学中优度评价法是根据关联度 $k_{j^0}(p_0)=\max k_j(p_0)$，确定待评事物 p_0 属于等级 j^0，而关联函数 $k(x)$ 的值域为 $(-\infty,+\infty)$，若 $k_{j^0}(p_0)=\max k_j(p_0)>0$，则 p_0 在所划分的等级范围内；若 $k_{j^0}(p)=\max k_j(p)\leqslant 0$，则 p 不在所划分的等级范围内[142]。由此可见，因关联函数值域为 $(-\infty,+\infty)$，可能出现无法确定待评事物评定等级的情况，且优度出现负值难以精准解释实际现象。鉴于此，本书基于可拓学理论，引入贴近度思想改进关联函数，利用改进的可拓贴近度函数计算反映点与区间距离程度的可拓贴近度，确定天然气安全预警评定等级。

7.2.1 可拓学相关概念

物元、事元和关系元是可拓学的逻辑细胞，可形式化刻画物、事和关系，被统称为基元，而实际生活中的问题通常是十分复杂的，需要使用物元、事元和关系元复合的形式进行表达，统称为复合元[143]。

7.2.1.1 物元

定义7.3　以物 O 为研究对象，c 为特征，O 关于 c 的量值 v 组成的有序三元组为

$$M=(O,\ c,\ v)$$

作为刻画物的基本元，被称为一维物元，物元 M 的三要素为 O,c,v，物 O 的特征元是由 c 与 v 组成的二元组 (c,v)。

定义7.4　物 O 的 n 个特征 $c_1,c_2,\cdots,c_n$ 与 O 关于 $c_i(i=1,2,\cdots,n)$ 对应的量值 $v_i(i=1,2,\cdots,n)$ 所组成的矩阵

$$\boldsymbol{M}=\begin{bmatrix} O & c_1 & v_1 \\ & c_2 & v_2 \\ & \vdots & \vdots \\ & c_n & v_n \end{bmatrix}=(O,\ \boldsymbol{C},\ \boldsymbol{V})$$

称为 n 维物元。

其中：

$$\boldsymbol{C}=\begin{bmatrix}c_1\\c_2\\\vdots\\c_n\end{bmatrix},\quad \boldsymbol{V}=\begin{bmatrix}v_1\\v_2\\\vdots\\v_n\end{bmatrix}$$

7.2.1.2　复合物元

定义 7.5　将 m 个研究对象的 n 维物元组合在一起，可构成复合物元 M_{mn}，记作

$$\boldsymbol{M}_{mn}=\begin{bmatrix} & O_1 & O_2 & \cdots & O_m\\ c_1 & v_{11} & v_{21} & \cdots & v_{m1}\\ c_2 & v_{12} & v_{22} & \cdots & v_{m2}\\ \vdots & \vdots & \vdots & \vdots & \vdots\\ c_n & v_{1n} & v_{2n} & \cdots & v_{mn}\end{bmatrix}=(\boldsymbol{O}_m,\ \boldsymbol{C},\ \boldsymbol{V}_{mn})$$

其中：

$$\boldsymbol{O}_m=\begin{bmatrix}O_1\\O_2\\\vdots\\O_m\end{bmatrix},\quad \boldsymbol{C}=\begin{bmatrix}c_1\\c_2\\\vdots\\c_n\end{bmatrix},\quad \boldsymbol{V}_{mn}=\begin{bmatrix}v_{m1}\\v_{m2}\\\vdots\\v_{mn}\end{bmatrix}$$

在复合物元 $\boldsymbol{M}_{mn}$ 中，$O_j(j=1,2,\cdots,m)$ 表示复合物元 $\boldsymbol{M}_{mn}$ 的第 j 个研究对象；c_i 为研究对象的第 $i(i=1,2,\cdots,n)$ 个特征；v_{ji} 表示复合物元 $\boldsymbol{M}_{mn}$ 的第 j 个研究对象的第 i 个特征 c_i 的量值。

7.2.2　可拓距

为了更好地刻画类内事物的差异，先规定点 x 与区间 $X=\langle a,b\rangle$ 的距离，称为可拓距[143]。有文献认为利用可拓理论进行评价时，因物元各特征量值的单位不同，为避免量纲造成影响，需要对物元进行无量纲化处理[144]。为满足人们的认知，Liu 等(2020) 采用正规化和反正规化对预警指标初始数据进行归一化预处理[145]。然而，经过无量纲化处理的物元特征量值直观上已经失真[146]，不能真切地描述点 x 与区间 $X=\langle a,b\rangle$ 的距离(其中 $\langle a,b\rangle$ 为开区间或闭区间均可)。

定义 7.6　设 X 是一个非空子集，如果存在一个算子

$$d: X \times X \to R$$

使得任意元素 $y,x,z \in X$，下面的性质成立。

(1) 正定性：$d(x,y) \geqslant 0, d(x,x) = 0 \Leftrightarrow x = y$；

(2) 对称性：$d(x,y) = d(y,x)$；

(3) 三角不等式：$d(x,y) \leqslant d(x,z) + d(z,y)$。

那么称算子 $d(x,y)$ 为 x,y 的距离。

定义 7.7　设 c 为 U 中的任一点，$X \subseteq U$，其中 $X = \langle a,b \rangle$，$U = \langle a_0,b_0 \rangle$ 为 $\mathbf{R}^+$ 上任一区间($a_0 \neq b_0$)，$\rho(c,X)$ 表示 c 与 X 之间的距离，称 $\rho(c,X)$ 为 c 与 X 的可拓距。

命题 7.1　任意 $c \in U, X \subseteq U$，$A(x)$ 为 c 上的函数，$B(x)$ 为 X 上的函数，$\rho(c,X) = \dfrac{\int_a^b |A(x) - B(x)| \mathrm{d}x}{|a_0 - b_0|^2}$ 是距离。

证明：

(1) 正定性：因 $|a_0 - b_0|^2 > 0$，$|A(x) - B(x)| \geqslant 0$，$X$ 属于 $\mathbf{R}^+$ 上的区间，所以 $\dfrac{\int_a^b |A(x) - B(x)| \mathrm{d}x}{|a_0 - b_0|^2} \geqslant 0$，故 $\rho(c,X) \geqslant 0$ 成立；

(2) 对称性：$\rho(c,X) = \rho(X,c)$ 显然成立；

(3) 三角不等式：对任意 $C^* \subseteq U$，$C(x)$ 为 C^* 上的函数，有

$$\begin{aligned}
\rho(c,X) &= \frac{\int_a^b |A(x) - B(x)| \mathrm{d}x}{|a_0 - b_0|^2} \\
&= \frac{\int_a^b |A(x) - B(x) + C(x) - C(x)| \mathrm{d}x}{|a_0 - b_0|^2} \\
&\leqslant \frac{\int_a^b |A(x) - C(x)| \mathrm{d}x}{|a_0 - b_0|^2} + \frac{\int_a^b |C(x) - B(x)| \mathrm{d}x}{|a_0 - b_0|^2} \\
&= \rho(c,C^*) + \rho(C^*,X)
\end{aligned}$$

综上，$\rho(c, X)$ 满足距离的所有性质，所以 $\rho(c, X)$ 为距离。

7.2.3　可拓贴近度

为了避免可拓优度评价法的不足，引入贴近度思想来刻画待评对象与经典

域之间的接近程度，待评对象与经典域的可拓距越小，则贴近度值越大，表明两者的接近程度越高，反之越低。其中，经典域是待评对象的所有评价指标相对应的第 j 个预警等级所取的数值范围，通常用 $V_j=(v_{j1},\ v_{j2},\ \cdots,\ v_{jn})$ 表示。目前基于可拓学的天然气安全评价方法的研究[147]是基于此方法开展的。因此，可通过计算待评对象与经典域之间的贴近度程度来判定天然气安全预警等级。

定义 7.8　设 A，B，$C\in U$，若 $N(A,\ B)$ 满足：

(1) $0\leqslant N(A,\ B)\leqslant 1$；

(2) $N(A,\ B)=N(B,\ A)$；

(3) 当 $A\subseteq B\subseteq C$ 时，有 $N(A,\ C)\leqslant N(A,\ B)\wedge N(B,\ C)$。

则称 $N(A,\ B)$ 是 A 与 B 的贴近度，称 N 是 U 上的贴近度。

定义 7.9　设任意 $c\in U$，$X\subseteq U$，称 $N(c,\ X)$ 为 c 与 X 的可拓贴近度，N 为 U 上的可拓贴近度。

命题 7.2　任意 $c\in U$，$X\subseteq U$，记 $N(c,X)=1-\dfrac{\int_a^b |A(x)-B(x)|\,\mathrm{d}x}{|a_0-b_0|^2}$，其中 x 为连续可拓论域。

证明：假设可拓论域 U 是 $\mathbf{R}^+$ 上任一区间，对于 $c\in U$，$X\subseteq U$，以 $A(x)$ 记作 c 的函数，以 $B(x)$ 记作 X 的函数，以 $P(x)=|b_0-a_0|$ 记作 U 的函数，且设函数均可积。

(1) 由 $x\in\mathbf{R}^+$，设 $c\in U$，$X\subseteq U$，故有 $0\leqslant B(x)\leqslant P(x)$，则 $\int_u |B(x)|\,\mathrm{d}x\leqslant\int_u |P(x)|\,\mathrm{d}x$，有 $\int_u |B(x)-A(x)|\,\mathrm{d}x\leqslant\int_u |P(x)-A(x)|\,\mathrm{d}x$，所以 $0\leqslant\int_u |A(x)-B(x)|\,\mathrm{d}x\leqslant\int_u |P(x)|\,\mathrm{d}x$，即 $0\leqslant\dfrac{\int_{a_0}^{b_0}|A(x)-B(x)|\,\mathrm{d}x}{\int_{a_0}^{b_0}|P(x)|\,\mathrm{d}x}\leqslant 1$，显然 $0\leqslant\dfrac{\int_a^b|A(x)-B(x)|\,\mathrm{d}x}{|a_0-b_0|^2}\leqslant 1$ 成立。故 $0\leqslant N(c,\ X)\leqslant 1$ 成立。

(2) $N(c,\ X)=N(X,\ c)$ 显然成立。

(3) 由 $x\in\mathbf{R}^+$，且 $c\subseteq X\subseteq C^*$，由此可得 $|A(x)-C(x)|\geqslant|A(x)-B(x)|$，且 $|A(x)-C(x)|\geqslant|B(x)-C(x)|$。因可拓论域 U 是 $\mathbf{R}^+$ 上任一区间，对任意 $x\in U$ 均有 $x>0$，故 $\int_u |A(x)-C(x)|\,\mathrm{d}x\geqslant$

$\int_u |A(x)-B(x)|\mathrm{d}x \geqslant 0$ 且 $\int_u |A(x)-C(x)|\mathrm{d}x \geqslant \int_u |B(x)-C(x)|\mathrm{d}x \geqslant 0$，而 $|a_0-b_0|^2>0$ 显然成立，

所以

$$\frac{\int_{a_0}^{b_0}|A(x)-C(x)|\mathrm{d}x}{|a_0-b_0|^2} \geqslant \frac{\int_{a_0}^{b_0}|A(x)-B(x)|\mathrm{d}x}{|a_0-b_0|^2} \geqslant 0$$

$$\frac{\int_{a_0}^{b_0}|A(x)-C(x)|\mathrm{d}x}{|a_0-b_0|^2} \geqslant \frac{\int_{a_0}^{b_0}|B(x)-C(x)|\mathrm{d}x}{|a_0-b_0|^2} \geqslant 0$$

即

$$1-\frac{\int_{a_0}^{b_0}|A(x)-C(x)|\mathrm{d}x}{|a_0-b_0|^2} \leqslant 1-\frac{\int_{a_0}^{b_0}|A(x)-B(x)|\mathrm{d}x}{|a_0-b_0|^2}$$

$$1-\frac{\int_{a_0}^{b_0}|A(x)-C(x)|\mathrm{d}x}{|a_0-b_0|^2} \leqslant 1-\frac{\int_{a_0}^{b_0}|B(x)-C(x)|\mathrm{d}x}{|a_0-b_0|^2}$$

可以证得 $N(c, C^*) \leqslant N(c, X) \wedge N(X, C^*)$。

综上可知 $N(c,X)=1-\frac{\int_a^b|A(x)-B(x)|\mathrm{d}x}{|a_0-b_0|^2}$ 满足贴近度公式公理化定义，其中 x 为连续可拓论域。

7.2.4 可拓贴近度的预警综合评价步骤

可拓贴近度综合评价方法步骤的基本流程如图 7.1 所示。

令事物为 O，关于特征 c 的量值为 v。若事物 O 有 n 个特征，记为 c_1，c_2，…，c_n，对应量值记为 v_1，v_2，…，v_n，则物元记为：

$$\boldsymbol{M}=\begin{bmatrix} O & c_1 & v_1 \\ & c_2 & v_2 \\ & \vdots & \vdots \\ & c_n & v_n \end{bmatrix}$$

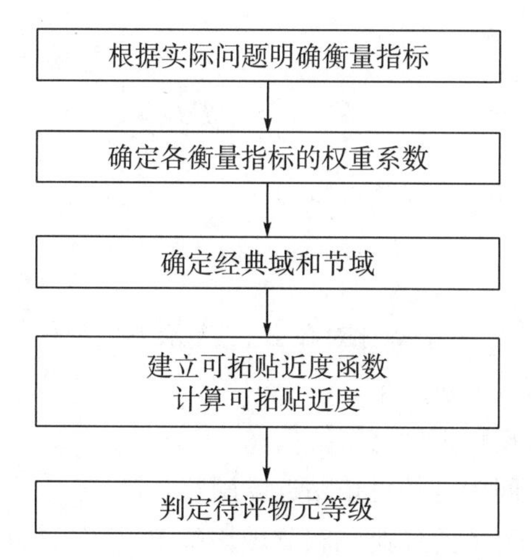

图 7.1　物元可拓贴近度综合评价法的基本流程

第一步：确定经典域。

经典域是各预警指标所处安全状态的直接刻画和表征形式。本书将各预警指标状态的监测等级确定为很安全（O_1）、安全（O_2）、临界安全（O_3）、不安全（O_4）、很不安全（O_5）5 个等级。确定的经典域可表示为：

$$\boldsymbol{M}_j=(O_j,c_i,x_{ji})=\begin{bmatrix} O_j & c_1 & x_{j1} \\ & c_2 & x_{j2} \\ & \vdots & \vdots \\ & c_n & x_{jn} \end{bmatrix}=\begin{bmatrix} O_j & c_1 & \langle a_{j1},b_{j1}\rangle \\ & c_2 & \langle a_{j2},b_{j2}\rangle \\ & \vdots & \vdots \\ & c_n & \langle a_{jn},b_{jn}\rangle \end{bmatrix} \tag{7.18}$$

式（7.18）中，O_j 表示所确定的 j 个等级（$j=1$，2，3，4，5）；c_i 表示等级 O_j 的特征，即第 i 个评价指标（$i=1$，2，…，n）；x_{ji} 表示等级 O_j 关于 c_i 所规定的取值范围，即经典域[148]，且 $x_{ji}=\langle a_{ji}，b_{ji}\rangle$。

第二步：确定节域。

$$\boldsymbol{M}_P=(P,c_i,x_{Pi})=\begin{bmatrix} P & c_1 & x_{P1} \\ & c_2 & x_{P2} \\ & \vdots & \vdots \\ & c_n & x_{Pn} \end{bmatrix}=\begin{bmatrix} P & c_1 & \langle a_{P1},b_{P1}\rangle \\ & c_2 & \langle a_{P2},b_{P2}\rangle \\ & \vdots & \vdots \\ & c_n & \langle a_{Pn},b_{Pn}\rangle \end{bmatrix} \tag{7.19}$$

式（7.19）中，P 表示待评物元的所有评价等级；x_{Pi} 为 P 关于 c_i 所规定的取值范围，即节域。

第三步：确定待评物元矩阵。

对预警评价对象，将所监测获得的数据或分析的结果用物元 $\boldsymbol{M}_0$ 表示，成为预警评价对象的待评物元为：

$$\boldsymbol{M}_0 = (P_0, c_i, x_i) = \begin{bmatrix} P_0 & c_1 & x_1 \\ & c_2 & x_2 \\ & \vdots & \vdots \\ & c_n & x_n \end{bmatrix} \tag{7.20}$$

式（7.20）中，P_0 表示待评对象；x_i 表示 P_0 关于 c_i 的取值，即待评对象监测到的具体数值或分析结果。

第四步：计算可拓贴近度与特征值。

建立最优点在区间中点的可拓贴近度函数：

在天然气安全预警中的经典域和节域均是 $\mathbf{R}^+$ 上的区间，且各经典域中的中值为中点物元 $\boldsymbol{M}_j^*$，有

$$\boldsymbol{M}_j^* = (O_j, c_i, x_{ji}^*) = \begin{bmatrix} O_j & c_1 & \dfrac{a_{j1}+b_{j1}}{2} \\ & c_2 & \dfrac{a_{j2}+b_{j2}}{2} \\ & \vdots & \vdots \\ & c_n & \dfrac{a_{jn}+b_{jn}}{2} \end{bmatrix}$$

由待评物元矩阵和可拓贴近度定义可知，构造最优点在区间中点的可拓贴近度函数为：

$$N_{ji}(M_0, M_{ji}) = 1 - \frac{\int_{a_{ji}}^{b_{ji}} |x_i - x_{ji}^*| \mathrm{d}x}{|b_{pi} - a_{pi}|^2} \tag{7.21}$$

计算待评物元综合可拓贴近度为：

$$N_j(P_0) = \sum_{i=1}^{n} \omega_i N_{ji}(M_0, M_{ji}) \tag{7.22}$$

式（7.22）中，$N_j(P_0)$为待评物元第 j 等级的综合可拓贴近度，表明预警评价对象与经典域的接近程度；ω_i 为待评物元特征 c_i 的权重，且 $\sum_{i=1}^{n}\omega_i = 1$；$N_{ji}(M_0, M_{ji})$为待评物元第 i 个特征的第 j 等级的可拓贴近度。

令 $N_{j^0}(P_0) = \max\limits_{j} N_j(P_0) = \max\limits_{j} \sum_{i=1}^{n} \omega_i N_{ji}(M_0, M_{ji})$，即 $N_{j^0}(P_0)$是各等

级综合可拓贴近度 $N_j(P_0)$ 的最大值，由此判定最大值对应的等级即为该待评物元所属等级 $j^0(j^0=1, 2, 3, 4, 5)$。

对待评物元各等级的可拓贴近度进行规范化处理有：

$$\bar{N}_j(P_0)=\frac{N_j(P_0)-\min\limits_j N_j(P_0)}{\max\limits_j N_j(P_0)-\min\limits_j N_j(P_0)} \tag{7.23}$$

则待评物元的等级变量特征为[146]：

$$j^*=\frac{\sum\limits_{j=1}^{m} j\cdot\bar{N}_j(P_0)}{\sum\limits_{j=1}^{m}\bar{N}_j(P_0)} \tag{7.24}$$

式（7.24）中，j^* 是表示待评物元趋向邻近等级贴近程度的特征值，可通过特征值 j^* 的变化趋势分析天然气安全状态形势的走向。

7.3　天然气安全预警等级的确定

在发出天然气安全预警信号时，预警等级的准确判定显得极其重要，预警等级的判定既要参考同期其他国家或地区的标准，又要考虑本地区天然气安全系统状态变化特征，以及咨询专家意见后进行综合分析，以天然气安全等级为依据进行确定。

从天然气安全的综合目标来看，天然气安全是指一个国家或地区能够持续地获得稳定、经济、足量且清洁的天然气供应，满足一个国家或地区对天然气合理的需求，从而保障一个国家或地区社会稳定和经济可持续发展的状态。因此，从天然气战略目标、经济与政策、国际贸易情况分析，可根据天然气安全系统危机事件的危害程度对天然气安全等级进行划分。天然气安全系统危机事件的危害越大，社会对天然气供应短缺、价格上涨等危机事件的恐慌心理就越严重，对经济发展和社会稳定的影响就越大，天然气安全的等级相应地就越低。

借鉴金融安全评价和国际金融风险预警等级划分的经验，结合天然气行业专家意见，本书将天然气安全状态划分为很安全、安全、临界安全、不安全、很不安全 5 个安全状态，分别对应警度的 5 个等级，即无警、轻警、中警、重警、巨警，可分别用绿灯、蓝灯、黄灯、橙灯和红灯来表示天然气安全状态，见表 7.2。

表 7.2 天然气安全预警等级

等级	等级名称	警度	预警灯	对策
Ⅰ级	很安全	无警	绿灯	忽视
Ⅱ级	安全	轻警	蓝灯	关注
Ⅲ级	临界安全	中警	黄灯	防控
Ⅳ级	不安全	重警	橙灯	应急
Ⅴ级	很不安全	巨警	红灯	修复

第 8 章　天然气安全预警综合评价分析及对策与建议

本章将以中国天然气安全预警为例，利用序关系分析法和熵值法进行组合赋权确定预警指标权重，再根据中国天然气安全实际情况，确定预警界限，最后采用可拓贴近度综合评价模型评价中国天然气安全预警等级。根据中国天然气安全预警分析结果，提出保障中国天然气安全的对策与建议。

8.1　天然气安全预警综合评价

8.1.1　预警指标权重的确定

采用序关系分析法—熵值法的组合赋权方法对中国天然气安全预警指标权重进行计算，具体计算过程如下。

8.1.1.1　采用序关系分析法确定权重值

邀请天然气领域专家对天然气安全预警指标相对重要程度进行评价，依据专家评价结果，采用式（7.4）、式（7.5）和式（7.6）计算得到中国天然气安全预警指标权重系数，结果见表 8.1。

表 8.1　序关系分析法确定预警指标权重系数

综合指标 A	基本指标 B_i	要素指标 C_i	权重系数
天然气安全预警指标体系 A	可利用性 B_1（0.171101）	天然气储采比 C_1	0.077380
		天然气产量占世界总产量的比例 C_2	0.033430
		天然气储量替代率 C_3	0.060291

续表8.1

综合指标 A	基本指标 B_i	要素指标 C_i	权重系数
天然气安全预警指标体系 A	可获得性 B_2 (0.295526)	天然气自给率 C_4	0.177956
		天然气进口份额 C_5	0.039026
		天然气进口集中度 C_6	0.078544
	可承受性 B_3 (0.317624)	国际天然气价格波动率 C_7	0.120187
		天然气供需增量比 C_8	0.172458
		天然气占能源消费总量的比重 C_9	0.024979
	可接受性 B_4 (0.059854)	碳强度 C_{10}	0.023894
		天然气消费中 CO_2 排放量 C_{11}	0.015195
		天然气消费强度 C_{12}	0.020765
	应急调控 B_5 (0.155897)	天然气储备率 C_{13}	0.087444
		替代能源占能源消费量的比重 C_{14}	0.018254
		天然气管输长度 C_{15}	0.050199

8.1.1.2 采用熵值法确定权重值

根据附表2-1中国天然气安全预警指标数据，利用式（7.9）、式（7.10）、式（7.11）和式（7.12）计算中国天然气安全预警指标权重系数，结果见表8.2。

表8.2 熵值法确定预警指标权重系数

综合指标 A	基本指标 B_i	要素指标 C_i	权重系数
天然气安全预警指标体系 A	可利用性 B_1 (0.049845)	天然气储采比 C_1	0.004926
		天然气产量占世界总产量的比例 C_2	0.024366
		天然气储量替代率 C_3	0.020553
	可获得性 B_2 (0.351285)	天然气自给率 C_4	0.016753
		天然气进口份额 C_5	0.283164
		天然气进口集中度 C_6	0.051368
	可承受性 B_3 (0.233768)	国际天然气价格波动率 C_7	0.109443
		天然气供需增量比 C_8	0.076152
		天然气占能源消费总量的比重 C_9	0.048173

续表8.2

综合指标 A	基本指标 B_i	要素指标 C_i	权重系数
天然气安全预警指标体系 A	可接受性 B_4 (0.275285)	碳强度 C_{10}	0.053514
		天然气消费中 CO_2 排放量 C_{11}	0.102233
		天然气消费强度 C_{12}	0.119538
	应急调控 B_5 (0.089818)	天然气储备率 C_{13}	0.022748
		替代能源占能源消费量的比重 C_{14}	0.024747
		天然气管输长度 C_{15}	0.042323

8.1.1.3　组合赋权

采用式（7.17）将序关系分析法的赋权值与熵值法的赋权值进行集成组合赋权，最终得到中国天然气安全预警指标的权重系数，计算结果见表 8.3。

表 8.3　中国天然气安全预警指标权重系数

综合指标 A	基本指标 B_i	要素指标 C_i	权重系数
天然气安全预警指标体系 A	可利用性 B_1 (0.110472)	天然气储采比 C_1	0.041153
		天然气产量占世界总产量的比例 C_2	0.028898
		天然气储量替代率 C_3	0.040422
	可获得性 B_2 (0.323406)	天然气自给率 C_4	0.097354
		天然气进口份额 C_5	0.161095
		天然气进口集中度 C_6	0.064956
	可承受性 B_3 (0.275696)	国际天然气价格波动率 C_7	0.114815
		天然气供需增量比 C_8	0.124305
		天然气占能源消费总量的比重 C_9	0.036576
	可接受性 B_4 (0.167569)	碳强度 C_{10}	0.038704
		天然气消费中 CO_2 排放量 C_{11}	0.058714
		天然气消费强度 C_{12}	0.070151
	应急调控 B_5 (0.122857)	天然气储备率 C_{13}	0.055096
		替代能源占能源消费量的比重 C_{14}	0.021500
		天然气管输长度 C_{15}	0.046261

8.1.2 预警界限的确定

预警界限是每一个预警指标判断不同安全状态的界限值。预警界限是各预警评价指标数值转换为安全状态评价值的准则，确定合理的预警界限是确保天然气安全状态评价精确的根本。为了保证各预警评价指标界限确定的合理性，一般应根据预警评价指标的安全状态，并参照其他国家的标准或经验、各个时期的历史实情和政策，结合未来天然气安全战略发展目标等方面的信息，综合考虑各个预警评价指标的实际情况而确定。本书综合考虑中国天然气供需情况、天然气勘探水平、开采程度、储运能力、调峰能力、进口等方面的实际状况，以及中国经济和天然气未来发展目标，在借鉴现有研究成果的基础上，结合天然气行业专家意见，给出了如表 8.4 所示的预警界限。

表 8.4 天然气安全预警指标预警界限

指标 \ 安全状态	很安全	安全	临界安全	不安全	很不安全
天然气储采比 C_1/年	>60	45～60	30～45	15～30	<15
天然气产量占世界总产量的比例 C_2/%	>10	5～10	3～5	1～3	<1
天然气储量替代率 C_3/常数	>4	2～4	1～2	0.5～1	<0.5
天然气自给率 C_4/%	>130	100～130	70～100	50～70	<50
天然气进口份额 C_5/%	<1	1～3	3～10	10～20	>20
天然气进口集中度 C_6/%	<5	5～10	10～20	20～30	>30
国际天然气价格波动率 C_7/%	<10	10～25	25～50	50～75	>75
天然气供需增量比 C_8/%	>125	100～125	75～100	50～75	<50
天然气占能源消费总量的比重 C_9/%	<3	3～5	5～10	10～20	>20
碳强度 C_{10}/吨/万元	<0.5	0.5～1.2	1.2～2	2～2.9	>2.9
天然气消费中 CO_2 排放量 C_{11}/百万吨	<30	30～50	50～100	100～200	>200
天然气消费强度 C_{12}/%	<25	25～30	30～35	35～40	>40

续表8.4

指标 \ 安全状态	很安全	安全	临界安全	不安全	很不安全
天然气储备率 C_{13}/%	＞30	15～30	8～15	2～8	＜2
替代能源占能源消费量的比重 C_{14}/%	＞50	30～50	20～30	10～20	＜10
天然气管运输长度 C_{15}/万公里	＞15	10～15	7～10	3～7	＜3

8.1.3　预警综合评价分析

对中国天然气安全预警进行综合评价的具体操作步骤如下。

8.1.3.1　中点复合物元计算

采用本书提出的天然气安全预警指标体系，按照科学性、系统性、动态性、可比性、可操作性、合理性的原则，根据表 6.7 和附表 2－1 的中国天然气安全预警指标相关数据，在借鉴迟春洁[90]、Helen[100]、范秋芳等[147]、Kong 等[149]、吴初国等[150]研究成果的基础上，结合天然气领域专家意见以及“碳中和”背景下中国天然气高质量发展实情，以天然气安全预警等级为根据，将待评物元划分为 5 个等级，即中国天然气安全状态划分为 5 个评价等级，分别为：很安全（Ⅰ）、安全（Ⅱ）、临界安全（Ⅲ）、不安全（Ⅳ）、很不安全（Ⅴ）。依据天然气安全预警指标预警界限，并依据中国天然气战略发展目标以及其他国家天然气发展水平实际情况，结合天然气行业专家意见确定节域 M_P 和各等级的经典域 M_j 以及各等级对应的中点复合物元 $\boldsymbol{M}_{ji}^{*}$ 如下：

$$\boldsymbol{M}_1=(\text{Ⅰ},c_i,x_{1i})=\begin{bmatrix}\text{Ⅰ} & c_1 & \langle 60,340\rangle\\ & c_2 & \langle 10,25\rangle\\ & c_3 & \langle 4,10\rangle\\ & c_4 & \langle 130,200\rangle\\ & c_5 & \langle 0,1\rangle\\ & c_6 & \langle 0,5\rangle\\ & c_7 & \langle 0,10\rangle\\ & c_8 & \langle 125,200\rangle\\ & c_9 & \langle 0,3\rangle\\ & c_{10} & \langle 0,0.5\rangle\\ & c_{11} & \langle 0,30\rangle\\ & c_{12} & \langle 0,25\rangle\\ & c_{13} & \langle 30,50\rangle\\ & c_{14} & \langle 50,100\rangle\\ & c_{15} & \langle 15,25\rangle\end{bmatrix}\quad \boldsymbol{M}_2=(\text{Ⅱ},c_i,x_{2i})=\begin{bmatrix}\text{Ⅱ} & c_1 & \langle 45,60\rangle\\ & c_2 & \langle 5,10\rangle\\ & c_3 & \langle 2,4\rangle\\ & c_4 & \langle 100,130\rangle\\ & c_5 & \langle 1,3\rangle\\ & c_6 & \langle 5,10\rangle\\ & c_7 & \langle 10,25\rangle\\ & c_8 & \langle 100,125\rangle\\ & c_9 & \langle 3,5\rangle\\ & c_{10} & \langle 0.5,1.2\rangle\\ & c_{11} & \langle 30,50\rangle\\ & c_{12} & \langle 25,30\rangle\\ & c_{13} & \langle 15,30\rangle\\ & c_{14} & \langle 30,50\rangle\\ & c_{15} & \langle 10,15\rangle\end{bmatrix}$$

$$\boldsymbol{M}_3=(\text{Ⅲ},c_i,x_{3i})=\begin{bmatrix}\text{Ⅲ} & c_1 & \langle 30,45\rangle\\ & c_2 & \langle 3,5\rangle\\ & c_3 & \langle 1,2\rangle\\ & c_4 & \langle 70,100\rangle\\ & c_5 & \langle 3,10\rangle\\ & c_6 & \langle 10,20\rangle\\ & c_7 & \langle 25,50\rangle\\ & c_8 & \langle 75,100\rangle\\ & c_9 & \langle 5,10\rangle\\ & c_{10} & \langle 1.2,2\rangle\\ & c_{11} & \langle 50,100\rangle\\ & c_{12} & \langle 30,35\rangle\\ & c_{13} & \langle 8,15\rangle\\ & c_{14} & \langle 20,30\rangle\\ & c_{15} & \langle 7,10\rangle\end{bmatrix}\quad \boldsymbol{M}_4=(\text{Ⅳ},c_i,x_{4i})=\begin{bmatrix}\text{Ⅳ} & c_1 & \langle 15,30\rangle\\ & c_2 & \langle 1,3\rangle\\ & c_3 & \langle 0.5,1\rangle\\ & c_4 & \langle 50,70\rangle\\ & c_5 & \langle 10,20\rangle\\ & c_6 & \langle 20,30\rangle\\ & c_7 & \langle 50,75\rangle\\ & c_8 & \langle 50,75\rangle\\ & c_9 & \langle 10,20\rangle\\ & c_{10} & \langle 2,2.9\rangle\\ & c_{11} & \langle 100,200\rangle\\ & c_{12} & \langle 35,40\rangle\\ & c_{13} & \langle 2,8\rangle\\ & c_{14} & \langle 10,20\rangle\\ & c_{15} & \langle 3,7\rangle\end{bmatrix}$$

$$\boldsymbol{M}_5=(\text{V},c_i,x_{5i})=\begin{bmatrix}\text{V} & c_1 & \langle 0,15\rangle \\ & c_2 & \langle 0,1\rangle \\ & c_3 & \langle 0,0.5\rangle \\ & c_4 & \langle 0,50\rangle \\ & c_5 & \langle 20,100\rangle \\ & c_6 & \langle 30,100\rangle \\ & c_7 & \langle 75,110\rangle \\ & c_8 & \langle 0,50\rangle \\ & c_9 & \langle 20,30\rangle \\ & c_{10} & \langle 2.9,4\rangle \\ & c_{11} & \langle 200,1320\rangle \\ & c_{12} & \langle 40,50\rangle \\ & c_{13} & \langle 0,2\rangle \\ & c_{14} & \langle 0,10\rangle \\ & c_{15} & \langle 0,3\rangle \end{bmatrix}\quad \boldsymbol{M}_P=(P,c_i,x_{Pi})=\begin{bmatrix}\text{I}-\text{V} & c_1 & \langle 0,340\rangle \\ & c_2 & \langle 0,25\rangle \\ & c_3 & \langle 0,10\rangle \\ & c_4 & \langle 0,200\rangle \\ & c_5 & \langle 0,100\rangle \\ & c_6 & \langle 0,100\rangle \\ & c_7 & \langle 0,110\rangle \\ & c_8 & \langle 0,200\rangle \\ & c_9 & \langle 0,30\rangle \\ & c_{10} & \langle 0,4\rangle \\ & c_{11} & \langle 0,1320\rangle \\ & c_{12} & \langle 0,50\rangle \\ & c_{13} & \langle 0,50\rangle \\ & c_{14} & \langle 0,100\rangle \\ & c_{15} & \langle 0,25\rangle \end{bmatrix}$$

$$\boldsymbol{M}_{ji}^{*}=\begin{bmatrix} & \text{I} & \text{II} & \text{III} & \text{IV} & \text{V} \\ c_1 & 200 & 52.5 & 37.5 & 22.5 & 7.5 \\ c_2 & 17.5 & 7.5 & 4 & 2 & 0.5 \\ c_3 & 7 & 3 & 1.5 & 0.75 & 0.25 \\ c_4 & 165 & 115 & 85 & 60 & 25 \\ c_5 & 0.5 & 2 & 6.5 & 15 & 60 \\ c_6 & 2.5 & 7.5 & 15 & 25 & 65 \\ c_7 & 5 & 17.5 & 37.5 & 62.5 & 92.5 \\ c_8 & 162.5 & 112.5 & 87.5 & 62.5 & 25 \\ c_9 & 1.5 & 4 & 7.5 & 15 & 25 \\ c_{10} & 0.25 & 0.85 & 1.6 & 2.45 & 3.45 \\ c_{11} & 15 & 40 & 75 & 150 & 760 \\ c_{12} & 12.5 & 27.5 & 32.5 & 37.5 & 45 \\ c_{13} & 40 & 22.5 & 11.5 & 5 & 1 \\ c_{14} & 75 & 40 & 25 & 15 & 5 \\ c_{15} & 20 & 12.5 & 8.5 & 5 & 1.5 \end{bmatrix}$$

8.1.3.2 可拓贴近度计算

以2005年中国天然气安全预警指标评价作为待评物元 $\boldsymbol{M}_{2005}$ 计算可拓贴近度，并依据可拓贴近度判断天然气安全预警等级。

$$\boldsymbol{M}_{2005} = (P_0, c_i, x_{2005i}) = \begin{bmatrix} P & c_1 & 57.148 \\ & c_2 & 1.7741 \\ & c_3 & 5.8655 \\ & c_4 & 105.8187 \\ & c_5 & 0 \\ & c_6 & 0 \\ & c_7 & 36.6083 \\ & c_8 & 113.3218 \\ & c_9 & 2.4 \\ & c_{10} & 3.2423 \\ & c_{11} & 93.0308 \\ & c_{12} & 24.8816 \\ & c_{13} & 2.3601 \\ & c_{14} & 7.4 \\ & c_{15} & 2.8 \end{bmatrix}$$

按照式（7.21），依据经典域 M_1 构造待评物元特征 c_1 的可拓贴近度函数为：

$$N_{11}^{2005}(M_{2005}, M_1) = 1 - \frac{\int_{60}^{340} |x_1 - x_{11}^*| \mathrm{d}x}{|340-0|^2}$$

则待评物元的可拓贴近度为：

$$N_{11}^{2005} = 1 - \frac{\int_{60}^{340} |57.148 - 200| \mathrm{d}x}{|340-0|^2} = 0.653992$$

同理可以计算得到该待评物元其他等级的可拓贴近度，则 $N_{21}^{2005} = 0.999397$，$N_{31}^{2005} = 0.997451$，$N_{41}^{2005} = 0.995504$，$N_{51}^{2005} = 0.993558$。

根据上述方法，同理可计算得到待评物元各特征的可拓贴近度，计算结果见表8.5。

按照式（7.22），可计算该待评物元可利用性特征的综合贴近度，即为可利用性可拓贴近度 $N_1^{2005B_1} = (\omega_{C_1} N_{11}^{2005} + \omega_{C_2} N_{12}^{2005} + \omega_{C_3} N_{13}^{2005})/\omega_{B_1} = 0.747471$，同理可得 $N_2^{2005B_1} = 0.966824$，$N_3^{2005B_1} = 0.981214$，$N_4^{2005B_1} = 0.988777$，$N_5^{2005B_1} = 0.986793$。

按照上述计算方法同理可计算得到可获得性可拓贴近度、可承受性可拓贴近度、可接受性贴近度、应急调控贴近度和天然气安全预警综合可拓贴近度，结果见表 8.5。

表 8.5　2005 年中国天然气安全预警可拓贴近度计算结果

指标	M_1（Ⅰ）	M_2（Ⅱ）	M_3（Ⅲ）	M_4（Ⅳ）	M_5（Ⅴ）	权重系数
C_1	0.653992	0.999397	0.997451	0.995504	0.993558	0.041153
C_2	0.622578	0.954193	0.992877	0.999277	0.997961	0.028898
C_3	0.931927	0.942691	0.956345	0.974423	0.971923	0.040422
C_4	0.896433	0.993114	0.984386	0.977091	0.898977	0.097354
C_5	0.999950	0.999600	0.995450	0.985000	0.520000	0.161095
C_6	0.998750	0.996250	0.985000	0.975000	0.545000	0.064956
C_7	0.973877	0.976312	0.998158	0.946505	0.838330	0.114815
C_8	0.907791	0.999486	0.983861	0.968236	0.889598	0.124305
C_9	0.997000	0.996444	0.971667	0.860000	0.748889	0.036576
C_{10}	0.906491	0.895338	0.917886	0.955434	0.985719	0.038704
C_{11}	0.998656	0.999391	0.999483	0.996730	0.571278	0.058714
C_{12}	0.876184	0.994763	0.984763	0.974763	0.919527	0.070151
C_{13}	0.698881	0.879161	0.974408	0.993664	0.998912	0.055096
C_{14}	0.662000	0.934800	0.982400	0.992400	0.997600	0.021500
C_{15}	0.724800	0.922400	0.972640	0.985920	0.993760	0.046261
可利用性贴近度	0.747471	0.966824	0.981214	0.988777	0.986793	0.110472
可获得性贴近度	0.968547	0.996975	0.990021	0.980611	0.639104	0.323406
可承受性贴近度	0.947148	0.989432	0.988197	0.944827	0.849579	0.275696
可接受性贴近度	0.926097	0.973420	0.974474	0.977996	0.812793	0.167569
应急调控贴近度	0.702186	0.905179	0.975141	0.990527	0.996742	0.122857
综合可拓贴近度	0.898387	0.976340	0.984112	0.972427	0.808585	—

由此可见，该待评物元可利用性最大可拓贴近度为 $N_4^{2005B_1}=0.988777$，则 $j^0=4$，表明2005年中国天然气安全系统可利用性处于不安全状态，由表7.2可知，预警等级为Ⅳ级。根据式（7.24）计算得到的特征值 $j^*=3.536131$，说明可利用性是由临界安全状态逐步发展到不安全状态。

可获得性最大可拓贴近度为 $N_2^{2005B_2}=0.996975$，则 $j^0=2$，表明2005年中国天然气安全系统可获得性处于安全状态，由表7.2可知，预警等级为Ⅱ级。根据式（7.24）计算得到的特征值 $j^*=2.510595$，说明可获得性是由临界安全状态逐步发展到安全状态。

可承受性最大可拓贴近度为 $N_2^{2005B_3}=0.989432$，则 $j^0=2$，表明2005年中国天然气安全系统可承受性处于安全状态，由表7.2可知，预警等级为Ⅱ级。根据式（7.24）计算得到特征值 $j^*=2.491302$，说明可承受性是临界安全状态逐步发展到安全状态。

可接受性最大可拓贴近度为 $N_4^{2005B_4}=0.977996$，则 $j^0=4$，表明2005年中国天然气安全系统可接受性处于不安全状态，由表7.2可知，预警等级为Ⅳ级。根据式（7.24）计算得到特征值 $j^*=2.630449$，说明可接受性是由临界安全状态迅速发展到不安全状态。

应急调控最大可拓贴近度为 $N_5^{2005B_5}=0.996742$，则 $j^0=5$，表明2005年中国天然气安全系统应急调控处于很不安全状态，由表7.2可知，预警等级为Ⅴ级。根据式（7.24）计算得到特征值 $j^*=3.636978$，说明应急调控是由不安全状态迅速发展到很不安全状态。

天然气安全预警的最大综合可拓贴近度为 $N_3^{2005}=0.982112$，则 $j^0=3$，表明2005年中国天然气安全系统状态处于临界安全状态，由表7.2可知，预警等级为Ⅲ级。根据式（7.24）计算出待评物元的特征值 $j^*=2.692564$，说明中国天然气安全系统的整体状态是由安全状态逐渐向临界安全状态转变的。

同理根据表6.7和附表2－1的中国天然气安全预警指标相关数据，可计算判断2006—2030年中国天然气安全系统可利用性、可获得性、可承受性、可接受性、应急调控以及综合预警的等级和特征值，预警评价判断结果分别如图8.1、图8.2、图8.3、图8.4、图8.5、图8.6所示。

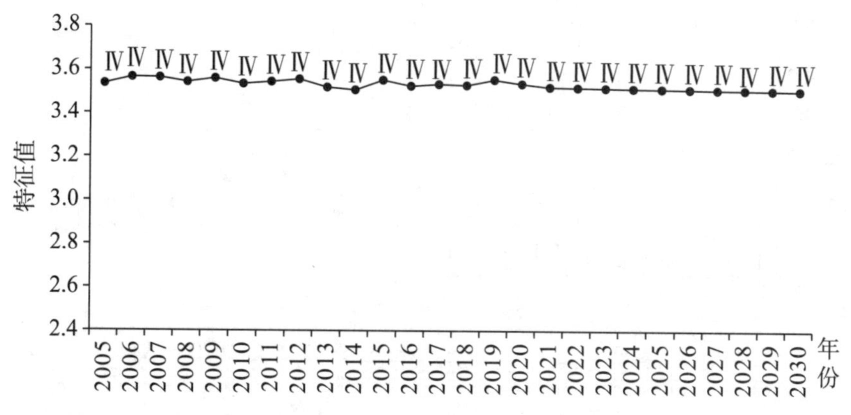

图 8.1　2005—2030 年中国天然气可利用性预警等级及特征值变化趋势

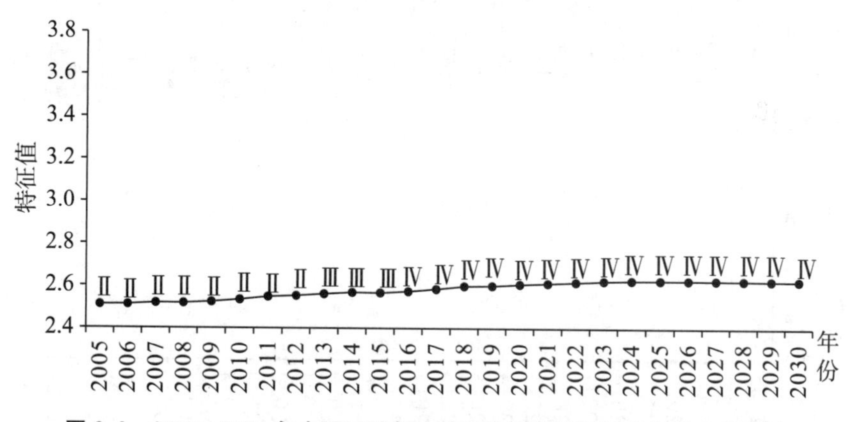

图 8.2　2005—2030 年中国天然气可获得性预警等级及特征值变化趋势

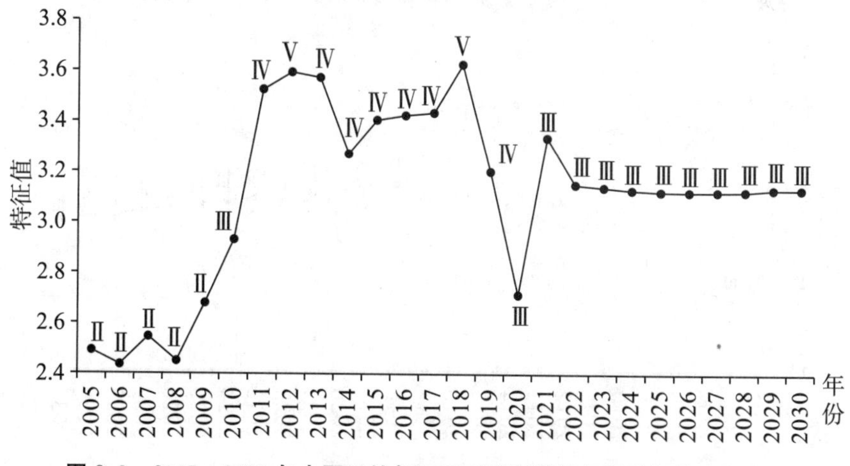

图 8.3　2005—2030 年中国天然气可承受性预警等级及特征值变化趋势

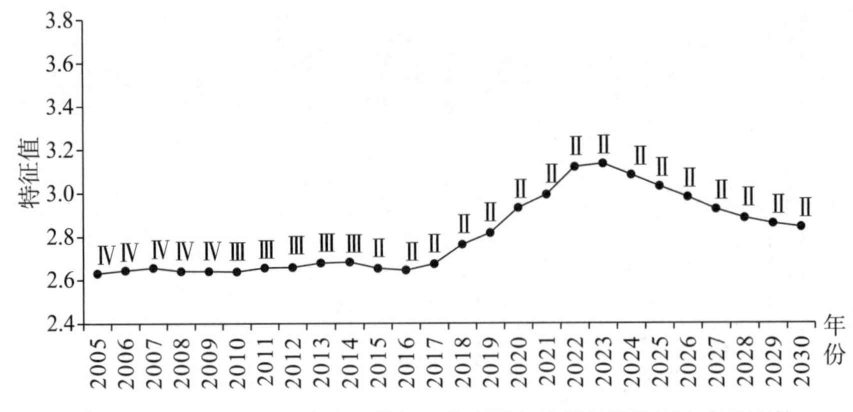

图 8.4　2005—2030 年中国天然气可接受性预警等级及特征值变化趋势

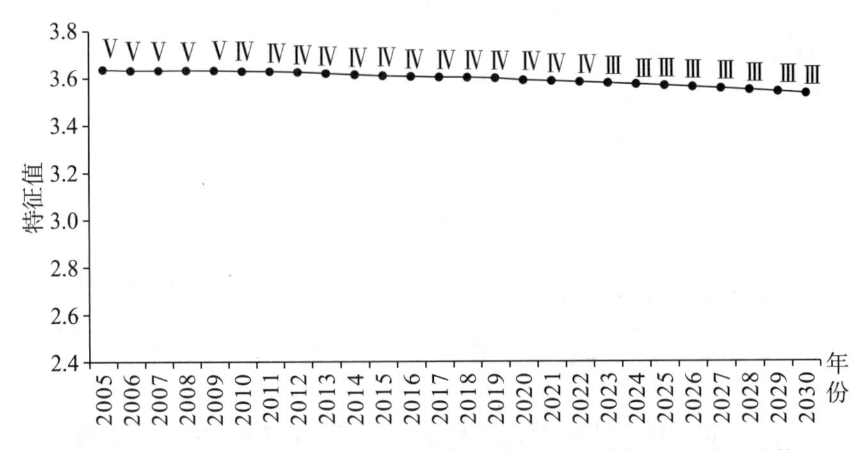

图 8.5　2005—2030 年中国天然气应急调控预警等级及特征值变化趋势

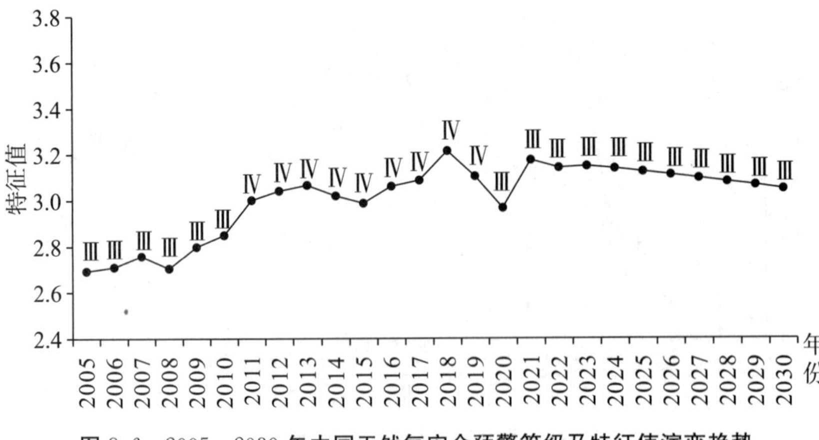

图 8.6　2005—2030 年中国天然气安全预警等级及特征值演变趋势

8.1.3.3　天然气安全系统状态综合分析

（1）可利用性子系统安全状态分析。由图 8.1 分析可知，2005—2030 年可利用性子系统的安全等级始终处于第Ⅳ级，整体状况处于“不安全”状态。其中，2005—2020 年可利用性子系统的特征值表现出微小的波浪式变化，但未有“质”的突破，一直维持在“不安全”状态。2021—2030 年可利用性子系统将仍处于“不安全”状态，其特征值将呈现降低趋势，且整体有向“有序”发展的态势。

（2）可获得性子系统安全状态分析。由图 8.2 分析可知，可获得性子系统从 2005 年的“安全”状态发展到 2030 年的“不安全”状态，安全等级由Ⅱ级变化到Ⅳ级。其中，2005—2012 年可获得性子系统处于第Ⅱ级的“安全”状态，2013—2015 年可获得性子系统处于第Ⅲ级的“临界安全”状态，2016—2030 年可获得性子系统处于第Ⅳ级的“不安全”状态，且整体呈现出向“无序”变化的趋势。

（3）可承受性子系统安全状态分析。由图 8.3 分析可知，可承受性子系统安全状态表现出剧烈振荡，其中，2005—2009 年可承受性子系统处于第Ⅱ级的“安全”状态，2010 年可承受性子系统处于第Ⅲ级的“临界安全”状态，2011—2019 年可承受性子系统呈现“断崖式”变化，在第Ⅳ级和第Ⅴ级之间震动，处于“不安全”与“很不安全”状态，2020—2030 年可承受性子系统将处于第Ⅲ级的“临界安全”状态，变化趋势将呈现出较平稳的态势。

（4）可接受性子系统安全状态分析。由图 8.4 分析可知，2005—2030 年可接受性子系统整体将由“不安全”状态发展至“安全”状态。其中，2005—2009 年可接受性子系统处于第Ⅳ级的“不安全”状态，2010—2014 年可接受性子系统处于第Ⅲ级的“临界安全”状态，2015—2023 年特征值呈快速增长态势，虽然“量”上有所突破，但没有“质”的突变，自 2024 年起特征值逐渐降低，这表明可接受性子系统整体将持续向“有序”状态发展，2015—2030 年可接受性子系统整体维持在第Ⅱ级的“安全”状态。

（5）应急调控子系统安全状态分析。由图 8.5 分析可知，2005—2030 年应急调控子系统整体由“很不安全”状态发展至“临界安全”状态。其中，2005—2009 年应急调控子系统处于第Ⅴ级的“很不安全”状态，2010—2022 年应急调控子系统始终处于第Ⅳ级的“不安全”状态，2023—2030 年应急调控子系统将处于第Ⅲ级的“临界安全”状态，且应急调控子系统特征值表现出逐渐降低趋势，这表明应急调控子系统整体呈现出向“有序”状态发展的态势。

（6）中国天然气安全系统状态变化分析。由图 8.6 分析可知，中国天然气安全系统状态演变趋势表现出倒“U”形态。其中，2005—2010 年中国天然气安全系统状态处于第Ⅲ级的“临界安全”状态，2011—2019 年中国天然气安全系统状态处于第Ⅳ级的“不安全”状态，2020—2030 年中国天然气安全系统状态将处于第Ⅲ级的“临界安全”状态，未来中国天然气安全系统整体有向“有序”发展的态势。

8.1.3.4 天然气安全预警综合分析

预警综合分析就是对天然气安全系统不同警情的定量分析，依据天然气安全系统状态综合评价结果判定警度，同时发出不同颜色的报警信号，根据报警情况制定排警措施，达到天然气安全预警的目的。按照表 7.2 天然气安全预警等级划分标准，由图 8.6 分析可得 2005—2030 年中国天然气安全预警的警度，见表 8.6，其中 2005—2010 年发出“黄灯”报警信号，中国天然气安全系统状态处于“中警”，应采取防控措施；2011—2019 年发出“橙灯”报警信号，中国天然气安全系统状态处于“重警”，应采取应急措施；2020—2030 年发出“黄灯”预警信号，中国天然气安全系统状态将处于“中警”，应采取防控措施。

表 8.6 2005—2030 年中国天然气安全预警等级及其特征值变化

年份	2005	2006	2007	2008	2009	2010	2011	2012	2013
安全等级	Ⅲ	Ⅲ	Ⅲ	Ⅲ	Ⅲ	Ⅲ	Ⅳ	Ⅳ	Ⅳ
特征值	2.6926	2.7097	2.7579	2.7046	2.7988	2.8500	3.0014	3.0419	3.0666
综合预警	中警	中警	中警	中警	中警	中警	重警	重警	重警
年份	2014	2015	2016	2017	2018	2019	2020	2021	2022
安全等级	Ⅳ	Ⅳ	Ⅳ	Ⅳ	Ⅳ	Ⅳ	Ⅲ	Ⅲ	Ⅲ
特征值	3.0206	2.9883	3.0620	3.0879	3.2152	3.1051	2.9678	3.1757	3.1425
综合预警	重警	重警	重警	重警	重警	重警	中警	中警	中警
年份	2023	2024	2025	2026	2027	2028	2029	2030	
安全等级	Ⅲ	Ⅲ	Ⅲ	Ⅲ	Ⅲ	Ⅲ	Ⅲ	Ⅲ	
特征值	3.1495	3.1391	3.1257	3.1121	3.0972	3.0817	3.0673	3.0500	
综合预警	中警	中警	中警	中警	中警	中警	中警	中警	

分析表8.6中的中国天然气安全预警综合评价特征值的演变趋势可知，2005年特征值为2.6926，表明中国天然气安全系统状态是从“安全”状态发展到“临界安全”状态。此后2006—2010年特征值逐渐向3靠近，中国天然气安全系统状态始终保持在“临界安全”状态。直到2011年特征值突破3之后，中国天然气安全系统状态转化为“不安全”状态，并发出了“重警”信号，特征值试图远离3，说明中国天然气安全系统状态由“临界安全”状态在持续向“不安全”状态变化，该状态一直保持到2019年。2020年新冠疫情暴发之后，经济发展速度减缓，中国天然气产量仍保持高速增长，且中国应急联动能力有所提高，自2020年开始到2030年，中国天然气安全系统状态从“不安全”转向了“临界安全”状态，并将持续处于“中警”，而特征值呈减小趋势发展，逐渐接近于3。

8.2　保障天然气安全的对策与建议

8.2.1　保障天然气安全的对策

8.2.1.1　合理引导天然气消费

现阶段天然气逐渐成为主体能源之一，在中国经济高质量发展新阶段，天然气已成为最具消费潜力的高效低碳清洁化石能源。2020年城市燃气与工业用气仍是天然气消费的主力军，所占比例比2019年提高2%左右。随着2020年“双碳”目标的推进，当前及未来较长一段时间，天然气将在中国能源绿色低碳转型中发挥关键作用，成为保障中国能源安全的“压舱石”之一，是推进高比例新能源接入能源系统的“稳定器”。天然气发电作为电力系统调峰的重要组成部分，是实现中国能源碳达峰，建立清洁低碳、安全高效能源可持续发展的重要实现路径之一。中国需要不断优化调整天然气消费结构，充分发挥天然气消费带来的社会效益，提升人们的生活品质，在一些领域限制天然气消费量，使天然气成为实现“美丽中国”的重要力量。

充分考虑天然气利用产生的经济效益与生态环境效益，优先保障城镇燃气用户中的居民生活用气、公共服务设施用气等，其次是城镇燃气用户中的集中式和分户式采暖用气，以及工业燃料用户中以天然气代油、天然气代煤的建材、机电、冶金、轻纺等工业用户。禁止开发不合理的天然气消费用户，合理引导天然气消费，确保民生和重要领域或地区的用气，可进一步提升天然气利用效率，提高天然气产品率，避免浪费，实现保障天然气安全系统持续向有序状态发展的目标。

8.2.1.2 提升天然气勘探开发力度

加大对天然气勘探与开采的资金投入，增强天然气勘探与开采的力度，是立足国内天然气资源安全，保障天然气持续稳步增产，提升国内天然气供应保障实力的关键。以“四个革命、一个合作”的中国能源安全新战略为指导，采取一系列油气增储上产“七年行动计划”等发展规划战略，推动中国天然气产业高质量可持续发展再上新台阶。开放天然气勘探开采市场，激活社会资本投资天然气勘探开发，调动地方政府积极性，不断推动页岩气试验区，完善煤层气、致密气、天然气水合物等非常规天然气补贴政策，刺激企业快速推进非常规气勘探开发。增加天然气产量，努力提高天然气自给率，是提升国内天然气供应能力，保障天然气安全的根本。

8.2.1.3 健全天然气多元化海外供应体系

不断扩展天然气多元化海外进口渠道，加速推动进口国别或地区、天然气进口运输方式、天然气进口通道购买合同模式以及参与主体多元化等，提升中国天然气进口实力，增强中国天然气进口供应稳定性。继续丰富 LNG 进口来源地，重视各区域进口量的平衡发展，以“一带一路”等为契机，增强天然气国际贸易与合作模式的多样化，建立天然气海外可持续发展的能源合作关系。

中国是人均天然气资源小国，不断提升对国际天然气资源的高效利用水平，合理科学地扩大天然气进口量，抑制天然气产品出口是符合中国国家利益的，有助于保障天然气安全。近年来，中国天然气进口呈现三大特点：一是天然气进口量不断增长；二是天然气进口来源地呈现多元化发展；三是天然气进口种类和合同形式多元化特征逐渐显现。

持续扩大天然气进口量，中国还需要做好以下三点：一是与天然气进口国维持良好的长期战略合作关系，从 2020 年中国天然气进口来源国或地区分析可知，从卡塔尔、澳大利亚、土库曼斯坦进口的天然气占据中国天然气进口总量的 57%。长期以来，土库曼斯坦是中国天然气管道气第一进口国，澳大利亚是中国 LNG 第一进口国，因此，国家在处理外交关系中，需要对能源因素加以考虑，与天然气出口大国保持长期友好的合作关系，填补中国天然气供应缺口。二是降低关税税率，自中国加入WTO以来，屡次允诺根据WTO协定解决进出口贸易问题，并且降低有关领域的关税税率，必须清除天然气进口贸易障碍，调整天然气进口税收政策，以此减少天然气进口成本，进一步扩大天然气进口量，利用好市场经济体制，为中国经济高质量发展储备天然气资源，保障天然气安全。三是扩大天然气管道气进口比例，中国管道气进口起步相对较晚，2010年首次从土库曼斯坦进口管道气，其进口量占天然气进口总量的21%，经过11年的发展，管道气进口国发展到5个国家，占比达到32%，整体来说，进口管道气比LNG的风险更低，促使管道气进口多元化，有利于提高天然气进口供应安全程度。

8.2.1.4　建立多层次天然气战略储备体系

构建以地下储气库和LNG储罐为主、重点地区和天然气企业集约化规模化的LNG储罐为辅、全国管网互联互通为支柱的多层次天然气储备体系，保障天然气供应安全。实行上、中、下游企业分级储气责任制，主动推进建设“百亿立方米”级天然气储气库群，稳健扩充天然气储备量，加大储气规模，或签订可中断用户合同等措施，实现有效提高中国天然气储气调峰能力，并促进天然气智慧化储气库构建。

从中国天然气消费现状来看，目前天然气占能源消费总量的8.4%，但未来天然气消费增量贡献值在一次能源中最大，且未来十年天然气消费占比将达到15%左右[112]，在今后较长一段时期内，消费需求量将持续增长。天然气资源作为一种战略资源，需要具备一定的战略储备量，以确保国民经济和社会稳定发展。为补足中国储气调峰短板，必须明确构建多层次天然气储备体系的重要性和必然性，制定加速推动储气基础设施建造的政策手段，有效促进天然气储备能力的迅速提高。2020年中国地下储气库形成的有效工作气量已高达144亿立方米，占到中国天然气消费总量的4.4%，但与国际平均水平15%相比仍相差甚远。尽管近年来天然气储备调峰得到了重视，但我国尚未构建完善的天然气储备体系，全国天然气应急储备规模仍然很小，应加快构建国家层面、区域层面或地方层面、企业层面为一体的天然气多层次储备体系，打通我国天然气储备调峰保障稳定供应的“最后一公里”。

8.2.2 保障天然气行业可持续发展的建议

8.2.2.1 完善天然气基础设施，推动形成“全国一张网”

由于中国天然气供需地域具有逆向分布的特点，经济发达区域与政治中心等重要地区的天然气产量小需求量却较大，而气态的天然气高度依赖于天然气管道实现长距离的输送，管输已成为缓解中国天然气供求矛盾的关键措施，是连接上游天然气田和下游用户的主要桥梁，具有极其重要的战略意义。目前中国长输管网虽具雏形，但全国管网互联互通及其基础设施建设严重滞后的问题仍然存在，未真正形成“联保联供联运”实现天然气资源串换互保互供的局面。这已成为阻碍中国天然气行业可持续发展的瓶颈问题之一，也是导致中国天然气安全应急联动不力的重要因素。

2020 年是中国“十三五”规划收官之年，在遵循《中长期油气管网规划(2017)》针对管网建设提出“统筹协调、优化布局，适度超前、提升能力，互联互通、衔接高效，市场运作、监管有效，安全为本、供应稳定”基本原则的基础上，初步完成了加快天然气管网建设的目标，完善了四大进口战略通道的全面建设，提升了国内干线管输能力，强化了区域管网与互联互通管道建设。统筹考虑“两个市场”“两种资源”“两种方式”，坚持“西气东输、北气南下、海气登陆”，加速推动天然气管网建设，构建“主干互联、区域成网”的中国天然气管道基础网络新格局。

完善中国天然气基础设施，构建国内管网骨架，积极推动天然气干线管网建设与互联互通，消除气源孤岛现象，全面推动形成“全国一张网”，为真正落实天然气“管住中间、放开两头”改革保驾护航。立足“全国一张网”构建管网布局，提升中国天然气管道输送能力及其覆盖率，深化天然气管网运营调度机制改革，是全面建立安全可靠、有弹性和韧性的天然气产供销体系与天然气行业改革协调的根基，有助于提高天然气资源运输与配置效率，保障中国天然气供应安全。根据“全国一张网”布局建设储气设施，使地下储气库和 LNG 接收站与天然气管网互联互通，是提升天然气调峰能力的重要措施，是保障中国天然气安全的重要手段。

8.2.2.2 加大科研投入，突破“卡脖子”关键技术

世界石油业的发展历史，充分表明科学技术进步是石油业持续发展的动力

之源和强大引擎。虽然世界天然气资源的地质储量是一个定数，但随着科学技术改革创新的持续发展，天然气勘探开采能力的不断提高，天然气地质储量勘探数据表明，即使天然气产量与需求量快速增加，天然气探明地质储量同样不断取得突破，特别是近年来中国实施“增储上产七年行动计划”以来，加大了油气领域的投入，天然气新增探明地质储量持续保持高峰水准。天然气探明储量的连续增长，是提高中国天然气资源储量接替率和天然气自给率的唯一手段，是从本质上提高天然气长期供应能力的唯一方式，是维护中国天然气安全的最佳措施。加快突破天然气勘探开发与非化石能源理论新技术，国家应全力鼓励和支持天然气企业进行天然气勘探科技创新，支持各类天然气勘查单位或企业不断改进天然气勘探基础设施与技术装备，表彰在天然气勘探开采技术创新中表现突出的企业或个人。新时代，要实现天然气探明储量有较大突破的目标，必须培养一批熟练掌握天然气勘探开采先进技术的科研人才与地质人才，投身到地质找矿领域的研究工作中来，努力突破天然气勘探开采的“卡脖子”技术壁垒。

对于天然气行业的上游来说，勘查理论创新和技术进步是天然气勘查持续获得新发现的主要保障。风险勘探评价技术、超深断溶体成藏模式、三维感应成像测井技术、单点高密度地震物探技术、“双古”勘探理论技术、甜点精细刻画技术、大面积高丰度页岩气富集等理论创新可以有效指导天然气勘探赢得重大突破，并引领天然气勘探实现战略性突破；压裂改造技术、煤层气增产措施技术等开采技术的创新可有效促进天然气田的高效开发，天然气勘探开采理论创新和技术进步可促使天然气储量和产量实现双增长。

在天然气行业的下游，科技创新同样具有重要意义。天然气的高效利用和化工产品的生产均需要科技创新作为支撑，只有技术革新，才能提高天然气利用率、实现高附加值天然气化工产品开发。

为更好地维护中国天然气安全系统持续向有序状态发展，建议加大天然气领域科研项目投入，重点增加对“卡脖子”关键技术创新研究的投入；增强对科研人员创新能力的培养；积极推动鼓励科研成果转化，以科学技术进步为核心，保障中国天然气行业可持续发展。

8.2.2.3　加强国际合作，重视能源可持续安全

能源安全已成为国家安全不可或缺的主要组成部分，天然气安全是构成能源安全的关键内容。近年来，诸多天然气资源国相继通过提高天然气出口关税、制定天然气贸易制度等手段，强化对进口天然气的国家进行控制，以获取

更大利益。整体来说，目前的国际贸易方式有利于天然气资源国，在天然气出口国中，俄罗斯的天然气出口政策制度对天然气进口国具有极其重要的影响，俄乌“斗气”事件的爆发，促使了天然气进口国更加关注天然气多元化的进口渠道。要实现天然气安全系统持续向有序状态发展，仅凭军事优势取得一时的天然气安全，也较难保持久而稳定的天然气安全，甚至造成大量天然气资源的浪费，致使生态环境问题恶化。为此，综合考虑经济性和安全稳定供应等众多因素，加速拓展国际合作步伐，借助“一带一路”合作契机，实现海外天然气资源进口多国别、多气源。在国家合作上，妥善处置与利益相关国家或地区的关系，确保中国现有天然气合同能够成功履约，正确处置天然气进口运输途径国或地区的关系，保证天然气顺畅到达国内。天然气行业持续健康发展是天然气安全的基础，天然气安全是天然气行业可持续发展的条件，强化国际合作，积极主张共同安全、合作安全、可持续安全的天然气安全观。

8.2.2.4 优化产业结构，实施能源替代战略

天然气是低碳工业时代发展的动力和支柱，是中国经济高质量稳健发展的能源保障。从产业结构来看，天然气是支撑第三产业快速发展的基础，是推动第二产业绿色发展的动力，换言之，第三产业和第二产业对天然气的刚性需求与国民经济发展成正相关。一方面，中国经济保持稳定、高速增长，对天然气的消费需求量逐年增长；另一方面，天然气资源储采比并未同步增长，天然气的不合理利用，促使天然气供需矛盾日渐突出，第二产业又属于高耗能产业，优化调整中国产业结构势在必行。市场经济体制背景下的自由竞争通常会带来较多负面影响，这需要政府从宏观层面进行调控，调节天然气需求，科学规划第二产业的发展，尤其是限制高耗能企业过快发展，减少天然气需求量，降低对生态环境的污染。积极发展以服务业为代表耗能较低的第三产业，推动各级政府部门制定科学合理的产业发展规划，全方位、多层次地调整第二产业占比，重点发展第三产业，持续优化调整产业结构，加速推动产业结构升级。

调整产业结构的同时不断提升天然气使用效率，逐步走向能源清洁低碳发展趋势，形成以可再生能源与新能源为主导的现代能源体系。《能源发展“十三五”规划》指出，坚持发展非化石能源并将其消费比重提高 2.6%，扩大水电、风电、光伏发电装机规模以及核电在建规模使其达到世界第一，加快推进非化石能源代替化石能源的更替速度，优化调整能源产业布局与结构，提升能源清洁替代水平，加快实施电能替代工程，到 2030 年非化石能源消费占比达到 20%以上。国家能源局围绕“六稳”工作与“六保”任务，明确指出将

“能源系统效率和风电、光伏发电等清洁能源利用率进一步提高”作为质量效率目标，以技术创新持续推进非化石能源快速发展，继续扩大清洁能源产业规模，促进能源结构转型，以加快推进能源绿色低碳转型步伐。

随着“双碳”目标的严格实施，从新能源替换传统能源的可行性来看，发展新能源、扩大新能源规模获得了国家政策支持与鼓励，是推动现代能源体系高质量发展的核心，是深化新时代能源安全新战略的方向与路径。开发利用新能源，以科学技术创新为第一生产力，因地制宜、因时制宜地发展利用分布式能源，提高新能源的消费比重。依据《中华人民共和国可再生能源法》促进非化石能源的开发利用，加速可再生能源替代化石能源，通过完善《中华人民共和国能源法》等法律法规，促进可再生能源发展，保障核电安全高效发展，支持开发利用替代石油、天然气的新型燃料及工业原料，提升能源供应能力，优化调整能源结构，提高能源安全水平，是实现中国天然气行业可持续发展的“最佳”路径。

附　录

附录1　中国天然气安全预警指标基础数据

中国天然气安全预警相关基础数据来源于2021年8月6日通过国家统计局、《中国统计年鉴》《BP世界能源统计年鉴》《中国矿产资源报告》、中国电力网（http://www.chinapower.com.cn/zx/zxbg/20201207/36469.htm）之《2020年中国天然气现况报告》《气源紧张背景下天然气储气调峰问题研究》《我国天然气储备能力建设政策研究》《分阶段推进我国地下储气库发展的探讨》《2020年中国油气管道建设新进展》《2020年中国天然气发展述评及2021年展望》等文献或网站整理测算所得，具体数据见附表1-1和附表1-2。

附表1-1　2005—2012年中国天然气安全预警相关基础数据

年份	2005	2006	2007	2008	2009	2010	2011	2012
天然气产量/10^8 m^3	493.20	585.53	692.40	802.99	852.69	957.91	1053.37	1106.08
天然气消费量/10^8 m^3	466.08	561.41	705.23	812.94	895.20	1080.24	1341.07	1497.00
二氧化碳排放量/百万吨	6073.4	6661.6	7214.8	7378.5	7708.8	8145.8	8827.2	9004.2
国内生产总值/亿元	187318.9	219438.5	270092.3	319244.6	348517.7	412119.3	487940.2	538580.0
天然气消费中二氧化碳排放量/百万吨	93.03	112.06	140.77	162.26	178.68	215.62	267.68	298.81
美国亨利交易中心价格/美元每百万英热单位	8.79	6.76	6.95	8.85	3.89	4.39	4.01	2.76
荷兰天然气交易中心价格/美元每百万英热单位	6.07	7.46	5.93	10.66	4.96	6.77	9.26	9.45
城镇人口/万人	56212	58288	60633	62403	64512	66978	69927	72175
年末总人口/万人	130756	131448	132129	132802	133450	134091	134916	135922
天然气进口量/10^8 m^3	—	9.5	40.2	46	76.3	164.7	311.5	420.6
全球天然气贸易总量/10^8 m^3	7215	7481	8040	8138	8765	9861	10254	10208

续附表1—1

年份	2005	2006	2007	2008	2009	2010	2011	2012
天然气剩余可采储量/10^8 m^3	28185.4	30009.2	32123.6	34049.6	37074.2	37793.2	40206.4	43789.9
全球天然气总产量/10^8 m^3	27800	28801	29413	30298	29386	31510	32570	33238
天然气占能源消费总量的比重/%	2.4	2.7	3.0	3.4	3.5	4.0	4.6	4.8
天然气储备率/%	2.36	3.28	2.79	2.46	2.52	2.21	1.92	1.74
前5位国家的天然气进口总量/10^8 m^3	—	10	38.7	44.3	71.5	145	273	387
天然气新增探明储量/10^8 m^3	2892.84	5631.55	6545.12	5326.13	7825.61	5912.00	7224.82	9610.23
电力及其他能源占能源总量的比重/%	7.4	7.4	7.5	8.4	8.5	9.4	8.4	9.7
油气管道长度/万公里	4.4	4.81	5.45	5.83	6.91	7.85	8.33	9.16

附表1—2　2013—2020年中国天然气安全预警相关基础数据

年份	2013	2014	2015	2016	2017	2018	2019	2020
天然气产量/10^8 m^3	1208.58	1301.57	1346.10	1368.65	1480.35	1601.59	1753.62	1924.95
天然气消费量/10^8 m^3	1705.37	1870.63	1931.75	2078.06	2393.69	2817.09	3067.00	3259.30
二氧化碳排放量/百万吨	9247.4	9293.2	9279.7	9279.0	9466.4	9652.7	9810.5	9899.3
国内生产总值/亿元	592963.2	643563.1	688858.2	746395.1	832035.9	919281.1	986515.2	1015986.2
天然气消费中二氧化碳排放量/百万吨	340.40	373.38	385.58	414.79	477.79	562.30	612.18	650.56
美国亨利交易中心价格/美元每百万英热单位	3.71	4.35	2.60	2.46	2.96	3.12	2.51	1.99
荷兰天然气交易中心价格/美元每百万英热单位	9.75	8.14	6.44	4.54	5.72	7.90	4.45	3.07
城镇人口/万人	74502	76738	79302	81924	84343	86433	88426	90199
年末总人口/万人	136726	137646	138326	139232	140011	140541	141008	141178
天然气进口量/10^8 m^3	525.4	591.3	611.4	745.6	945.6	1246.4	1332.5	1402.9
全球天然气贸易总量/10^8 m^3	10328	10094	10424	11341	10711	12364	12866	12437
天然气剩余可采储量/10^8 m^3	46428.8	49706.4	56303.8	58933.6	60229.2	63142.6	66561.3	—
全球天然气总产量/10^8 m^3	33631	34311	35017	35417	36777	38679	39762	38537
天然气占能源消费总量的比重/%	5.3	5.6	5.8	6.1	6.9	7.6	8.0	8.4
天然气储备率/%	1.68	2.28	2.22	2.89	3.01	4.15	4.24	4.26
前5位国家的天然气进口总量/10^8 m^3	453	475	497	598	757	927	990	947
天然气新增探明储量/10^8 m^3	6159.10	5016.50	11145.99	7841.70	9426.19	9705.43	15799.20	12948.00

续附表1—2

年份	2013	2014	2015	2016	2017	2018	2019	2020
电力及其他能源占能源总量的比重/%	10.2	11.3	12.0	13.0	13.6	14.5	15.3	15.9
油气管道长度/万公里	9.85	10.57	10.87	11.34	11.93	12.23	12.66	14.40

本书将用天然气剩余可采储量表示天然气剩余技术可采储量，将用石油和天然气开采业R&D人员表示天然气开采业人员，即劳动力，将用石油和天然气开采业R&D经费表示天然气开采业投入经费，即投入资金，见附表1—3和附表1—4。

附表1—3　中国天然气产量影响因素相关数据

年份	2006	2007	2008	2009	2010	2011	2012
天然气剩余可采储量/10^8 m^3	30009.2	32123.6	34049.6	37074.2	37793.2	40206.4	43789.9
天然气开采业从业人员/(人·年)	21140	26335	26086	26105	26473	32372	24027
天然气开采业投入经费/万元	227269	271760	364242	623983	881075	821291	862396
年份	2013	2014	2015	2016	2017	2018	2019
天然气剩余可采储量/10^8 m^3	46428.8	49706.4	56303.8	58933.6	60229.2	63142.6	66561.3
天然气开采业从业人员/(人·年)	25487	28446	23040	24483	21463	13818	15512
天然气开采业投入经费/万元	806879	843601	625324	638939	572560	892631	937990

附表1—4　中国天然气需求影响因素相关数据

年份	2005	2006	2007	2008	2009	2010	2011	2012
国内生产总值/亿元	187318.9	219438.5	270092.3	319244.6	348517.7	412119.3	487940.2	538580.0
城镇居民可支配收入/元	10493	11759	13786	15781	17175	19109	21810	24565
年末总人口/万人	130756	131448	132129	132802	133450	134091	134916	135922
城镇化率/%	42.99	44.34	45.89	46.99	48.34	49.945	51.83	53.10
天然气消费占比/%	2.4	2.7	3.0	3.4	3.5	4.0	4.6	4.8
第三产业占比/%	41.3	41.8	42.9	42.9	44.4	44.2	44.3	45.5
社会消费零售总额/亿元	66491.7	76827.2	90638.4	110994.6	128331.3	152083.1	179803.8	205517.3
年份	2013	2014	2015	2016	2017	2018	2019	2020
国内生产总值/亿元	592963.2	643563.1	688858.2	746395.1	832035.9	919281.1	986515.2	1015986.2
城镇居民可支配收入/元	26467	28844	31195	33616	36396	39251	42359	43834

续附表1－4

年份	2005	2006	2007	2008	2009	2010	2011	2012
年末总人口/万人	136726	137646	138326	139232	140011	140541	141008	141178
城镇化率/%	54.49	55.75	57.33	58.84	60.24	61.50	62.71	63.89
天然气消费占比/%	5.3	5.6	5.8	6.1	6.9	7.6	8.0	8.4
第三产业占比/%	46.9	48.3	50.8	52.4	52.7	53.3	54.3	54.5
社会消费零售总额/亿元	232252.6	259487.3	286587.8	315806.2	347326.7	377783.1	408017.2	391980.6

附录 2　中国天然气安全预警指标数据

根据附表 1－1 和附表 1－2 中国天然气安全预警相关基础数据，利用式（6.1）～式（6.12），可得中国天然气安全预警指标数据，见附表 2－1。

附表 2－1　2005—2020 年中国天然气安全预警指标数据

年份	2005	2006	2007	2008	2009	2010	2011	2012
C_1	57.15	51.25	46.39	42.40	43.48	39.45	38.17	39.59
C_2	1.77	2.03	2.35	2.65	2.90	3.04	3.23	3.33
C_3	5.87	9.62	9.45	6.63	9.18	6.17	6.86	8.69
C_4	105.82	104.30	98.18	98.78	95.25	88.68	78.55	73.89
C_5	0	0.13	0.50	0.57	0.87	1.67	3.04	4.12
C_6	0	100	100	99.77	93.59	88.69	88.35	93.48
C_7	36.61	9.85	15.84	18.55	24.18	42.65	79.13	109.58
C_8	113.32	96.85	74.31	102.67	60.42	56.87	36.60	33.80
C_9	2.4	2.7	3.0	3.4	3.5	4.0	4.6	4.8
C_{10}	3.24	3.04	2.68	2.31	2.21	1.98	1.81	1.67
C_{11}	93.03	112.06	140.77	162.26	178.68	215.62	267.68	298.81
C_{12}	24.88	25.58	26.11	25.46	25.69	26.21	27.48	27.80
C_{13}	2.36	3.28	2.79	2.46	2.52	2.21	1.92	1.74
C_{14}	7.4	7.4	7.5	8.4	8.5	9.4	8.4	9.7
C_{15}	2.8	3.4	3.5	3.5	3.8	4.5	5.0	5.5
年份	2013	2014	2015	2016	2017	2018	2019	2020

续附表2－1

C_1	38.42	38.19	41.83	43.06	40.69	39.42	37.96	43.3
C_2	3.59	3.79	3.84	3.86	4.03	4.14	4.41	4.99
C_3	5.10	3.85	8.28	5.73	6.37	6.06	9.01	6.73
C_4	70.87	69.58	69.68	65.86	61.84	56.85	57.18	59.06
C_5	5.09	5.86	5.87	6.57	8.83	10.08	10.36	11.28
C_6	87.45	80.65	83.39	82.60	82.10	76.23	74.66	68.03
C_7	89.75	60.69	84.96	59.43	63.59	86.75	55.75	42.69
C_8	49.19	56.27	72.86	15.41	35.39	28.63	60.83	89.10
C_9	5.3	5.6	5.8	6.1	6.9	7.6	8.0	8.4
C_{10}	1.56	1.44	1.35	1.24	1.14	1.05	0.99	0.97
C_{11}	340.40	373.38	385.58	414.79	477.79	562.30	612.18	650.56
C_{12}	28.76	29.07	28.04	27.84	28.77	30.64	31.09	32.08
C_{13}	1.70	2.25	2.85	3.08	3.22	3.09	3.33	4.26
C_{14}	10.2	11.3	12.0	13.0	13.6	14.5	15.3	15.9
C_{15}	6.4	6.9	7.2	7.4	7.7	7.9	8.1	8.6

附录3　中国天然气安全预警指标相关数据预测

根据第6章天然气安全预警指标预测分析技术与方法所提出的预测模型，对中国天然气产量及其影响因素指标、天然气需求量及其影响因素指标、天然气安全预警指标进行预测。具体预测过程如下。

3.1　中国天然气产量影响因素指标预测

根据附表1-3中国天然气产量影响因素相关数据特征，选择6.3.1节单一预测模型预测影响因素指标。分析2006—2019年天然气剩余技术可采储量数据特点，利用该数据建立多项式函数预测模型，预测2020—2030年中国天然气剩余技术可采储量，则 $\hat{x}(k)=66.757k^2+1918k+27651$，$k=1, 2, \cdots, 25$，其拟合相对平均绝对误差 $\varepsilon=1.93\%<10\%$，表明多项式函数预测模型拟

合预测精度为“优”，对后续天然气剩余技术可采储量预测具有很强的说服力。2020—2030 年中国天然气剩余技术可采储量预测结果见附表 3－1。

分析 2006—2019 年中国天然气开采业人员数据特点，利用该数据建立均值 $GM(1,1)$ 预测模型，预测 2020—2030 年中国天然气开采业人员，则 $\hat{x}^{(0)}(k)=(1-e^{0.0343})\times\left(21140-\frac{30665.5912}{0.0343}\right)e^{-0.0343(k-1)}$，$k=1, 2, \cdots, 25$，其拟合相对平均绝对误差 $10\%<\bar{\varepsilon}=12.62\%<20\%$，表明均值 $GM(1, 1)$ 预测模型拟合预测精度为“良”，对后续天然气开采业人员预测具有较强的说服力。2020—2030 年中国天然气开采业人员预测结果见附表 3－1。

附表 3－1　2020—2030 年中国天然气产量影响因素指标预测结果

年份	$G_R/10^3\ m^3$	L_G/（人・年）	K_G/万元
2020	71454.8	18845	897691
2021	75443.2	18210	945781
2022	79565.1	17596	996447
2023	83820.5	17003	1049827
2024	88209.4	16430	1106067
2025	92731.8	15876	1165320
2026	97387.7	15340	1227747
2027	102177.2	14823	1293518
2028	107100.2	14323	1362812
2029	112156.6	13841	1435819
2030	117346.6	13374	1512736

分析 2006—2019 年天然气开采业经费数据特点，利用 2013—2019 年数据建立均值 $GM(1, 1)$ 预测模型，预测 2020—2030 年中国天然气开采业经费，则 $\hat{x}^{(0)}(k)=(1-e^{-0.0522})\times\left(806879-\frac{597280.7322}{-0.0522}\right)e^{0.0522(k-1)}$，$k=1, 2, \cdots, 18$，其拟合相对平均绝对误差 $10\%<\bar{\varepsilon}=16.57\%<20\%$，表明均值 $GM(1, 1)$ 预测模型拟合预测精度为“良”，对后续天然气开采业经费预测具有较强的说服力。2020—2030 年中国天然气开采业经费预测结果见附表 3－1。

3.2 中国天然气需求影响因素指标预测

根据附表1－4中国天然气需求影响因素中能源消费结构、产业结构和消费水平相关数据特征，选择6.3.1节单一预测模型预测影响因素指标。分析2005—2020年天然气占能源消费总量比重数据特点，利用2016—2020年数据建立均值 $GM(1,1)$ 预测模型，预测2021—2030年天然气占比，则 $\hat{x}^{(0)}(k)=(1-e^{-0.0629})\times\left(6.1-\frac{6.4082}{-0.0629}\right)e^{0.0629(k-1)}$，$k=1,2,\cdots,15$，其拟合相对平均绝对误差 $\bar{\varepsilon}=1.1953\%<10\%$，表明均值 $GM(1,1)$ 预测模型拟合预测精度为"优"，对后续天然气占能源消费总量比重预测具有很强的说服力。2021—2030年中国天然气占能源消费总量比重预测结果见附表3－2。

分析2005—2020年第三产业占比数据特点，利用2016—2020年数据建立均值 $GM(1,1)$ 预测模型，预测2021—2030年第三产业占比，则均值 $GM(1,1)$ 预测模型为 $\hat{x}^{(0)}(k)=(1-e^{-0.0212})\times\left(41.3-\frac{39.8548}{-0.0212}\right)e^{0.0212(k-1)}$，$k=1,2,\cdots,26$，其拟合相对平均绝对误差 $\bar{\varepsilon}=1.5615\%<10\%$，表明均值 $GM(1,1)$ 预测模型拟合预测精度为"优"，对后续第三产业占比预测具有很强的说服力。2021—2030年中国第三产业占比预测结果见附表3－2。

分析2005—2020年社会消费零售总额特点，利用2017—2020年数据建立均值 $GM(1,1)$ 预测模型，预测2021—2030年社会消费零售总额，则均值 $GM(1,1)$ 预测模型为 $\hat{x}^{(0)}(k)=(1-e^{-0.0177})\times\left(347326.7-\frac{376077.308}{-0.0177}\right)e^{0.0177(k-1)}$，$k=1,2,\cdots,14$，其拟合相对平均绝对误差 $\bar{\varepsilon}=2.6028\%<10\%$，表明均值 $GM(1,1)$ 预测模型拟合预测精度为"优"，对后续社会消费零售总额预测具有很强的说服力。2021—2030年中国社会消费零售总额预测结果见附表3－2。

附表3－2　2021—2030年中国天然气需求影响因素指标数据预测结果

年份	2021	2022	2023	2024	2025	2026	2027	2028	2029	2030
ES/%	9.0151	9.6003	10.2235	10.8871	11.5939	12.3465	13.1479	14.0014	14.9103	15.8781
IS/%	56.5584	57.7692	59.0058	60.2689	61.5591	62.8769	64.2229	65.5977	67.0019	68.4362
CL/亿元	406714	413990	421396	428934	436608	444418	452368	460461	468698	477083

3.3 中国天然气安全预警指标预测

根据附表 2－1 中国天然气安全预警指标数据，利用 6.3 节基于灰色关联度的组合模型预测方法，对 2021—2030 年中国天然气安全预警部分指标进行拟合预测，具体情况如下。

3.3.1 碳强度

分析 2005—2020 年碳强度数据特征，利用该数据进行拟合，并分别建立均值 $GM(1,1)$ 模型 $\hat{x}^{(0)}_{GM(1,1)}(k)=(1-e^{0.0854})\times\left(3.24-\frac{3.2773}{0.0854}\right)e^{-0.0854(k-1)}$，$k=1$，2，…，26；灰色 Verhulst 模型 $\hat{x}^{(1)}_{\text{Verhulst}}(k+1)=\frac{0.1967}{-0.0416+0.1023e^{0.0607k}}$，$k=1$，2，…，26；指数函数曲线模型 $\hat{x}_{\text{指数函数}}(k)=3.3494e^{-0.082k}$，$k=1$，2，…，26；多项式函数模型 $\hat{x}_{\text{多项式函数}}(k)=0.009k^2-0.3009k+3.5047$，$k=1$，2，…，26。拟合预测结果见附表 3－3，并对 2021—2030 年碳强度数据进行预测。

附表 3－3　2005—2020 年碳强度拟合结果与关联度

年份	碳强度	均值 GM(1，1)	灰色 Verhulst	指数函数曲线	多项式函数
2005	3.24	3.24	3.24	3.09	3.21
2006	3.04	2.88	2.93	2.84	2.94
2007	2.67	2.64	2.66	2.62	2.68
2008	2.31	2.42	2.43	2.41	2.45
2009	2.21	2.23	2.22	2.22	2.23
2010	1.98	2.04	2.03	2.05	2.02
2011	1.81	1.88	1.86	1.89	1.84
2012	1.67	1.72	1.71	1.74	1.67
2013	1.56	1.58	1.58	1.60	1.53
2014	1.44	1.45	1.46	1.48	1.4
2015	1.35	1.33	1.35	1.36	1.28
2016	1.24	1.22	1.25	1.25	1.19

续附表3－3

年份	碳强度	均值 $GM(1,1)$	灰色 Verhulst	指数函数曲线	多项式函数
2017	1.14	1.12	1.16	1.15	1.11
2018	1.05	1.03	1.07	1.06	1.06
2019	0.99	0.95	1.00	0.98	1.02
2020	0.97	0.87	0.93	0.90	0.99
关联度		0.8676	0.9176	0.8265	0.9003

3.3.2 国际天然气价格波动率

分析2005—2020年国际天然气价格波动率的数据特征，利用2012—2020年数据进行拟合，并分别建立指数函数曲线模型 $\hat{x}_{指数函数}(k)=103.98e^{-0.08k}$，$k=1,2,\cdots,19$；均值 $GM(1,1)$ 模型 $\hat{x}^{(0)}_{GM(1,1,)}(k)=(1-e^{0.0585})\times\left(89.7474-\frac{91.5115}{0.0585}\right)e^{-0.0585(k-1)}$，$k=1,2,\cdots,19$；灰色 Verhulst 模型 $\hat{x}^{(1)}_{Verhulst}(k+1)=\frac{-3.0454}{-0.2078+0.18e^{-0.0278k}}$，$k=1,2,\cdots,19$；多项式函数模型 $\hat{x}_{多项式函数}(k)=0.4205k^2-9.8523k+108.52$，$k=1,2,\cdots,19$。拟合预测结果见附表3－4，并对2021—2030年国际天然气价格波动率进行预测。

附表3－4　2012—2020年国际天然气价格波动率拟合结果与关联度

年份	国际天然气价格波动率	均值 $GM(1,1)$	灰色 Verhulst	指数函数曲线	多项式函数
2012	109.58	109.58	109.58	95.99	99.09
2013	89.747	82.66	93.06	88.61	90.5
2014	60.689	77.97	81.16	81.79	82.75
2015	84.956	73.54	72.18	75.50	75.84
2016	59.429	69.36	65.17	69.7	69.77
2017	63.594	65.42	59.54	64.34	64.54
2018	86.751	61.71	54.93	59.39	60.16
2019	55.747	58.20	51.08	54.83	56.61
2020	42.688	54.90	47.83	50.61	53.91
关联度		0.8191	0.8258	0.8033	0.8033

3.3.3　天然气消费强度

分析2005—2020年天然气消费强度的数据特征，利用2005—2020年数据进行拟合，并分别建立指数函数曲线模型$\hat{x}_{指数函数}(k)=24.411e^{0.0152k}$，$k=1, 2, \cdots, 26$；均值$GM(1,1)$模型$\hat{x}^{(0)}_{GM(1,1)}(k)=(1-e^{-0.0155})\times\left(24.8816+\frac{24.5163}{0.0155}\right)e^{0.0155(k-1)}$，$k=1, 2, \cdots, 26$；灰色Verhulst模型$\hat{x}_{Verhulst}(k)=\frac{1.441}{0.067-0.009e^{0.0579(k-1)}}$，$k=1, 2, \cdots, 26$；多项式函数模型$\hat{x}_{多项式函数}(k)=0.0145k^2+0.179k+24.969$，$k=1, 2, \cdots, 26$。拟合预测结果见附表3－5，并对2021—2030年天然气消费强度进行预测。

附表3－5　2005—2020年天然气消费强度拟合结果与关联度

年份	天然气消费强度	均值$GM(1,1)$	灰色Verhulst	指数函数曲线	多项式函数
2005	24.88	24.71	24.84	24.78	25.16
2006	25.58	25.10	25.08	25.16	25.39
2007	26.11	25.49	25.33	25.55	25.64
2008	25.46	25.89	25.60	25.94	25.92
2009	25.69	26.29	25.89	26.34	26.23
2010	26.21	26.70	26.21	26.74	26.57
2011	27.48	27.12	26.56	27.15	26.93
2012	27.80	27.54	26.93	27.57	27.33
2013	28.76	27.97	27.34	27.99	27.76
2014	29.07	28.41	27.79	28.42	28.21
2015	28.04	28.85	28.29	28.85	28.69
2016	27.84	29.30	28.83	29.30	29.21
2017	28.77	29.76	29.43	29.74	29.75
2018	30.64	30.23	30.09	30.20	30.32
2019	31.09	30.70	30.82	30.66	30.92
2020	32.08	31.18	31.64	31.13	31.55
关联度		0.7435	0.7507	0.7438	0.7650

3.3.4 天然气进口份额

分析2005—2020年天然气进口份额的数据特点，利用2011—2020年数据进行拟合，并分别建立指数函数曲线模型 $\hat{x}_{指数函数}(k)=3.0492e^{0.1395k}$，$k=1, 2, \cdots, 20$；均值 $GM(1,1)$ 模型 $\hat{x}^{(0)}_{GM(1,1)}(k)=(1-e^{-0.1232})\times\left(3.0378+\frac{3.7603}{0.1232}\right)e^{0.1232(k-1)}$，$k=1, 2, \cdots, 20$；灰色 Verhulst 模型 $\hat{x}^{(1)}_{Verhulst}(k+1)=\frac{0.8196}{0.0539+0.2159e^{-0.2698k}}$，$k=1, 2, \cdots, 20$；多项式函数模型 $\hat{x}_{多项式函数}(k)=-0.0032k^3+0.0752k^2+0.4349k+2.7929$，$k=1, 2, \cdots, 20$。拟合预测结果见附表3－6，并对2021—2030年天然气进口份额进行预测。

附表3－6　2005—2020年天然气进口份额拟合结果与关联度

年份	天然气进口份额	均值 $GM(1,1)$	灰色 Verhulst	指数函数曲线	多项式函数
2011	3.04	3.04	3.04	3.51	3.30
2012	4.12	4.40	3.75	4.03	3.94
2013	5.09	4.98	4.56	4.63	4.69
2014	5.86	5.63	5.46	5.33	5.53
2015	5.87	6.37	6.44	6.13	6.45
2016	6.57	7.20	7.46	7.04	7.42
2017	8.83	8.15	8.48	8.09	8.42
2018	10.08	9.21	9.47	9.31	9.45
2019	10.36	10.42	10.39	10.70	10.47
2020	11.28	11.79	11.23	12.30	11.46
关联度		0.7605	0.7613	0.6759	0.7699

3.3.5 天然气储采比

分析2005—2020年天然气储采比的数据特征，利用2005—2020年数据进行拟合，并分别建立指数函数曲线模型 $\hat{x}_{指数函数}(k)=47.923e^{-0.015k}$，$k=1, 2, \cdots, 26$；均值 $GM(1,1)$ 模型 $\hat{x}^{(0)}_{GM(1,1)}(k)=(1-e^{0.0104})\times\left(51.15-\frac{45.5003}{0.0104}\right)e^{-0.0104(k-1)}$，$k=1, 2, \cdots, 26$；灰色 Verhulst 模型 $\hat{x}^{(1)}_{Verhulst}(k+1)=\frac{18.8932}{0.4746-0.144e^{-0.3306k}}$，$k=1,$

2，…，26；多项式函数模型 $\hat{x}_{多项式函数}(k)=-0.6836k+48.358$，$k=1$，2，…，26。拟合预测结果见附表 3－7，并对 2021—2030 年天然气储采比进行预测。

附表 3－7　2005—2020 年天然气储采比拟合结果与关联度

年份	天然气储采比	均值 GM(1,1)	灰色 Verhulst	指数函数曲线	多项式函数
2005	57.15	57.15	57.15	47.21	47.67
2006	51.25	44.67	50.91	46.51	46.99
2007	46.39	44.21	47.20	45.81	46.31
2008	42.4	43.75	44.86	45.13	45.62
2009	43.48	43.30	43.31	44.46	44.94
2010	39.45	42.85	42.27	43.80	44.26
2011	38.17	42.4	41.55	43.15	43.57
2012	39.59	41.96	41.04	42.50	42.89
2013	38.42	41.53	40.69	41.87	42.21
2014	38.19	41.10	40.44	41.25	41.52
2015	41.83	40.67	40.26	40.63	40.84
2016	43.06	40.25	40.13	40.03	40.15
2017	40.69	39.83	40.04	39.43	39.47
2018	39.42	39.42	39.98	38.85	38.79
2019	37.96	39.01	39.93	38.27	38.10
2020	43.30	38.60	39.90	37.70	37.42
关联度		0.877	0.928	0.821	0.811

3.3.6　天然气产量占世界总产量的比例

分析 2005—2020 年天然气产量占世界总产量的比例的数据特征，利用 2005—2020 年数据进行拟合，并分别建立指数函数曲线模型 $\hat{x}_{指数函数}(k)=1.9916e^{0.0578k}$，$k=1$，2，…，26；均值 GM（1，1）模型 $\hat{x}^{(0)}_{GM(1,1)}(k)=(1-e^{-0.0496})\times\left(1.7741+\dfrac{2.2593}{0.0496}\right)e^{0.0496(k-1)}$，$k=1$，2，…，26；灰色 Verhulst 模型 $\hat{x}^{(1)}_{Verhulst}(k+1)=\dfrac{0.1587}{0.0138+0.0757e^{-0.0895k}}$，$k=1$，2，…，26；多项式函数模型 $\hat{x}_{多项式函数}(k)=-0.0033k^2+0.2389k+1.6547$，$k=1$，2，…，26。拟合预测结果见附表

3－8，并对 2021—2030 年天然气产量占世界总产量的比例进行预测。

附表 3－8　2005—2020 年天然气产量占世界总产量的比例拟合结果与关联度

年份	天然气产量占世界总产量的比例	均值 $GM(1,1)$	灰色 Verhulst	指数函数曲线	多项式函数
2005	1.77	1.77	1.77	2.11	1.89
2006	2.03	2.41	1.91	2.24	2.12
2007	2.35	2.53	2.06	2.37	2.34
2008	2.65	2.66	2.22	2.51	2.56
2009	2.90	2.79	2.38	2.66	2.77
2010	3.04	2.94	2.55	2.82	2.97
2011	3.23	3.08	2.73	2.98	3.17
2012	3.33	3.24	2.93	3.16	3.35
2013	3.59	3.41	3.13	3.35	3.54
2014	3.79	3.58	3.33	3.55	3.71
2015	3.84	3.76	3.55	3.76	3.88
2016	3.86	3.95	3.77	3.99	4.05
2017	4.03	4.16	4.00	4.22	4.20
2018	4.14	4.37	4.24	4.47	4.35
2019	4.41	4.59	4.48	4.74	4.50
2020	4.99	4.82	4.73	5.02	4.63
关联度		0.8535	0.6449	0.7669	0.8972

3.3.7　天然气占能源消费总量的比重

分析 2005—2020 年天然气占能源消费总量的比重的数据特征，利用 2005—2020 年数据进行拟合，并分别建立指数函数曲线模型 $\hat{x}_{指数函数}(k)=2.378e^{0.0823k}$，$k=1, 2, \cdots, 26$；均值 $GM(1,1)$ 模型 $\hat{x}^{(0)}_{GM(1,1)}(k)=(1-e^{-0.0769})\times\left(2.4+\frac{2.6495}{0.0769}\right)e^{0.0769(k-1)}$，$k=1, 2, \cdots, 26$；灰色 Verhulst 模型 $\hat{x}^{(1)}_{Verhulst}(k+1)=\frac{0.2921}{0.0184+0.1033e^{-0.1217k}}$，$k=1, 2, \cdots, 26$；多项式函数模型 $\hat{x}_{多项式函数}(k)=0.0005k^3-0.0042k^2+0.3438k+2.0239$，$k=1, 2, \cdots, 26$。

拟合预测结果见附表 3－9，并对 2021—2030 年天然气占能源消费总量的比重进行预测。

附表 3－9 2005—2020 年天然气占能源消费总量的比重拟合结果与关联度

年份	天然气消费占能源消费总量比重	均值 $GM(1,1)$	灰色 Verhulst	指数函数曲线	多项式函数
2005	2.4	2.4000	2.4000	2.5820	2.3640
2006	2.7	2.9458	2.6586	2.8035	2.6987
2007	3.0	3.1812	2.9389	3.0440	3.0310
2008	3.4	3.4354	3.2416	3.3051	3.3639
2009	3.5	3.7099	3.5669	3.5886	3.7004
2010	4.0	4.0064	3.9147	3.8964	4.0435
2011	4.6	4.3265	4.2846	4.2307	4.3962
2012	4.8	4.6723	4.6758	4.5936	4.7615
2013	5.3	5.0456	5.0870	4.9876	5.1424
2014	5.6	5.4488	5.5166	5.4155	5.5419
2015	5.8	5.8843	5.9624	5.8800	5.9630
2016	6.1	6.3545	6.4219	6.3844	6.4087
2017	6.9	6.8623	6.8923	6.9321	6.8820
2018	7.6	7.4106	7.3702	7.5267	7.3859
2019	8.0	8.0028	7.8523	8.1724	7.9234
2020	8.4	8.6423	8.3350	8.8734	8.4975
关联度		0.8151	0.8463	0.7821	0.8826

3.3.8 天然气储备率

分析 2005—2020 年天然气储备率的数据特征，利用 2005—2020 年数据进行拟合，并分别建立指数函数曲线模型 $\hat{x}_{指数函数}(k)=2.0278e^{0.0276k}$，$k=1, 2, \cdots, 26$；均值 $GM(1,1)$ 模型 $\hat{x}^{(0)}_{GM(1,1)}(k)=(1-e^{-0.0403})\times\left(2.36+\frac{1.8272}{0.0403}\right)e^{0.0403(k-1)}$，$k=1, 2, \cdots, 26$；灰色 Verhulst 模型 $\hat{x}^{(1)}_{Verhulst}(k+1)=\frac{0.5421}{0.2406-0.0109e^{0.2297k}}$，$k=1, 2, \cdots, 26$；多项式函数模型 $\hat{x}_{多项式函数}(k)=$

$0.0233k^2-0.313k+3.1268$，$k=1, 2, \cdots, 26$。拟合预测结果见附表 3－10，并对 2021—2030 年天然气储备率进行预测。

附表 3－10　2005—2020 年天然气储备率拟合结果与关联度

年份	天然气储备率	均值 GM(1，1)	灰色 Verhulst	指数函数曲线	多项式函数
2005	2.36	2.36	2.36	2.08	2.84
2006	2.85	1.96	2.39	2.14	2.59
2007	2.69	2.04	2.43	2.20	2.40
2008	2.46	2.13	2.48	2.26	2.25
2009	2.23	2.21	2.54	2.33	2.14
2010	2.21	2.30	2.63	2.39	2.09
2011	1.92	2.40	2.75	2.46	2.08
2012	1.74	2.50	2.91	2.53	2.11
2013	1.70	2.60	3.15	2.60	2.20
2014	2.25	2.71	3.52	2.67	2.33
2015	2.85	2.82	4.11	2.75	2.50
2016	3.08	2.94	5.23	2.82	2.73
2017	3.22	3.06	7.93	2.90	3.00
2018	3.09	3.18	22.70	2.98	3.31
2019	3.33	3.31	−16.90	3.07	3.67
2020	4.26	3.45	−5.29	3.15	4.08
关联度		0.998817	0.888436	0.998696	0.99958

3.3.9　天然气进口集中度

分析 2006—2020 年天然气进口集中度的数据特征，利用 2006—2020 年数据进行拟合，并分别建立指数函数曲线模型 $\hat{x}_{指数函数}(k)=104.53e^{-0.024k}$，$k=1, 2, \cdots, 25$；均值 GM（1，1）模型 $\hat{x}^{(0)}_{GM(1,1)}(k)=(1-e^{0.0245})\times\left(100-\frac{103.6269}{0.0245}\right)e^{-0.0245(k-1)}$，$k=1, 2, \cdots, 25$；灰色 Verhulst 模型 $\hat{x}^{(1)}_{Verhulst}(k+1)=\frac{13.6096}{0.1254+0.0107e^{0.1361k}}$，$k=1, 2, \cdots, 25$；多项式函数模型 $\hat{x}_{多项式函数}(k)=-0.0273k^2-1.6366k+101.95$，$k=1, 2, \cdots, 25$。拟合预测结果见附表 3－11，

并对 2021—2030 年天然气进口集中度进行预测。

附表 3－11　2006—2020 年天然气进口集中度拟合结果与关联度

年份	天然气进口集中度	均值 $GM(1,1)$	灰色 Verhulst	指数函数曲线	多项式函数
2006	100.00	100.00	100.00	102.10	100.30
2007	100.00	99.95	98.87	99.63	98.57
2008	99.77	97.53	97.60	97.27	96.79
2009	93.59	95.16	96.19	94.96	94.97
2010	88.69	92.86	94.63	92.71	93.08
2011	88.35	90.61	92.90	90.51	91.15
2012	93.48	88.42	90.99	88.36	89.16
2013	87.45	86.28	88.89	86.27	87.11
2014	80.65	84.19	86.61	84.22	85.01
2015	83.39	82.15	84.14	82.23	82.85
2016	82.60	80.16	81.47	80.28	80.64
2017	82.10	78.22	78.61	78.37	78.38
2018	76.23	76.33	75.57	76.51	76.06
2019	74.66	74.48	72.37	74.70	73.69
2020	68.03	72.68	69.02	72.93	71.26
关联度		0.768229	0.760489	0.756864	0.769894

3.3.10　天然气储量替代率

分析 2005—2020 年天然气储量替代率的数据特征，利用 2005—2020 年数据进行拟合，并分别建立指数函数曲线模型 $\hat{x}_{指数函数}(k)=7.6325e^{-0.012k}$，$k=1,2,\cdots,26$；均值 $GM(1,1)$ 模型 $\hat{x}^{(0)}_{GM(1,1)}(k)=(1-e^{0.0221})\times\left(5.865-\frac{8.5637}{0.0221}\right)e^{-0.0221(k-1)}$，$k=1,2,\cdots,26$；灰色 Verhulst 模型 $\hat{x}^{(1)}_{Verhulst}(k+1)=\frac{0.6127}{0.0763+0.0282e^{-0.1045k}}$，$k=1,2,\cdots,26$；多项式函数模型 $\hat{x}_{多项式函数}(k)=0.0201k^2-0.4304k+8.8833$，$k=1,2,\cdots,26$。拟合预测结果见附表3－12，并对 2021—2030 年天然气储量替代率进行预测。

附表 3－12　2005—2020 年天然气储备率拟合结果与关联度

年份	天然气储量替代率	均值 $GM(1,1)$	灰色 Verhulst	指数函数曲线	多项式函数
2005	5.86545	5.86545	7.5415	8.4730	5.86545
2006	8.3411	6.0266	7.4515	8.1029	8.3411
2007	8.1584	6.1795	7.3626	7.7730	8.1584
2008	7.9798	6.3241	7.2748	7.4833	7.9798
2009	7.805	6.4602	7.1880	7.2338	7.805
2010	7.6341	6.5879	7.1023	7.0245	7.6341
2011	7.4669	6.7074	7.0176	6.8554	7.4669
2012	7.3034	6.8188	6.9339	6.7265	7.3034
2013	7.1434	6.9224	6.8511	6.6378	7.1434
2014	6.987	7.0184	6.7694	6.5893	6.987
2015	6.8339	7.1072	6.6887	6.5810	6.8339
2016	6.6843	7.1892	6.6089	6.6129	6.6843
2017	6.5379	7.2646	6.5301	6.6850	6.5379
2018	6.3947	7.3340	6.4522	6.7973	6.3947
2019	6.2546	7.3976	6.3752	6.9498	6.2546
2020	6.1177	7.4558	6.2992	7.1425	6.1177
关联度		0.789439	0.733165	0.758217	0.764673

3.3.11　替代能源占能源消费量的比重

分析 2005—2020 年替代能源占能源消费量的比重的数据特征，利用 2011—2020 年数据进行拟合，并分别建立指数函数曲线模型 $\hat{x}_{指数函数}(k)=8.3311e^{0.0687k}$，$k=1，2，\cdots，20$；均值 $GM(1,1)$ 模型 $\hat{x}^{(0)}_{GM(1,1)}(k)=(1-e^{-0.062})\times\left(8.4+\dfrac{9.0647}{0.062}\right)e^{0.062(k-1)}$，$k=1，2，\cdots，20$；灰色 Verhulst 模型 $\hat{x}^{(1)}_{Verhulst}(k+1)=\dfrac{1.5662}{0.0785+0.1079e^{-0.1865k}}$，$k=1，2，\cdots，20$；多项式函数模型 $\hat{x}_{多项式函数}(k)=0.0005k^3-0.0226k^2+1.0162k+7.5067$，$k=1，2，\cdots，20$。拟合预测结果见附表 3－13，并对 2021—2030 年替代能源占能源消费量的比重进行预测。

附表 3－13　2011—2020 年替代能源占能源消费量的比重拟合结果与关联度

年份	替代能源占能源消费量的比重	均值 $GM(1,1)$	灰色 Verhulst	指数函数曲线	多项式函数
2011	8.40	8.40	8.40	8.92	8.50
2012	9.70	9.89	9.32	9.56	9.45
2013	10.20	10.52	10.25	10.24	10.37
2014	11.30	11.19	11.17	10.97	11.24
2015	12.00	11.91	12.07	11.75	12.09
2016	13.00	12.67	12.94	12.58	12.90
2017	13.60	13.48	13.76	13.48	13.68
2018	14.50	14.34	14.53	14.43	14.45
2019	15.30	15.26	15.23	15.46	15.19
2020	15.90	16.24	15.87	16.56	15.91
关联度		0.860956	0.933898	0.747995	0.943082

3.3.12　天然气管输长度

分析 2005—2020 年天然气管输长度数据特征，利用 2005—2020 年数据进行拟合，并分别建立指数函数曲线模型 $\hat{x}_{指数函数}(k)=2.8163e^{0.0769k}$，$k=1, 2, \cdots, 26$；均值 $GM(1,1)$ 模型 $\hat{x}^{(0)}_{GM(1,1)}(k)=(1-e^{-0.0671})\times\left(2.8+\frac{3.2915}{0.0671}\right)e^{0.0671(k-1)}$，$k=1, 2, \cdots, 26$；灰色 Verhulst 模型 $\hat{x}^{(1)}_{Verhulst}(k+1)=\frac{0.4864}{0.0467+0.127e^{-0.1737k}}$，$k=1, 2, \cdots, 26$；多项式函数模型 $\hat{x}_{多项式函数}(k)=-0.0036k^2+0.4719k+2.0854$，$k=1, 2, \cdots, 26$。拟合预测结果见附表 3－14，并对 2021—2030 年天然气管输长度进行预测。

附表 3－14　2005—2020 年天然气管输长度拟合结果与关联度

年份	天然气管输长度	均值 $GM(1,1)$	灰色 Verhulst	指数函数曲线	多项式函数
2005	2.8	2.80	2.80	3.04	2.55
2006	3.4	3.60	3.17	3.28	3.01
2007	3.5	3.85	3.56	3.55	3.47
2008	3.5	4.12	3.98	3.83	3.92

续表3－14

年份	天然气管输长度	均值 $GM(1,1)$	灰色 Verhulst	指数函数曲线	多项式函数
2009	3.8	4.40	4.42	4.14	4.35
2010	4.5	4.71	4.86	4.47	4.79
2011	5.0	5.03	5.31	4.82	5.21
2012	5.5	5.38	5.76	5.21	5.63
2013	6.4	5.76	6.21	5.63	6.04
2014	6.9	6.16	6.63	6.08	6.44
2015	7.2	6.58	7.04	6.56	6.84
2016	7.4	7.04	7.42	7.09	7.23
2017	7.7	7.53	7.78	7.65	7.61
2018	7.9	8.05	8.11	8.26	7.99
2019	8.1	8.61	8.40	8.93	8.35
2020	8.6	9.21	8.67	9.64	8.71
关联度		0.778899	0.891057	0.765579	0.872716

参考文献

[1] 李红艳. 突发事件发展演化研究述评 [J]. 自然灾害学报，2017，26 (2)：212－216.

[2] Turner B A. The organization and inter organization development of disasters [J]. Administrative Science Quarterly，1976，21 (3)：378.

[3] 赵贤利. 机场跑道安全风险演化机理研究 [D]. 武汉：武汉理工大学，2017：12－145.

[4] Belardo S，Pazer H L. A framework for analyzing the information monitoring and decision support system investment tradeoff dilemma：An application to crisis management [J]. IEEE Transactions on Engineering Management，1995，42 (4)：352－359.

[5] 朱维娜. 突发性石油短缺的演化机理及多主体应急响应研究 [D]. 徐州：中国矿业大学，2015：29－66.

[6] 马建华，陈安. 突发事件的演化模式分析 [J]. 安全，2009，30 (12)：1－4.

[7] Burkholder B T，Toole M J. Evolution of complex disasters [J]. The Lancet，1995，346 (8981)：1012－1015.

[8] 曹振祥，储节旺，郭春侠. 基于重大疫情防控的应急情报服务模式研究——以新冠肺炎疫情防控为例 [J]. 现代情报，2020，40 (6)：19－26.

[9] 吴国斌，王超. 重大突发事件扩散的微观机理研究 [J]. 软科学，2005，19 (6)：4－7.

[10] 荣莉莉，张继永. 突发事件的不同演化模式研究 [J]. 自然灾害学报，2012 (3)：1－6.

[11] 王光辉，刘怡君，王红兵. 基于耗散结构理论的城市风险形成及演化机理研究 [J]. 城市发展研究，2014，21 (11)：81－86.

[12] David L C. A system dynamics analysis of the Westray mine disaster [J]. System Dynamics Review，2003，19 (2)：139－166.

[13] Lu Yi, Zhang Shuguang, Hao Lian, et al. System dynamics modeling of the safety evolution of blended-wing-body subscale demonstrator flight testing [J]. Safety Science, 2016, 89 (11): 219-230.
[14] 刘同超. 北极航线安全演化及治理机制研究 [D]. 大连：大连海事大学，2019：47-85.
[15] Leveson Nancy. A new accident model for engineering safer systems [J]. Safety Science, 2004, 42 (4): 237-270.
[16] Jing Linlin, Bai Qingguo, Guo Weiqun, et al. Contributory factors interactions model: A new systems-based accident model [J]. Systems Research and Behavioral Science, 2020, 37 (2): 255-276.
[17] 何学秋. 事物安全演化过程的基本理论研究 [J]. 中国安全生产科学技术，2005，1 (1)：5-10.
[18] 陈伟珂，丁聿，武晓燕. 系统思维与突变视域下建筑施工系统三态演化机理 [J]. 系统科学学报，2020，28 (2)：49-53.
[19] 武保林，王莹. 信息熵理论在安全系统中的应用探讨 [J]. 中国安全科学学报，1995 (S2)：249-253.
[20] 刘圣欢，彭婵. 湖北省 2005—2014 年耕地资源安全研究 [J]. 湖北社会科学，2016 (11)：53-58.
[21] 马金山. 基于熵理论的矿山安全系统演化机理分析 [J]. 科技管理研究，2011，31 (15)：208-211.
[22] 徐丽娟，赵焱，张文鸽，等. 基于耗散结构理论的水资源复杂系统演化研究 [J]. 人民黄河，2018，40 (11)：56-61.
[23] 李娜. 演化博弈视角下中俄天然气贸易影响因素研究 [D]. 乌鲁木齐：新疆大学，2017：25-44.
[24] 杜元伟，孙浩然，王一凡，等. 海洋牧场生态安全监管的演化博弈模型及仿真 [J]. 生态学报，2021，41 (12)：4795-4805.
[25] 姚予龙. 基于 PSR 模型的我国资源安全演化轨迹模拟与成因分析 [J]. 中国农业资源与区划，2010，31 (6)：37-43.
[26] Guo Mingjing, Li Wenjie, Wang Wenshan. Simulation and evaluation of China's natural gas resource security evolution trajectory based on psr model [J]. Advanced Materials Research, 2014, 3249 (953): 720-729.
[27] 郭庆. 突发性石油短缺演化过程及应急决策研究 [D]. 徐州：中国矿业

大学，2017：18－82.

［28］ Wang Qiang，Xu Linglin，Li Na，et al. The evolution of the spatial－temporal patterns of global energy security since the 1990s ［J］. Journal of Geographical Sciences，2019，29（8）：1245－1260.

［29］ Arps J J. Analysis of decline curves ［J］. Transactions of the AIME，1945，160（1）：228－247.

［30］ 胡建国，张栋杰. 产量指数递减分析的自回归模型 ［J］. 大庆石油地质与开发，1997（1）：43－47，77.

［31］ 雷丹凤，王莉，张晓伟，等. 页岩气井扩展指数递减模型研究 ［J］. 断块油气田，2014，21（1）：66－68，82.

［32］ 胡建国. 产量递减的典型曲线分析 ［J］. 新疆石油地质，2009，30（6）：720－721.

［33］ 崔传智，尹帆，李立峰，等. 水驱油藏产量递减评价方法 ［J］. 断块油气田，2019，26（5）：605－608.

［34］ Liang Hongbin，Zhang Liehui，Zhao Yulong，et al. Empirical methods of decline－curve analysis for shale gas reservoirs：Review，evaluation，and application ［J］. Journal of Natural Gas Science and Engineering，2020，83（5）；1－17.

［35］ 王怒涛，杜凌云，贺海波，等. 油气井产量递减分析新方法 ［J］. 天然气地球科学，2020，31（3）：335－339.

［36］ 魏新辉，张翼，吴忠维，等. 非常规储层压裂井全周期产量递减模型及递减特征 ［J］. 断块油气田，2021，28（4）：525－529.

［37］ Hubbert M K. Energy from fossil fuels ［J］. Science，1949，109（2823）：103－109.

［38］ Akuru U B，Okoro O I. A prediction on Nigeria's oil depletion based on Hubbert's model and the need for renewable energy ［J］. ISRN RenewableEnergy，2011（48）：1－6.

［39］ 陈元千，田建国. 哈伯特二次函数的推导与应用 ［J］. 新疆石油地质，1998，19（6）：502－506.

［40］ Adam R. Brandt. Testing Hubbert ［J］. Energy Policy，2007，35（5）：3074－3088.

［41］ 宋传真，周丽梅. 修正 Hubbert 峰型开发模型推导及应用 ［J］. 断块油气田，2016，23（4）：484－487.

[42] Xu Deyi, Zhu Yongguang. A Copula - Hubbert model for Co (By) - product minerals [J]. Natural Resources Research, 2020, 29 (5): 3069-3078.

[43] 翁文波. 预测论基础 [M]. 北京：石油工业出版社，1984：66-89.

[44] 陈元千，胡建国. 对翁氏模型建立的回顾及新的推导 [J]. 中国海上油气（地质），1996，10 (5)：317-324.

[45] 吕明晏，石洪福，郑娜，等. 基于广义翁氏模型的煤层气产量预测方法 [J]. 中国煤层气，2012，9 (6)：35-38.

[46] 张旭，喻高明. 广义翁氏模型求解方法研究与应用 [J]. 油气藏评价与开发，2014，4 (6)：29-33.

[47] Li Shiqun, Zhang Baosheng, Tang Xu. Forecasting of China's natural gas production and its policy implications [J]. Petroleum Science, 2016, 13 (3): 592-603.

[48] 胡建国，陈元千，张盛宗. 预测油气田产量的新模型 [J]. 石油学报，1995，16 (1)：79-86.

[49] 黄全华，付云辉，陆云，等. HCZ模型参数求解的新方法 [J]. 科学技术与工程，2016，16 (36)：157-160.

[50] 陈钢花，葛盛权. Weibull模型在油田生产中的应用 [J]. 新疆石油地质，2006，27 (5)：564-566.

[51] Wang Jixia, Miao Yu. Bivariate generalized weibull distribution model [J]. Journal of Mathematics, 2012, 32 (4): 637-643.

[52] 陈艳茹，余果，邹源红，等. 基于指数与倍数修正系数的天然气产量预测方法优化 [J]. 天然气技术与经济，2021，15 (1)：83-88.

[53] 陈元千. 瑞利模型的完善推导与应用 [J]. 油气地质与采收率，2004，11 (4)：39-41.

[54] 刘刚，孙建博，尹锦涛. 改造瑞利模型在沁水煤层气产量预测中的应用 [J]. 特种油气藏，2017，24 (2)：145-148.

[55] Ibrahim Sami Nashawi, Adel Malallah, Mohammed Al - Bisharah. Forecasting world crude oil production using multicyclic Hubbert model [J]. Energy & Fuels, 2010, 24 (3): 1788-1800.

[56] Mohsen Ebrahimi, Nahid Cheshme Ghasabani. Forecasting OPEC crude oil production using a variant multicyclic Hubbert model [J]. Journal of Petroleum Science and Engineering, 2015, 133 (9): 818-823.

[57] Wang Jianzhou, Jiang Haiyan, Zhou Qinping, et al. China's natural gas production and consumption analysis based on the multicycle Hubbert model and rolling Grey model [J]. Renewable and Sustainable Energy Reviews, 2016, 53 (1): 1149-1167.

[58] Wang Jianliang, Bentley Yongmei. Modelling world natural gas production [J]. Energy Reports, 2020, 6 (11): 1363-1372.

[59] 陈元千，郝明强. HCZ 模型在多峰预测中的应用 [J]. 石油学报，2013，34 (4)：747-752.

[60] 王伟锋，刘鹏，郑玲，等. 鄂尔多斯盆地天然气储量和产量预测分析 [J]. 天然气地球科学，2014，25 (9)：1483-1490.

[61] 余果，方一竹，刘超，等. 改进峰值天然气产量预测模型在四川盆地的应用 [J]. 天然气技术与经济，2020，14 (2)：34-39.

[62] Mattar L, Mcneil R. The "flowing" gas material balance [J]. Journal of Canadian Petroleum Technology, 1998, 37 (2): 52-55.

[63] 张立侠，郭春秋，蒋豪，等. 物质平衡-拟压力近似条件法确定气藏储量 [J]. 石油学报，2019，40 (3)：337-347.

[64] 陈艳. 运用产量构成法评估低渗致密气藏 SEC 储量——以大牛地气田 DK13 区块为例 [J]. 石油地质与工程，2019，33 (4)：31-34，38.

[65] 李宏勋，王海军. 基于改进灰色模型的我国天然气产量预测研究 [J]. 河南科学，2014，32 (5)：872-876.

[66] 周芸，周福建，冯连勇. 一种新型油气产量预测模型 [J]. 大庆石油地质与开发，2018，37 (5)：76-80.

[67] 袁爱武，孙桂生，杨先勇，等. 一种新型天然气产量预测模型 [J]. 天然气工业，2007，27 (2)：84-86.

[68] Zeng Bo, Ma Xin, Zhou Meng. A new-structure grey Verhulst model for China's tight gas production forecasting [J]. Applied Soft Computing Journal, 2020, 96 (11): 1-10.

[69] Xue Liang, Liu Yuetian, Xiong Yifei, et al. A data-driven shale gas production forecasting method based on the multi-objective random forest regression [J]. Journal of Petroleum Science and Engineering, 2021, 196 (1): 1-13.

[70] 李洪兵，张吉军. 中国能源消费结构及天然气需求预测 [J]. 生态经济，2021，37 (8)：71-78.

[71] Alberto Gascón, Eugenio F. Sánchez－Úbeda. Automatic specification of piecewise linear additive models: Application to forecasting natural gas demand [J]. Statistics and Computing, 2018, 28 (1): 201－217.

[72] 郭晓茜，刘永权. 基于部门消费混合模型的我国天然气未来需求预测 [J]. 中国地质调查，2020，7 (4)：118－124.

[73] Reza Hafezi, Amir Naser Akhavan, Mazdak Zamani, et al. Developing a data mining based model to extract predictor factors in energy systems: Application of global natural gas demand [J]. Energies, 2019, 12 (21): 1－22.

[74] Xiao Yi, Li Keying, Hu Yi, et al. Combining STRIPAT model and gated recurrent unit for forecasting nature gas consumption of China [J]. Mitigation and Adaptation Strategies for Global Change, 2020, 25 (3): 1325－1343.

[75] Wang Jianliang, Li Nu. Influencing factors and future trends of natural gas demand in the eastern, central and western areas of China based on the grey model [J]. Natural Gas Industry B, 2020, 7 (5): 473－483.

[76] Mu Xianzhong, Li Guohao, Hu Guangwen. Modeling and scenario prediction of a natural gas demand system based on a system dynamics method [J]. Petroleum Science, 2018, 15 (4): 912－924.

[77] Ma Yifei, Li Yanli. Analysis of the supply－demand status of China's natural gas to 2020 [J]. Petroleum Science, 2010, 7 (1): 132－135.

[78] 仝延增，陈海俊，张晓蒙，等. 基于FGM(1,1)模型的北京市天然气消费量预测 [J]. 数学的实践与认识，2020，50 (3)：79－83.

[79] Hu Yu, Ma Xin, Li Wanpeng, et al. Forecasting manufacturing industrial natural gas consumption of China using a novel time－delayed fractional grey model with multiple fractional order [J]. Computational and Applied Mathematics, 2020, 39 (4): 4915－4921.

[80] Liu Chong, Wu Wenze, Xie Wanli, et al. Forecasting natural gas consumption of China by using a novel fractional grey model with time power term [J]. Energy Reports, 2021, 7 (11): 788－797.

[81] Szoplik Jolanta. Forecasting of natural gas consumption with artificial neural networks [J]. Energy, 2015, 85 (6): 208－220.

[82] Athanasios Anagnostis, Elpiniki Papageorgiou, Dionysis Bochtis.

Application of artificial neural networks for natural gas consumption forecasting [J]. Sustainability, 2020, 12 (16): 1-29.

[83] 王雅菲，吴烨，赵博渊. 城市燃气需求预测的计量经济学模型 [J]. 城市燃气，2018 (6): 26-29.

[84] Zhu Meifeng, Wu Qinglong, Wang Yongqin. Forecasting gas consumption based on a residual auto-regression model and Kalman filtering algorithm [J]. Journal of Resources and Ecology, 2019, 10 (5): 546-552.

[85] 李洪兵，曾铁. 灰色回归组合新模型在城市天然气需求预测中的应用 [J]. 天然气技术与经济，2020，14 (2): 72-77.

[86] 秦步文，张吉军，李岚，等. Shapley 值在中国城市天然气需求量组合预测中的应用 [J]. 天然气技术与经济，2022，16 (2): 50-55.

[87] Gutiérrez R, Nafidi A, Gutiérrez Sánchez R. Forecasting total natural-gas consumption in Spain by using the stochastic Gompertz innovation diffusion model [J]. Applied Energy, 2005, 80 (2): 115-124.

[88] Rok Hribar, Primoz Potocnik, Gregor Papa, et al. A comparison of models for forecasting the residential natural gas demand of an urban area [J]. Energy, 2019, 167 (1): 511-522.

[89] Zheng Chengli, Wu Wenze, Xie Wanli, et al. A MFO-based conformable fractional nonhomogeneous grey Bernoulli model for natural gas production and consumption forecasting [J]. Applied Soft Computing Journal, 2021, 99 (2): 1-16.

[90] 迟春洁. 中国能源安全监测与预警研究 [M]. 上海：上海交通大学出版社，2011: 8-99.

[91] Yao Lixia, Chang Youngho. Energy security in China: A quantitative analysis and policyimplications [J]. Energy Policy, 2014, 67 (4): 595-604.

[92] Ang B W, Choong W L, Ng T S. Energy security: Definitions, dimensions and indexes [J]. Renewable and Sustainable Energy Reviews, 2015, 42 (2): 1077-1093.

[93] 李凌峰. 我国石油供应安全危机预警管理研究 [D]. 成都：西南石油大学，2006: 13-73.

[94] Mohsin M, Zhou P, Iqbal N, et al. Assessing oil supply security of

South Asia [J]. Energy，2018，155 (7)：438－447.

[95] 田时中. 我国煤炭供需安全评价及预测预警研究 [D]. 武汉：中国地质大学，2013：42－63.

[96] 孟超，胡健. 基于 BP 神经网络的中国煤炭安全评价研究 [J]. 科研管理，2016，37 (8)：153－160.

[97] 谭伟聪，明建成，卢世祥，等. 能源互联网下的中长期电力需求预警理论框架 [J]. 电力建设，2015，36 (11)：98－102.

[98] Larsen Erik R，Osorio Sebastian，Ackere Ann van. A framework to evaluate security of supply in the electricity sector [J]. Renewable and Sustainable Energy Reviews，2017，79 (11)：646－655.

[99] 何润民，李森圣，曹强，等. 关于当前中国天然气供应安全问题的思考 [J]. 天然气工业，2019，39 (9)：123－131.

[100] Cabalu Helen. Indicators of security of natural gas supply in Asia [J]. Energy Policy，2010，38 (1)：218－225.

[101] 周云亨，陈佳巍，叶瑞克，等. 国家天然气安全评价指标体系的构建与应用 [J]. 自然资源学报，2020，35 (11)：2645－2654.

[102] 颜泽贤. 耗散结构与系统演化 [M]. 福州：福建人民出版社，1987：60－159.

[103] 姜一. 石油企业突发事故灾难应急能力综合评价研究 [D]. 成都：西南石油大学，2015：17－144.

[104] 张浩. 管理科学研究模型与方法 [M]. 北京：清华大学出版社，2016：10－217.

[105] Zuo Zhaoying，Liu Gang，Li Hongwei. Research on inspection and certification industry based on dissipative structure theory [J]. Thermal Science，2019，23 (5)：2839－2848.

[106] 袁晓芳. 基于情景分析与 CBR 的非常规突发事件应急决策关键技术研究 [D]. 西安：西安科技大学，2011：29－100.

[107] 凌复华. 突变理论及其应用 [M]. 上海：上海交通大学出版社，1987：1－130.

[108] Li Mingchao. Analysis on brand development of private colleges and universities in Guangdong－Hong Kong－Macao greater bay area based on the perspective of sustainable development [J]. Management Studies，2021，9 (1)：61－70.

[109] 焦毅. 国内军用航空装备安全类标准发展简析 [J]. 科技与创新，2017 (7)：6-8.
[110] 林大泽，韦爱勇. 职业安全卫生与健康 [M]. 北京：地质出版社，2005：1-2.
[111] 吴超，杨冕，王秉. 科学层面的安全定义及其内涵、外延与推论 [J]. 郑州大学学报（工学版），2018，39 (3)：1-4，28.
[112] 魏俊杰，王戈，刘明举. 安全的定义探析 [J]. 中国安全科学学报，2019，29 (6)：13-18.
[113] 张吉军. 企业生产安全事故形成机理及预警管理研究 [M]. 北京：科学出版社，2020：8-157.
[114] Aven Terje. Safety is the antonym of risk for some perspectives of risk [J]. Safety Science，2008，47 (7)：925-930.
[115] 曹建华，邵帅. 国民经济安全研究——能源安全评价研究 [M]. 上海：上海交通大学出版社，2011：1-189.
[116] AbdullahFahad Bin，Iqbal Rizwan，Hyder Syed Irfan，et al. Energy security indicators for Pakistan：An integrated approach [J]. Renewable and Sustainable Energy Reviews，2020，133 (11)：1-21.
[117] 万玺. 中国天然气供应安全预警问题研究 [J]. 天然气技术，2008，2 (3)：4-6.
[118] Guo Mingjing，Bu Yan，Cheng Jinhua，et al. Natural gas security in China：A simulation of evolutionary trajectory and obstacle degree analysis [J]. Sustainability，2018，11 (1)：1-18.
[119] 李宏勋，胡美燕. 我国天然气供应安全影响因素研究——基于主成分和VAR模型 [J]. 河南科学，2020，38 (6)：1007-1016.
[120] 王礼茂. 资源安全的影响因素与评估指标 [J]. 自然资源学报，2002，17 (4)：401-408.
[121] 任佩瑜. 论管理效率中再造组织的战略决策 [J]. 经济体制改革，1998，(3)：98-101.
[122] 蔡天富，张景林. 对安全系统运行机制的探讨——安全度与安全熵 [J]. 中国安全科学学报，2006，16 (3)：4-7，16.
[123] 张景林，蔡天富. 对安全系统运行机制的探讨——安全系统本征与结构 [J]. 中国安全科学学报，2006，16 (5)：16-21.
[124] 徐君. 基于熵理论的资源型城市转型与产业演替机理研究 [D]. 成都：

西南交通大学，2007：21－150.
[125] 胡尧，何沙，韩群群，等. 天然气储气调峰大数据信息平台构建 [J]. 天然气工业，2020，40 (6)：157－163.
[126] Duan Linsen，Xiang Mingshun，Yang Jin，et al. Eco－environmental assessment of earthquake－stricken area based on Pressure－State－Response (P－S－R) model [J]. International Journal of Design & Nature and Ecodynamics，2020，15 (4)：545－553.
[127] 黄小原，肖四汉. 神经网络预警系统及其在企业运行中的应用 [J]. 系统工程与电子技术，1995 (10)：50－58.
[128] 陈静，华娟，常卫民. 环境应急管理理论与实践 [M]. 南京：东南大学出版社，2011：91－92.
[129] 迟春洁，黎永亮. 能源安全影响因素及测度指标体系的初步研究 [J]. 哈尔滨工业大学学报 (社会科学版)，2004，6 (4)：80－84.
[130] 李宏勋，聂慧，吴复旦. 基于 PSR 模型的我国天然气进口安全评价 [J]. 中国石油大学学报 (社会科学版)，2020，36 (5)：19－26.
[131] 黎江峰，周娜，吴巧生. 中国天然气资源安全分析 [J]. 中国矿业，2021，30 (4)：10－14.
[132] 郭明晶，卜炎，陈从喜，等. 中国天然气安全评价及影响因素分析 [J]. 资源科学，2018，40 (12)：2425－2437.
[133] 马明义，郑君薇，马涛. 多维视角下新型城市化对中国二氧化碳排放影响的时空变化特征 [J]. 环境科学学报，2021，41 (6)：2474－2486.
[134] 王宏智，孙金俊. 基于改进 C－D 生产函数模型的中国科技创新水平评价 [J]. 统计与决策，2020，36 (18)：73－76.
[135] 魏一鸣，焦建玲，廖华. 能源经济学 [M]. 北京：清华大学出版社，2013：13－92.
[136] Cooper J C B. Price elasticity of demand for crude oil：Estimates for 23 countries [J]. OPEC Review，2003，27 (1)：1－8.
[137] 李洪兵，张吉军. 天然气需求影响因素分析及未来需求预测 [J]. 运筹与管理，2021，30 (9)：132－138.
[138] 李洪兵，张吉军. 一种天然气需求量预测新模型及其应用——以川渝地区为例 [J]. 天然气工业，2021，41 (4)：167－175.
[139] 刘思峰，杨英杰，吴利丰，等. 灰色系统理论及其应用 [M]. 北京：科学出版社，2014：63－204.

[140] Es Huseyin Avni. Monthly natural gas demand forecasting by adjusted seasonal grey forecasting model [J]. Energy Sources, Part A: Recovery, Utilization, and Environmental Effects, 2021, 43 (1): 54-69.

[141] 郭亚军. 综合评价理论、方法及应用 [M]. 北京：科学出版社，2007：14-224.

[142] 黄奇，费钒，徐峰，等. 基于物元模型的岩质边坡稳定性评估研究 [J]. 地下空间与工程学报，2012，8 (2)：439-444.

[143] 杨春燕，蔡文. 可拓学 [M]. 北京：科学出版社. 2014：23-197.

[144] 谢承平，谢强，邱恩喜. 基于可拓理论的软岩边坡稳定性分析 [J]. 路基工程，2009 (6)：130-131.

[145] Liu Qing, Liu Jian, Gao Jinxin, et al. An empirical study of early warning model on the number of coal mine accidents in China [J]. Safety Science, 2020, 123 (3): 1-7.

[146] 朱维伟. 基于可拓学的公路边坡稳定性评价与防治策略研究 [D]. 南京：南京林业大学，2013：10-64.

[147] 范秋芳，雒倩文，刘浩旻，等. 基于改进物元可拓模型的中国天然气进口安全评价 [J]. 中国石油大学学报 (社会科学版)，2020，36 (6)：11-18.

[148] 杜栋，庞庆华，吴炎. 现代综合评价方法与案例精选 [M]. 北京：清华大学出版社. 2015：245-252.

[149] Kong Zhaoyang, Lu Xi, Jiang Qingzhe, et al. Assessment of import risks for natural gas and its implication for optimal importing strategies: A case study of China [J]. Energy Policy, 2019, 127 (4): 11-18.

[150] 吴初国，何贤杰，盛昌明，等. 能源安全综合评价方法探讨 [J]. 自然资源学报，2011，26 (6)：964-970.

后 记

2019年初夏，我第一次触及油气安全领域，就对天然气安全相关研究有一种莫名好感。此后，我参加了“天然气市场需求预测模型与方法研究”课题项目，便一头扎在天然气需求预测研究中，其研究成果在《天然气工业》《运筹与管理》《生态经济》等核心期刊上公开发表后，让我这个在油气安全领域的科研“小白”有了更多信心继续耕耘在天然气安全领域。2020年，我又参加了“天然气净化基地建设研究”的相关课题。2021年，我有幸又作为主要研究人员参加了四川省科技厅批准立项的“四川天然气供需预测预警机制研究”这一软科学项目，在这一次项目研究过程中，我萌生了对天然气安全预警进行研究的想法。同时在西南石油大学经济管理学院张吉军教授的支持和帮助下，我开始了天然气安全预警方面相关的研究工作。

在进行天然气安全预警研究的过程中，我也曾迷茫、灰心和焦虑过，我迷茫如何确定天然气安全预警的研究内容，对难以刻画天然气安全状态质变和量变过程感到灰心，为天然气安全预警研究不够深入和完美而感到焦虑。经过一年多的构思，我最终确定了我的研究题目为“天然气安全演化机理及预警方法研究”，从探索天然气安全状态演变规律着手，构建了天然气安全系统框架，利用熵理论，建立了定量刻画天然气安全状态变化规律的数学模型，运用耗散结构剖析天然气安全状态演变过程，为研究天然气安全预警方法奠定了分析框架。每当在研究过程中遇到困难时，我的儿子小坚果，总是以笑声为我输入“负熵”，将我从杂乱无章的无序状态激活，促使我达到新的稳定有序状态，形成一个新的“耗散结构”。

2022年初夏，经过三年的研究、写作，书稿初成，纵观全书，从探索天然气安全状态演变规律到天然气安全预警分析，整个脉络清晰合理。然而，2022年盛夏拉闸限电，让居住在四川省成都市的我深感恐慌，这种突变的状况让我陷入了深思，天然气安全状态的演变，难道一定是连续平缓变化的吗？不，一定也会有突变的可能。这让我对突变状况的演化过程产生了兴趣，在原书初稿中，我又增加了对天然气安全状态演变分析的新内容，即利用突变理论探索天然气安全状态演变过程。

对天然气安全演化机理有了新的认识，我尝试着申请了四川省科技厅自然科学基金项目。京柯的降临，给我带来了好运，我申请的项目获得立项批准，这对我出版这本书有了更多的自信。我国油气安全领域研究水平进步很快，研究成果丰富，我把自己一些思考和研究内容写出来，也请学者们批评指正。

李洪兵

2023 年 4 月于四川师范大学狮子山